U0338370

全国高等职业教育“十三五”规划教材

控制测量

主　编　冯新顶　任建设
副主编　许江涛　付　帅

中国矿业大学出版社

内容提要

本书主要介绍了国家控制网的布设原则和方案、工程控制网技术设计、精密测角仪器和水平角观测、精密导线测量、精密水准测量与三角高程测量、GNSS控制测量、参考椭球和高斯投影计算等。本书紧密结合目前测绘行业新仪器、新技术的应用，具有较强的实用性。

本书是高等职业技术学院、高等专科院校工程测量技术专业的教学用书，也可作为中等专业学校、成人教育学院和技工学校测绘类各相关专业的教材，亦可作为测绘工程技术人员的参考书。

图书在版编目(CIP)数据

控制测量/冯新顶，任建设主编．—徐州：中国矿业大学出版社，2018.1

ISBN 978-7-5646-3886-3

Ⅰ．①控… Ⅱ．①冯… ②任… Ⅲ．①控制测量—高等职业教育—教材 Ⅳ．①P221

中国版本图书馆CIP数据核字(2018)第015121号

书　　名 控制测量
主　　编 冯新顶　任建设
责任编辑 何晓明　孙建波
出版发行 中国矿业大学出版社有限责任公司
(江苏省徐州市解放南路　邮编221008)
营销热线 (0516)83885307　83884995
出版服务 (0516)83885767　83884920
网　　址 http://www.cumtp.com　**E-mail**:cumtpvip@cumtp.com
印　　刷 江苏淮阴新华印刷厂
开　　本 787×1092　1/16　**印张** 12　**字数** 300千字
版次印次 2018年1月第1版　2018年1月第1次印刷
定　　价 28.00元

前　言

本书是按照高等职业院校工程测量专业人才培养方案及控制测量教材编写大纲所编写的，是全国煤炭高等职业教育“十三五”规划教材之一。近年来，自动化精密测量仪器以及空间大地测量技术的迅速发展，使控制测量的内容发生了很大变化。特别是以GNSS卫星定位技术为代表的空间大地测量技术的发展和运用，极大地促进了控制测量的发展，并大大丰富了课程内容。

本教材紧密结合高职高专教育教学和测绘行业生产实际，为充分体现高职高专教育的特色，在编写过程中力求概念清晰、深入浅出、联系实际、突出实用，本着基础知识“够用”的原则，着重介绍了现代测绘学中新技术、新方法的应用，如全站仪、数字水准仪、GNSS等内容。

本书由冯新顶、任建设任主编，许江涛、付帅任副主编。教材具体编写任务分工如下：项目一、项目二、项目三由河南工业和信息化职业学院冯新顶编写；项目四中的任务一至任务五由甘肃能源化工职业学院付帅编写；项目五由河南工业和信息化职业学院许江涛编写；项目四中的任务六至任务八、项目六由河南省中纬测绘规划信息工程有限公司任建设编写。冯新顶负责全书的统编定稿。

在本书编写过程中，得到了河南工业和信息化职业学院、甘肃能源化工职业学院、河南省中纬测绘规划信息工程有限公司和郑州华祥测绘公司的大力支持，在此表示衷心的感谢。

由于编写人员水平有限，加之时间仓促，书中疏漏和不妥之处在所难免，恳请广大读者批评指正，以便本书在今后修订中更加完善。

编　者

2017年8月

目　录

项目一　控制测量概述和水平控制网的布设

任务一　控制测量的作用及任务

【知识要点】 控制测量的概念；控制测量的作用；控制测量的任务。
【技能目标】 能够理解控制测量的概念、作用和基本任务。

任务导入

根据测量工作"从整体到局部，先控制后碎步"的原则，无论做哪项工作，都需要进行控制测量，本任务主要了解控制测量的概念、作用和基本任务。

任务分析

了解控制测量的概念从了解控制点的概念开始，控制测量有广义和狭义之分，最终目的都是确定地面点的空间位置，但其基本任务有所不同。

相关知识

一、控制测量的概念

测量工作中，在地面上布置的具有控制意义的点称为控制点。控制点所构成的几何图形称为控制网。精确测定控制点点位的工作称为控制测量。

控制测量分为平面控制测量和高程控制测量，前者是测定控制点的平面坐标，后者是测定控制点的高程。

广义的控制测量包括大地控制测量和工程控制测量。

在全国广大的区域内，按照国家统一颁发的法式、规范进行的控制测量称为大地控制测量，简称大地测量，建立的控制网叫国家大地控制网。网中的控制点称为大地控制点，简称大地点。

在一定的范围内，按照测量任务所要求的精度，在国家大地控制网的基础上测定一系列地面点的水平位置和高程，这种控制测量称为工程控制测量。由这些点位构成的网形称为工程控制网，简称控制网。

狭义的控制测量指的是工程控制测量。目前，国家大地控制网已经完成，再进行控制测量，一般是为某项工程服务，因此，日常工作中所说的控制测量即指工程控制测量。

二、控制测量的作用及任务

(一)控制测量的作用

地形测图时,为了确保测区内地物、地貌在图面上的精度均匀一致,便于分工测量,使分片施测的碎部能准确地连接成一个整体,需要以控制测量为基础进行碎步测量。控制网是从高级到低级进行布设的,布设低等级控制网是以高等级控制网为基础进行的。国家高等级的控制网,比如国家一等三角网(锁)是国家大地控制网的骨干,其主要作用是控制二等以下各级三角测量,起着控制全局的作用,并为地球科学研究提供资料。某测区的等级控制,对于本测区来说,也起着控制全局的作用。在控制网由近到远的施测过程中,控制点的精度逐渐降低,经过多余观测并平差计算后,可以使同等级控制点精度相同,从而减少测量误差的传递和积累。

因此,控制测量的主要作用在于:在测量工作中起基础作用,控制全局的作用,限制测量误差传递和积累的作用。

(二)控制测量的任务

1. 大地控制测量的任务

大地控制测量是通过在广大区域内建立大地控制网,精确测定大地控制点的坐标,用于对地球形状和大小以及地球重力场的研究与测定。

国家大地控制网由国家水平控制网和国家高程控制网两部分组成,前者是测定网中各大地点的大地坐标(大地经度 L 和大地纬度 B)或高斯平面直角坐标(x, y),后者是测定网中各大地点的高程。

大地控制测量的任务:

(1)为地形测图和大型工程测量提供基础控制。

(2)为空间科学技术和军事用途提供有关数据。

(3)为研究地球形状大小和其他地球物理科学问题提供重要资料。

2. 工程控制测量的任务

工程控制测量是在一定的范围内建立工程控制网,精确测定控制点的坐标,用于地球表面较小区域内地形测绘、工程施工放样及建筑物变形观测等测绘工作。

在工程建设过程中,大体上可分为设计、施工和运营三个阶段。各阶段工程控制测量的任务是:

(1)在设计阶段建立测图控制网,作为测绘各种大比例尺地形图的依据。

(2)在施工阶段建立施工控制网,作为施工放样、工程测量的依据。

(3)在运营阶段建立变形观测控制网,作为建筑物变形观测的依据。

在工程施工过程中以及工程竣工后,建筑物本身及附带设备的重量会引起地基及其周围地层不均匀变化,建筑物有可能产生变形,如果超过了某一限度,就会影响建筑物的正常使用,严重的还会危及建筑物的安全。因此,需要布设变形观测控制网,对建筑物进行变形观测,确保建筑物的安全使用。

上述的施工控制网和变形观测控制网统称为专用控制网。

控制测量中的各种数据,按其来源和作用可以分成三类:起始数据、观测数据和推算数据。一般来说,控制测量的起始数据(已知数据)是大地测量成果提供的;控制测量的观测数据是通过外业观测获取的;控制测量的推算数据是根据起始数据和观测数据推算出来的。

控制测量的推算数据也就是普通测量所需要的起始数据。

任务实施

本任务中基本概念和专业术语较多，结合现实工作情况对概念进行理解性记忆和掌握。

任务二　控制网的布设方法

【知识要点】 水平控制网的布设方法；高程控制网的布设方法。

【技能目标】 能够了解水平控制网和高程控制网的基本布设方法。

任务导入

控制网是测量控制点所构成的几何图形，它包括水平（平面）控制网和高程控制网。控制网的布设形式多种多样，不同的历史时期，伴随着仪器的发展，控制网的布设方法也各有不同，本任务主要了解水平控制网和高程控制网的布设方法。

任务分析

中华人民共和国成立初期，我国的测量控制网及相关测量资料一片空白，为了尽快满足国防、科研及国民经济建设对测量控制网的需求，从苏联远东地区联测一等三角锁（网），并遵循由高级到低级、从整体到局部的布网原则，在全国范围内布设天文网和三角网。随着电磁波测距仪和全站仪的普及和应用，精密导线测量已成为布设水平控制网的主要方法。伴随着卫星定位技术的出现与应用，GNSS 控制网成为目前控制网的主要形式。高程控制网的布设方法主要是几何水准测量和三角高程测量，目前 GNSS 高程控制网也经常使用。

相关知识

一、水平控制网的布设方法

（一）天文测量

天文测量是根据天体的运动规律，在测站点上用天文测量仪器通过观测太阳或其他恒星的高度和方位，并记录观测的时刻，从而确定测站点的天文经度、天文纬度和测站点至某一个相邻大地控制点方向的天文方位角。测定了天文经纬度的地面测站点，称为天文点。

皮埃尔-西蒙·拉普拉斯（1749—1827 年），是法国著名的天文学家和数学家，天体力学的集大成者。拉普拉斯对于天体运动的研究做出了巨大贡献，为了纪念他，把测定了天文经纬度和天文方位角的大地点，称为拉普拉斯点；用拉普拉斯方程算得的起始大地方位角，称为拉普拉斯方位角。

天文测量方法的优点：各点均独立测定，组织工作简单，受地形条件影响小。缺点：测定点位精度不高。该方法不能用来建立国家水平控制网，但是，它在建立国家水平控制网中有着重要的作用，因为确定大地原点（又称大地基准点）的起始数据、将地面上观测的水平角和边长归化至参考椭球面上以及研究地球的形状大小等，都必须有天文测量资料。此外，将天

文方位角换算成起始大地方位角，可以控制水平角观测误差的积累，提高布设国家水平控制网的精度。

（二）三角测量

在地面上按一定要求选定一系列点，以三角形的形式把它们连接起来，构成三角形的网或锁，这样的控制网称为三角网，所进行的控制测量称为三角测量，三角网里的控制点又称为三角点。如图 1-1 所示。

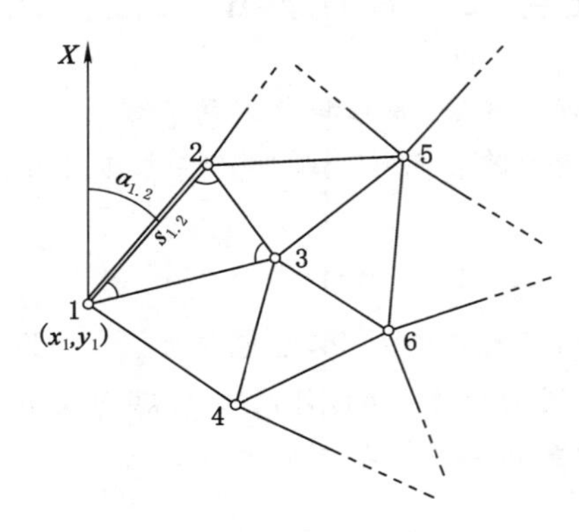

图 1-1　三角测量

三角网分为测角网、测边网和边角同测网。若三角网内的观测元素只是水平角，则该网称为测角网；若三角网内的观测元素只是边长，则该网称为测边网；若三角网内既测角度又测边长，则该网称为边角同测网。根据观测元素算出每条边的水平距离和方位角，由坐标计算公式求出每一个三角点的坐标。

我国早期的等级平面控制网的主要形式是测角网，使用经纬仪完成大量的野外测角工作。随着电磁波测距仪的问世，可以布设测边网，因测边网检核条件较少，所以纯测边网在实践中应用不多。边角同测网既测角度又测边长，网的精度比较高，但工作量较大，在实践中应用也不多，一般应用于高精度专用控制网，如高精度变形监测网。其实导线网也可以看作是边角网的特殊情况。

三角测量的优点：布设图形呈网状，控制面积大；只测角度或边长，边角同测较少，测量元素单一；测角精度高，多余检核条件多，相邻点的相对点位误差小。

三角测量的缺点：除起始边和起始方位角外，其余各边边长都是用水平角推算出来的，边长精度较低；由于测角误差的传播，各边及方位角的精度不匀，距起始边越远精度越低。但只要在网的适当位置加测起始边和起始方位角，就可以较好地控制误差积累，保证三角点平面坐标有足够的精度。

（三）精密导线测量

测量工作中，在地面上选择一系列点首尾相连所构成的折线，称为导线，导线内的控制点又称为导线点。导线包括单一导线和具有一个或多个结点的导线网。网中的观测值是角度和边长。若已知导线中一个点的坐标和一条边的方位角，则可以依次推算出其他各导线点的坐标，确定其平面位置。

导线测量的优点：导线布设呈折线分布，只需要前后相邻点通视即可，布设图形非常灵活，容易越过地形障碍；导线中的边长都是直接测定的，精度高且均匀，导线纵向误差较小。

缺点:控制面积狭小;导线中的多余观测数少,不易发现观测值中的粗差,方位角误差积累大,横向误差较大。

由上述可见,导线测量特别适合于障碍物较多的平坦地区或隐蔽地区。随着电磁波测距仪和全站仪的普及和应用,精密导线测量已成为布设水平控制网的主要方法。我国传统的水平控制网是采取以三角测量为主、以精密导线测量为辅的方法建立的。

(四) GNSS定位测量

GNSS的全称是全球导航卫星系统(Global Navigation Satellite System),它泛指所有的卫星导航系统,包括全球的、区域的和增强的,如美国的GPS、俄罗斯的GLONASS、欧洲的GALILEO、中国的北斗卫星导航系统,以及相关的增强系统,如美国的WAAS(广域增强系统)、欧洲的EGNOS(欧洲静地导航重叠系统)和日本的MSAS(多功能运输卫星增强系统)等,还涵盖在建和以后要建设的其他卫星导航系统。国际GNSS系统是个多系统、多层面、多模式的复杂组合系统。

GNSS定位系统的基本原理是以高速运动的卫星瞬间位置作为已知的起算数据,采用空间距离后方交会的方法来确定待测点的位置。观测时刻的卫星位置可通过导航信息获得,从而求得卫星的三维坐标。

应用GNSS定位测量建立水平控制网,具有精度高、速度快、费用低等优点。目前,GNSS定位测量已取代传统的三角测量,成为建立水平控制网的重要方法。

二、高程控制网的布设方法

(一) 几何水准测量

几何水准测量的基本原理是利用水准仪测定设有标志的两高程控制点间的高差,进而逐点推算出地面点高程,这些高程控制点称为水准点。水准测量的优点是精度高。

几何水准测量是国家高程控制网的主要布设方法。

(二) 三角高程测量

三角高程测量的基本原理是:测定地面两点的距离和垂直角,依据三角高程计算公式算出两点间的高差,进而求出地面点高程。它适用几何水准测量不易达到的三角点和导线点的高程传递。三角高程测量的优点:作业简单,布设灵活,不受地形条件的限制。缺点:由于大气垂直折光的影响,垂直角观测值含有较大的误差,使得三角高程测量的精度较低。

许多研究和实践表明,利用电磁波测距进行三角高程测量,在垂直角观测中采取一定的措施,并对观测成果进行折光差改正,其结果可以满足三、四等水准测量的精度要求。

(三) GNSS高程测量

GNSS高程测量是利用GNSS测量技术直接测定地面点的大地高,或间接确定地面点的正常高的方法。

间接确定地面点的正常高时,先直接测得测区内所有GNSS点的大地高,再在测区内选择数量和位置均能满足高程拟合需要的若干GNSS点,用水准测量方法测取其正常高,并计算所有GNSS点的大地高与正常高之差(高程异常),以此为基础利用平面或曲面拟合的方法进行高程拟合,即可获得测区内其他GNSS点的正常高。

GNSS高程测量,在小区域范围精度已达到厘米级,已能达到国家三等水准测量的精度要求,应用越来越广。

任务实施

学习水平控制网、高程控制网的布设方法后，进一步了解我国控制网的发展历程，加深对各种控制网的理解和应用。

任务三　水平控制网的布设原则和方案

【知识要点】 国家水平控制网的布设原则和方案；工程水平控制网的布设原则和方案。

【技能目标】 能够设计工程水平控制网布设方案。

任务导入

水平控制网包括国家水平控制网和工程水平控制网，国家水平控制网已经布网结束，日常工作主要是布设工程水平控制网。中华人民共和国成立初期，国家水平控制网的建立是一项规模巨大的工程，事先必须全面规划、统筹安排，制订一些基本原则和布设方案，确保控制网的精度。工程水平控制网的建立，虽然在某一区域内进行，没有国家水平控制网规模庞大，但是为了保证控制点的精度和密度，也应该事先按照布设原则制订布设方案，以满足工程任务的需要。

任务分析

水平控制网的布设首先要根据布网区域和对控制点的精度、密度以及测量技术规范的要求制订布网基本原则，然后依据布网原则和地形特点制订布网基本方案。

相关知识

一、国家水平控制网的布设原则和方案

（一）国家水平控制网的布设原则

我国地域辽阔，从1951年开始，到1971年完成了国家天文大地网的建网工作。建网时遵守了以下原则：

1. 分级布网，逐级控制

由于我国疆域辽阔，地形复杂，不可能用高精度、大密度的控制网一次布满全国。为了适时地保障国家经济建设和国防建设用图的需要，根据主次缓急，采用了由高级到低级、从整体到局部的分级布网、逐级控制的原则。我国三角网按精度分为一、二、三、四4个等级，首先以边长最长、精度最高的一等三角锁，尽可能沿经纬线方向纵横交叉迅速布满全国，形成国家控制网的骨干，然后按不同地区的实际需要，逐级布设二、三、四等三角网。其中一等锁的两端和二等网的中间，都测定起算边长、天文经纬度和方位角。所以国家一、二等网合称为天文大地网。

2. 有足够的精度

国家控制网是测图和一切工程测量的基础，其精度必须满足测图和各项工程的需要。

作为国家大地控制网骨干的一等控制网，力求高精度，以利于为科学研究提供可靠的资料。对于测图控制网，其精度必须保证各种比例尺测图的实际需要。

3. 有足够的密度

为了满足控制测图需要，国家控制点必须有足够的密度。控制点的密度主要取决于测图比例尺的大小和测图方法。测图比例尺越大，控制点的密度越大；航测法成图的控制点密度比全站仪数字化测图小。控制点的密度用每个控制点控制的面积或三角网中三角形的平均边长表示。各种比例尺地图对平面控制点的密度要求见表 1-1。

表 1-1　　各种比例尺地图时对平面控制点的密度要求

测图比例尺	每幅图要求点数	每个三角点控制面积/km²	三角网平均边长/km	等级
1∶50 000	3	约 150	13	二等
1∶25 000	2～3	约 50	8	三等
1∶10 000	1	约 20	2～6	四等

为保证测图精度所需要的控制点，一部分可以是国家点，一部分可以是解析点和进一步加密的图根点。因为建立国家控制点的作业过程严密，费用较大，所以在保证测图精度的前提下，可以加密图根点，而国家控制点只要达到必要的精度即可。

4. 有统一的规范

由于我国三角锁网的规模巨大，必须有大量的测量单位和作业人员分区同时进行作业，为此，由国家制定统一的大地测量法式和作业规范，作为建立全国统一技术规格控制网的依据。

国家测绘局颁发的《国家三角测量和精密导线测量规范》(以下简称《国家规范》)，对各级控制网的起始数据、观测数据的精度和网中的图形结构等，均提出了明确的要求。国家三角锁、网布设规格及其精度见表 1-2。

表 1-2　　国家三角锁、网布设规格及其精度

等级	边长/km		图形强度限制				测角中误差	起算元素精度			最弱边相对中误差 $\frac{m_s}{s}$
	边长范围	平均边长	单三角形任意角	中点多边形任意角	大地四边形任意角	个别最小角		三角形最大闭合差	起算边长相对中误差 $\frac{m_b}{b}$	天文观测	
一	15～45	平原 20 山区 25	40°	30°	30°		±0.7″	±2.5″	1∶350 000	$m_\alpha<\pm0.5''$ $m_\lambda<\pm0.02''$ $m_\varphi<\pm0.3''$	1∶150 000
二	10～18	13	30°	30°		25°	±1.0″	±3.5″	1∶350 000	同一等锁	1∶150 000
三		8	30°	30°		25°	±1.8″	±7.0″			1∶80 000
四	2～6	4	30°	30°		25°	±2.5″	±9.0″			1∶40 000

（二）国家水平控制网的布设方案

国家水平控制网布设时，根据当时的测绘技术水平，我国采取传统的三角网作为水平控制网的基本形式，只是在青藏高原特殊困难的地区布设了一等电磁波测距导线。现将国家三角网的布设方案和精度要求概略介绍如下。

1. 一等三角锁布设方案

一等三角锁是国家大地控制网的骨干，其主要作用是控制二等以下各级三角测量，并为地球科学研究提供资料。

一等三角锁尽可能沿经纬线方向布设成纵横交叉的网状图形，如图 1-2 所示。一等锁交叉处设置起算边，以获得精确的起算边长，并可控制锁中边长误差的积累。起算边长一般用基线测量方法求得，随着电磁波测距仪的出现，可用电磁波测距仪测定。

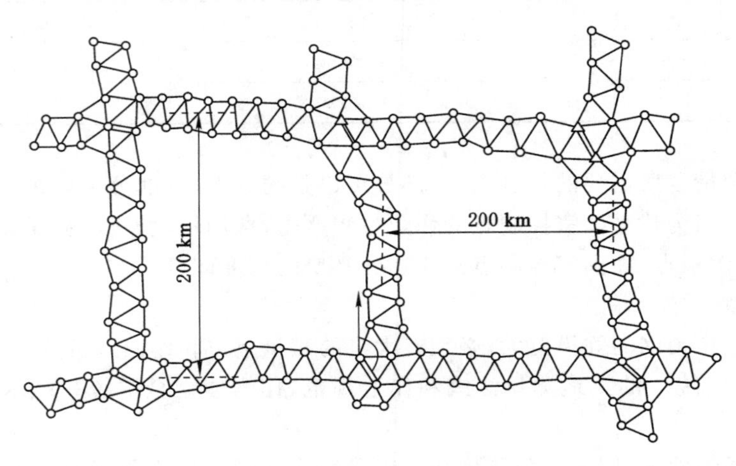

图 1-2 国家一等三角锁

三角锁交叉点间的部分称为锁段，长度一般为 200 km 左右，锁段内三角形的个数一般为 16～17 个。其他布设要求见表 1-2。

一等锁在起算边两端点上精密测定了天文经纬度和天文方位角，为起算方位角，用来控制锁、网中方位角误差的积累。一等天文点测定的精度：纬度测定中误差 $m_{\varphi}<\pm0.3''$，经度测定的中误差 $m_{\lambda}<\pm0.02''$，天文方位角测定的中误差 $m_{\alpha}<\pm0.5''$。所以，国家一等三角锁也称国家天文大地网。一等锁的平均边长，山区一般约为 25 km，平原区一般约为 20 km。

一等锁着重考虑的是精度问题而不是密度问题。

2. 二等三角网布设方案

国家二等三角锁、网是在一等锁控制下布设的，它是国家三角网的全面基础，同时又是地形测图的基本控制。因此，必须兼顾精度和密度两个方面的要求。

二等三角网(图 1-3)以连续三角网的形式布设在一等锁环围成的区域内，它是加密三、四等三角点的基础，与一等锁同属于国家高级网。

二等网的平均边长为 13 km，根据地形条件，可在 10～18 km 范围内变通。这样的边长所对应的点位密度基本能满足 1∶50 000 比例尺地形图的要求。其他布设要求见表 1-2。

为了控制边长和角度误差的积累，以保证二等网精度，在二等网中央处测定了起算边及其两端点的天文经纬度和方位角，测定的精度与一等点相同。当二等锁环过大时，还在二等

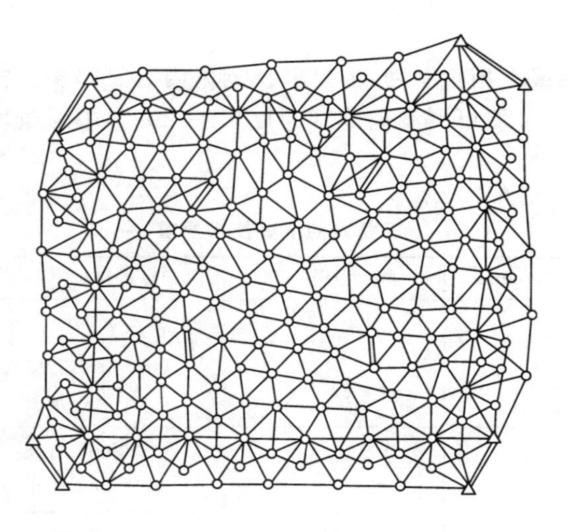

图 1-3 国家二等三角网

网的适当位置，酌情加测了起算边。所以，国家二等三角网和一等三角锁一样，也称国家天文大地网。

二等网中测角中误差小于±1.0″。

3. 三、四等三角网布设方案

国家三、四等三角网是在一、二等网控制的基础上进一步加密控制，以满足测图和工程建设的需要。

三等网的平均边长为 8 km，四等网的边长在 2～6 km 范围内变通。三、四等三角点每点都要设站观测。由三角形闭合差计算所得的测角中误差，三等为±1.8″，四等为±2.5″。三、四等三角点可采用插网法或插点法布设。在此不再一一介绍，其他布设要求见表 1-2。

二、工程水平控制网的布设原则和方案

（一）工程水平控制网的布设原则

工程测量控制网可分为两种：一种是在各项工程建设的规划设计阶段，为测绘大比例尺地形图和房地产管理测量而建立的控制网，称作测图控制网；另一种为工程建筑物的施工放样或变形观测等专门用途而建立的控制网，称为专用控制网。建立这两种控制网时亦应遵守下列布网原则。

1. 分级布网，逐级控制

对于工程测量控制网，通常先布设精度要求最高的首级控制网，随后根据测图需要，测区面积的大小再加密若干级较低精度的控制网。用于工程建筑物放样的专用控制网，往往分二级布设。第一级作总体控制，第二级直接为建筑物放样而布设。用于变形观测或其他专门用途的控制网，通常无须分级。

2. 要有足够的精度

以工程测量控制网为例，一般要求最低一级控制网（四等网）的点位中误差能满足大比例尺 1∶500 的测图要求。按图上 0.1 mm 的绘制精度计算，这相当于地面上的点位精度为 0.1×500＝5 (cm)。对于国家控制网而言，尽管观测精度很高，但由于边长比工程测量控制网长得多，待定点与起始点相距较远，因而点位中误差远大于工程测量控制网。

3. 要有足够的密度

不论是测图控制网或专用控制网，都要求在测区内有足够多的控制点。控制点的密度通常是用边长来表示的。《城市测量规范》(CJJ/T 8—2011)中对于城市三角网平均边长的规定列于表 1-3 中。

表 1-3　三角网的主要技术要求

等级	平均边长/km	测角中误差/″	起算边相对中误差	最弱边相对中误差
二等	9	±1.0	1/300 000	1/120 000
三等	5	±1.8	1/200 000(首级) 1/120 000(加密)	1/80 000
四等	2	±2.5	1/120 000(首级) 1/80 000(加密)	1/45 000
一级小三角	1	±5	1/40 000	1/20 000
二级小三角	0.5	±10	1/20 000	1/10 000

4. 要有统一的规格

为了使不同的工程测量部门施测的控制网能够互相利用、互相协调，也应制定统一的规范，如现行的《城市测量规范》(CJJ/T 8—2011)和《工程测量规范》(GB 50026—2007)。

(二) 工程水平控制网的布设方案

现以《城市测量规范》(CJJ/T 8—2011)为例，三角网的主要技术要求见表 1-3。从表中可以看出，工程测量三角网具有如下特点：

(1) 各等级三角网平均边长较相应等级的国家网边长显著地缩短。

(2) 三角网的等级较多。

(3) 各等级控制网均可作为测区的首级控制。这是因为工程测量服务对象非常广泛，测区面积大的可达几千平方千米(例如大城市的控制网)，小的只有几公顷(如工厂的建厂测量)，根据测区面积的大小，各个等级控制网均可作为测区的首级控制。

(4) 三、四等三角网起算边相对中误差，按首级网和加密网分别对待。对独立的首级三角网而言，起算边由电磁波测距求得，因此起算边的精度以电磁波测距所能达到的精度来考虑。对加密网而言，则要求上一级网最弱边的精度应能作为下一级网的起算边，这样有利于分级布网、逐级控制，而且也有利于采用测区内已有的国家网或其他单位已建成的控制网作为起算数据。

以上这些特点主要是考虑到工程测量控制网应满足最大比例尺 1∶500 测图的要求而提出的。

此外，在我国目前测距仪或全站仪使用较普遍的情况下，电磁波测距导线已成为一种重要的平面控制测量布设形式。

(三) 专用控制网的布设特点

专用控制网是为工程建筑物的施工放样或变形观测等专门用途而建立的。由于专用控制网的用途非常明确，因此建网时应根据特定的要求进行控制网的技术设计。例如，桥梁控制网对于桥轴线方向的精度要求应高于其他方向的精度，以利于提高桥墩放样的精度；隧道控制网则对垂直于隧道轴线方向的横向精度要求高于其他方向的精度，以利于提高隧道的贯通精度；用于建设环形粒子加速器的专用控制网，其径向精度应高于其他方向的精度，以利于精确安装位于环行轨道上的磁块。以上这些问题将在工程测量课程中进一步介绍。

任务实施

学习了解国家水平控制网的布设原则和方案，了解工程水平控制网的布设原则和方案及专用控制网的布设特点。

任务四　高程控制网的布设原则和方案

【知识要点】 国家高程控制网的布设原则和方案；工程测量高程控制网的布设原则和方案。

【技能目标】 能够设计工程测量高程控制网布设方案。

任务导入

全国范围内施测各种比例尺地形图、对地球进行科学研究所需要的精确高程资料以及进行城市各种大比例尺测图和各种工程建筑物放样都离不开高程控制网，高程控制网为它们提供高程控制基础和精确高程资料。

任务分析

建立高程控制网的常用方法有水准测量和三角高程测量。国家高程水准网是按国家水准测量规范的技术要求建立的，工程测量高程水准网是以国家高程水准网为高程控制基础，按照《工程测量规范》的技术要求建立的，它们的建立都必须遵循高程控制网的布设原则和方案。

相关知识

一、国家高程控制网的布设原则和方案

（一）国家水准网的布设原则

国家高程控制网是用水准测量的方法布设的，其布设原则是：由高级到低级、从整体到局部，逐级控制、依次加密，要有足够的密度、足够的精度、统一的规格。按控制等级和施测精度分为一、二、三、四等。目前提供使用的“1985 国家高程基准”共有水准点成果 114 041 个，水准路线长度为 416 619.1 km。

（二）国家水准网的布设方案

国家一、二等水准由国家测绘总局统一规划。一等水准测量是国家高程控制的骨干，是研究地壳变化以及有关科学研究的主要依据，每隔 15～20 年沿相同的路线重复观测一次。全国一等水准网布设略图如图 1-4 所示。

二等水准网是国家高程控制的全面基础，它布设在一等环内。

图 1-4　全国一等水准网布设略图

三、四等水准网是在一、二等水准网的基础上加密而成的，直接为地形测图和各种工程建设提供所必要的高程控制。

按照国家水准测量规范规定，各等水准路线一般都应构成闭合环线或附合到高级水准路线上。我国各级水准网布设的规格及精度见表 1-4。

表 1-4　　各级水准网布设的规格及精度

等级		环线周长/km	附合路线长/km	M_Δ/mm	M_ω/mm
一等	平原、丘陵	1 000～1 500	—	≤±0.5	≤±1.0
	山地	2 000	—		
二等		500～750	—	≤±1.0	≤±2.0
三等		300	200	≤±3.0	≤±6.0
四等		—	80	≤±5.0	≤±10.0

注：M_Δ 为每千米水准测量高差中数的偶然中误差；M_ω 为每千米水准测量高差中数的全中误差。

二、工程测量高程控制网的布设

工程测量高程控制网的布设原则仍然遵循：由高级到低级、从整体到局部，逐级控制、依次加密，要有足够的密度、足够的精度、统一的规格。

工程测量高程控制网的布设方案，可以采用水准测量和三角高程测量。

水准测量分为二、三、四、五等，各等级水准测量的技术要求见表 1-5。首级高程控制网应布设成闭合环线，加密网可布设成附合路线、结点网和闭合环，只有在山区等特殊情况下，才允许布设成水准支线。各等级水准测量的精度和国家水准测量相应等级的精度一致。

三角高程测量主要用于山区的高程控制测量和平面控制点的高程测定。经过实践证明，电磁波测距三角高程测量可达到四等水准测量的精度，甚至可以替代三等水准测量，因此《工程测量规范》(GB 50026—2007)规定，根据仪器精度和技术设计，电磁波测距三角高程测量能满足城市高程控制网的基本精度时，可以代替相应等级的水准测量。

表 1-5　　各等级水准测量的技术要求

等级	每千米高差全中误差/mm	路线长度/km	水准仪型号	水准尺	观测次数		往返较差、附合或环线闭合差	
					与已知点联测	附合或环线	平地/mm	山地/mm
二等	2	—	DS_1	因瓦	往返各一次	往返各一次	$4\sqrt{L}$	—
三等	6	≤50	DS_1	因瓦	往返各一次	往一次	$12\sqrt{L}$	$4\sqrt{n}$
			DS_3	双面		往返各一次		
四等	10	≤16	DS_3	双面	往返各一次	往一次	$20\sqrt{L}$	$6\sqrt{n}$
五等	15	—	DS_3	单面	往返各一次	往一次	$30\sqrt{L}$	—

注：① 结点之间或结点与高级点之间，其路线长度不应大于表中规定的 0.7 倍；
② L 为往返测段、附合或环线的水准路线长度(km)，n 为测站数；
③ 数字水准仪测量的技术要求和同等级的光学水准仪相同。

任务实施

学习了解国家高程控制网的布设原则和方案，了解工程高程控制网的布设原则和方案。

任务五　工程控制网技术设计

【知识要点】 工程控制网技术设计的内容和步骤；技术设计书的编写；控制网的选点、造标和埋石。

【技能目标】 能够进行工程控制网的技术设计。

任务导入

工程控制网的布设既要满足质量要求，又做到经济合理，因此，像其他工程设计一样，在控制测量施测之前，必须进行工程控制网的技术设计，它是关系工程控制测量全局的重要环节，又是指导生产的重要技术文件。

任务分析

技术设计，就是遵照上级或甲方下达的任务，根据工程建设的特点，灵活应用控制测量的理论，对各种设计方案采用比较选择法或优化法选出最佳的设计方案，并将其编写成技术设计说明书，呈报上级领导机关审批。技术设计方案经批准后，即可进行控制网的布设和实测。

相关知识

一、技术设计的准备工作

工程控制网技术设计是一项细致复杂、政策性很强的工作，应从以下几个方面做好准备

工作。

（一）学习领会任务通知书

接到上级或甲方的任务书后，首先对任务通知书进行认真的研究，对上级（甲方）的指示精神、任务内容和具体要求做到理解准确、心中有数。

（二）调查研究、收集和分析资料

(1) 测区内各种比例尺的地形图。

(2) 已有的控制测量成果（包括全部有关技术文件、图表、手簿等）。特别应注意是否有几个单位施测的成果，如果有，则应了解各套成果间的坐标系、高程系统是否统一以及如何换算等问题。

(3) 有关测区的气象、地质等情况，以供建标、埋石、安排作业时间等方面的参考。

(4) 现场踏勘了解已有标志的保存完好情况。

(5) 调查测区的行政区划、交通便利情况和物资供应情况。若在少数民族地区，则应了解民族风俗、习惯。

对搜集到的上述资料进行分析，以确定网的布设形式，起始数据如何获得，网的未来扩展等。

其次还应考虑网的坐标系投影带和投影面的选择。此外，还应考虑网的图形结构，旧有标志可否利用等问题。

（三）控制网的图上设计与精度估算

根据对上述资料进行分析的结果，按照有关规范的技术规定，在中等比例尺图上确定控制点的位置和网的基本形式。

1. 图上设计对点位的基本要求

在技术设计和选点时，平面控制点的位置应满足以下要求：

(1) 从技术指标方面考虑

平面控制网图形结构良好，边长适中，对于三角网求距角不小于30°；便于扩展和加密低级网，点位要选在视野辽阔、展望良好的地方；为减弱旁折光的影响，要求视线超越（或旁离）障碍物一定的距离；点位要长期保存，宜选在土质坚硬、易于排水的高地上。

水准路线应尽量沿坡度小的道路布设，以减少前后视折光误差的影响。尽量避免跨越河流、湖泊、沼泽等障碍物；应与国家水准点进行联测，以求得高程系统的统一；布设首级高程控制网时，应考虑到便于进一步加密；水准网应尽可能布设成环形网或节点网，个别情况下亦可布设成附合路线。水准点间的距离：一般地区为2～4 km，城市建筑区和工业区为1～2 km。

(2) 从经济指标方面考虑

平面控制网充分利用制高点和高建筑物等有利地形、地物，以便在不影响观测精度的前提下，尽量降低觇标高度；充分利用旧点，以便节省造标埋石费用，同时可避免在同一地方不同单位建造数座觇标，出现既浪费国家资材，又容易造成混乱的现象。

水准路线也应考虑测区已有水准路线测量成果的利用。

(3) 从安全生产方面考虑

三角网点位远离公路、铁路和其他建（构）筑物以及与高压电线等应有一定的距离。

水准路线若与高压输电线或地下电缆平行，则应是水准路线在输电线或电缆线50 m

以外布设，以避免电磁场对水准测量的影响。

2. 图上设计的方法及主要步骤

图上设计宜在中比例尺地形图（根据测区大小，选用1：25 000～1：100 000地形图）上进行，其方法和步骤如下：

（1）展绘已知点。

（2）按上述对点位的基本要求，从已知点开始扩展。

（3）判断和检查点间的通视。若地貌不复杂，设计者又有一定读图经验，则可较容易地对各相邻点间的通视情况作出判断。若有些地方不易直接确定，就得借助一定的方法加以检查。

（4）估算控制网中各推算元素的精度。若估算结果低于《工程测量规范》要求或工程提出的精度要求，应改变布网方案，更改待定点的位置和个数。或采取调整仪器类型、提高观测精度等措施，选择经济合理、技术上可行的最佳方案。

（5）拟定水准联测路线。说明路线、环线、网形的名称，具体位置，路线长度，水准点的密度，已知点及交叉点的名称。根据作业区地理特征及工程需要，确定埋石数量、具体位置及埋设规格。水准联测的目的在于获得三角点高程的起算数据，并控制三角高程测量，推算高程的误差累积。

（6）据测区的情况调查和图上设计结果，写出文字说明，并拟定作业计划。

二、编写技术设计书

技术设计书包括以下几个方面的内容：

（1）作业的目的及任务范围。

（2）测区的自然、地理条件。

（3）测区已有测量成果情况，标志保存情况、对已有成果的精度分析。

（4）布网依据的规范，最佳方案的论证。

（5）现场踏勘报告。

（6）各种设计图表（包括人员组织、作业安排等）。

（7）主管部门的审批意见。

三、技术设计的指导原则

（1）力求技术设计方案总体最优

控制网技术设计是工程建设的一项基础性技术工作，它服务于勘探、设计、生产全部过程，因此应力求设计方案的精度可靠、技术先进、经济合理。

（2）总体规划、统一设计

测区范围不论大小，布设控制网时都应总体规划，统一设计。布网层次要由高级到低级，从整体到局部，坐标系统统一，技术规格一致。对于首级控制网，必须一次布设和实测；对于加密控制网，可根据需要分期设计和实测。

（3）既要执行国家规范，又要从实际出发

为了保证测量成果的质量和规范化，以便各部门互相使用。控制网应严格执行《国家三角测量和精密导线测量规范》及各类国家水准测量规范。此外，还应根据测区控制网的服务对象，指导各有关行业部门制定规范。

（4）要有合理的精度和密度

控制网的精度是:平面控制网中最弱边的相对中误差或最弱点点位中误差,高程网中最弱高程点的高程中误差;控制网的密度是:每平方千米内的各等级控制点的总数。

四、控制网的选点、造标和埋石

(一) 平面控制网的选点、造标和埋石

1. 实地选点

实地选点就是将设计图上设计的控制点落实到实际地面上的工作。平面控制网的点位应满足《工程测量规范》的有关技术要求。

选点任务完成后,应提供下列资料:

(1) 选点图。

(2) 点之记,如图 1-5 所示。

(3) 控制点一览表,表中应填写点名、等级、至邻点的概略方向和边长、建议建造的觇标类型及高度、对造埋和观测工作的意见等。

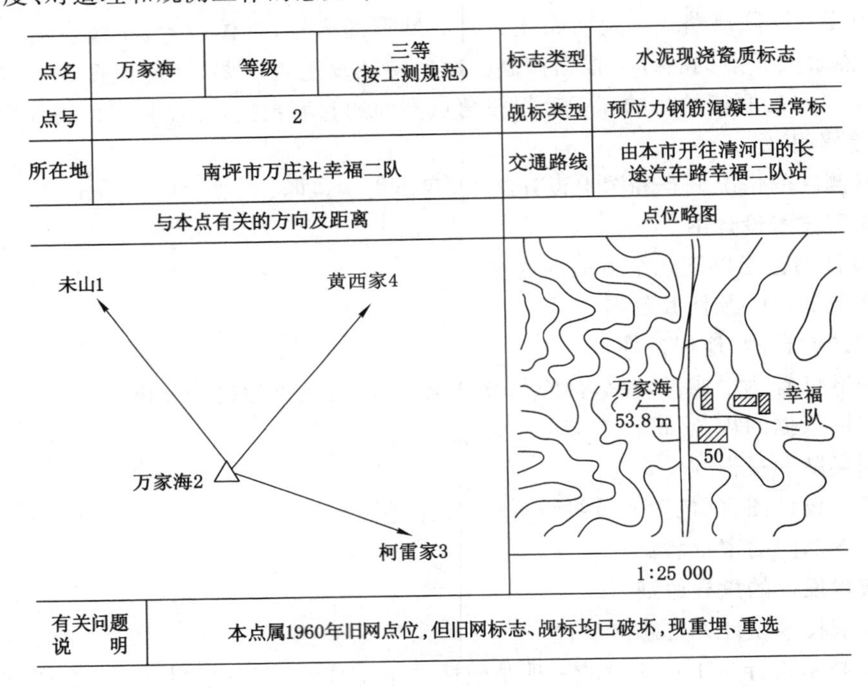

点名	万家海	等级	三等 (按工测规范)	标志类型	水泥现浇瓷质标志
点号	2			觇标类型	预应力钢筋混凝土寻常标
所在地	南坪市万庄社幸福二队			交通路线	由本市开往清河口的长途汽车路幸福二队站
与本点有关的方向及距离				点位略图	
有关问题说明	本点属1960年旧网点位,但旧网标志、觇标均已破坏,现重埋、重选				

图 1-5 点之记

2. 觇标的类型

测量觇标的作用是供观测照准和升高仪器之用。

经过选点确定了的三角点的点位,要埋设带有中心标志的标石,将它们固定下来,以便长期保存。当相邻点不能在地面上直接通视时,应建造觇标作为相邻各点观测的目标及本点观测的仪器台。由于测量技术的发展,目前很多平面控制网已采用导线网的形式,此外GNSS已用于控制网的布设,所以如今已很少有造标的需要,特别是双锥标,更少使用。在此只对觇标的类型简单介绍。

测量觇标有多种类型,比较常见的有以下几种:

（1）寻常标

常用木料、废钻杆、角钢、钢筋混凝土等材料做成，如图 1-6 所示，凡是地面上能直接通视的三角点上均可采用这种觇标。观测时，仪器安置在脚架上，脚架直接架在地面上。

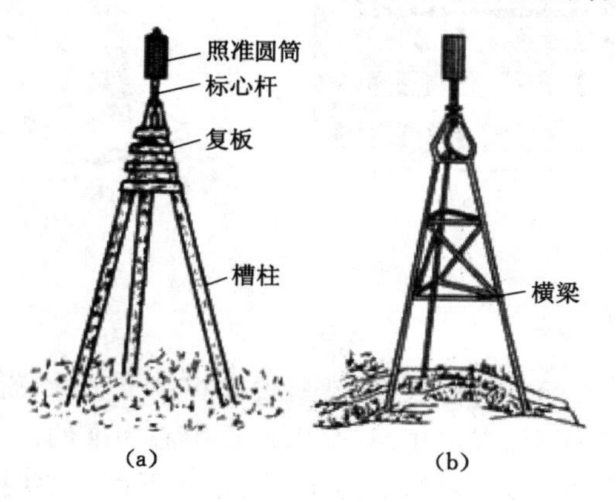

图 1-6　寻常标

（2）双锥标

当三角网边长较长、地形隐蔽、必须升高仪器才能与邻点通视时则采用如图 1-7 所示的双锥标，可用木材或钢材制成。这种觇标分内、外架。内架升高仪器，外架用以支撑照准目标和升高观测站台，内、外架完全分离，以免观测人员在观测站台上走动时影响仪器的稳定。

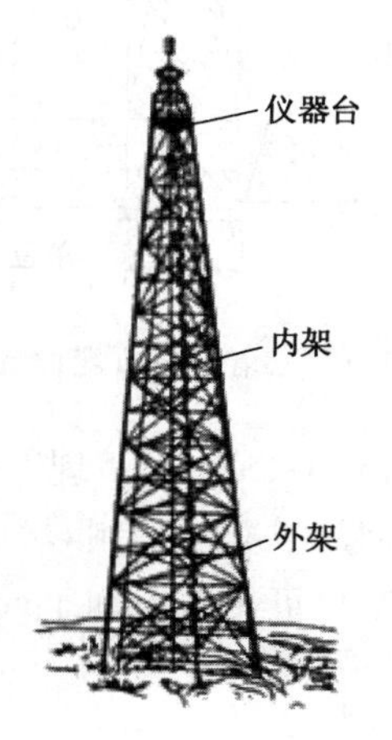

图 1-7　双锥标

（3）墩标

在利用高建筑物或尖山顶上设置控制点时，可建造墩标。如图 1-8 所示为建在屋顶的墩标。墩标由可拆卸的标筒和观测台组成，观测台可用 3 号角钢，预制高度 1.2 m，观测仪器放在观测台上，观测完毕，插入带照准圆筒的标杆，即可供邻点照准。

觇标建成后，应对标的外观进行整饰，并在橹柱的适当位置整齐地写上三角点点名、等级、编号及建造年月日等。

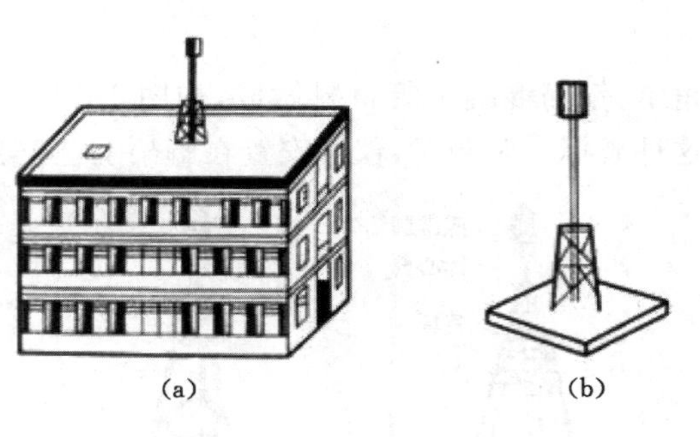

图 1-8　墩标

3. 标石的规格与埋设

控制点需要用带有中心标志的标石，通常所说的控制点坐标，就是指标石中心标志的坐标，所有的测量成果（坐标、距离、方位角）都是以标石中心为准的。

三、四等三角点的标石由两块组成，如图 1-9 所示。下面一块叫盘石，上面一块叫柱石，

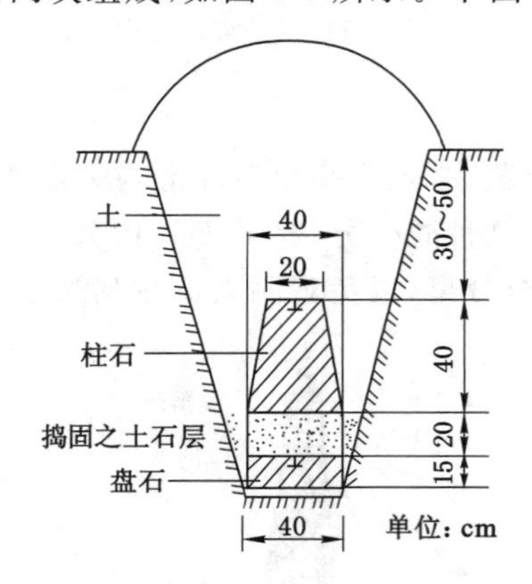

图 1-9　三角点标石埋设规格

盘石和柱石中央有中心标志，如图 1-10 所示。埋石时必须使盘石和柱石上的标志位于同一铅垂线上。盘石和柱石一般用钢筋混凝土预制，然后运到实地埋设。预制时，应在柱石顶面印字注明埋设单位及时间。标石也可用石料加工或用混凝土在现场浇灌。

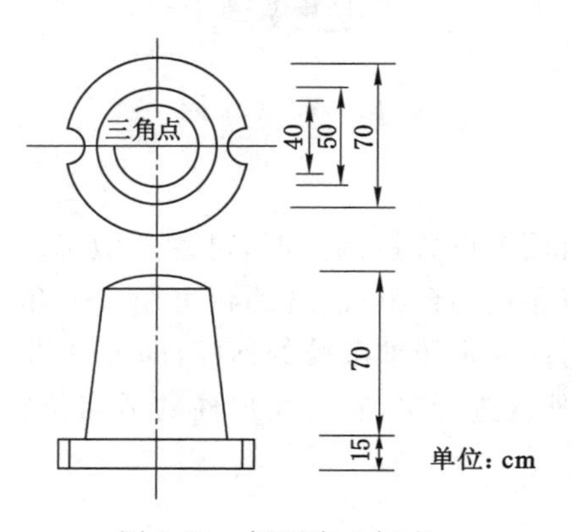

图 1-10　标石中心标志

埋设标石一般在造标工作完成后随即进行。埋石时，必须标定标筒中心和标石中心在同一铅垂线上，具体埋设方法不再介绍。

埋石工作全部完成后，要到控制点所在地的乡人民政府办理控制点的托管手续。

（二）水准点的选点和埋石

在实地选线和选点时，应考虑到水准标石埋设后点位的稳固安全，并能长期保存，便于施测。为此，水准点应设置在可靠的地点，避免设置在水滩、沼泽、沙土、滑坡和地下水位高的地区；埋设在铁路、公路两侧时，一般要求离铁路的距离应大于 50 m，离公路的距离应大于 20 m，应尽量避免埋设在交通繁忙的岔道口；墙上水准点应选在永久性大型建筑物上。

水准点选定后，就可以进行水准标石的埋设工作。工程测量中常用的普通水准标石是由柱石和盘石两部分组成，标石用混凝土浇制或用天然岩石制成，水准标石上面嵌设有铜材或不锈钢金属标志，如图 1-11 所示。

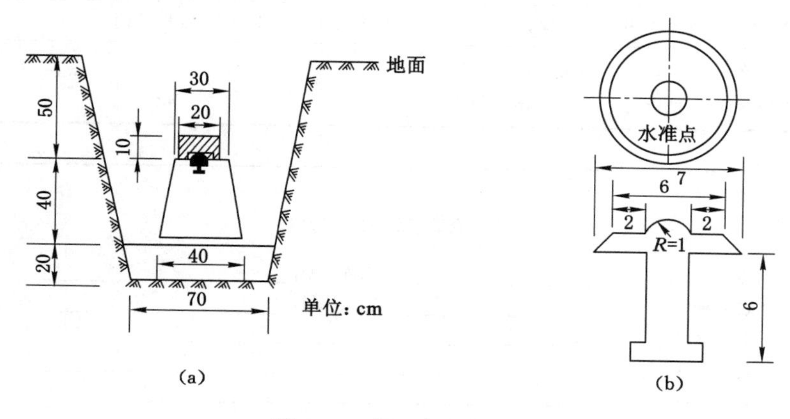

图 1-11　普通水准标石

埋设水准标石时，一定要将底部及周围的泥土夯实。标石埋设后，应绘制点之记（表 1-6），并办理托管手续，永久性测量标志委托保管书如图 1-12 所示。

表 1-6　　**水准点点之记**

详细位置图 比例尺 1:500　北 ×××北房 ×××西房 14.2 m　13.5 m　7.2 m Ⅳ新文17		标石断面图　单位：m 0.3　0.5　0.6　0.4　0.2　0.4　0.7 最大冻土深度线	
所在图幅	J-50-19	标石类型	混凝土普通水准标石
经纬度	L：117°06.5′　B：39°25.4′	标石质料	混凝土玻璃钢标志

续表 1-6

所在地	河北省××县××乡××村		土地使用者	×××	
地别土质	院地，黄土，含沙 30%		地下水深度	5 m	
交通路线	自新镇至××县大路靠近××堡				
点位详细说明书	1. 西至××西房东南角 7.3 m； 2. 西北至××西房东北角 13.5 m； 3. 东北至××北房东南角 14.2 m； 4. 标石上方埋有保护井、指示盘				
接管单位	××乡人民政府		保管人	×××(副乡长)	
选点单位	华北测绘院	埋石单位	华北测绘院	维修单位	
选点者	×××	埋石者	×××	维修者	
选点日期	1990 年 5 月 2 日	埋石日期	1990 年 5 月 12 日	维修日期	
备注	Ⅳ新文 16～Ⅳ新文 17　5.8 km(平地) Ⅳ新文 17～Ⅳ新文 18　4.7 km(丘陵)				

测量标志委托保管书

点　　名：____________________　所在图幅：____________________

标石种类：____________________　标志质料：____________________

完整情况：____

托管日期：____

设置地点：____

点位略图	

测量标志是社会主义经济建设和国防建设的重要设施，应长期保存。各级党、政领导机关和接管部门应对群众进行宣传教育，依法保护测量标志，不得拆除和移动，并严防破坏，埋设标志占用的土地，不得作其他使用。

现由__________代表__________根据《中华人民共和国测绘法》，将上述测量标志委托__________________接管，并负责保护。

托管单位：______________(盖公章)______代表：__________

地　　址：________________________　邮编：__________

接管单位：______________(盖公章)______代表：__________

地　　址：________________________　邮编：__________

此保管书共三份，一份随成果上交，一份由接管单位保存，一份由测量机关呈交地方测绘管理部门。

图 1-12　永久性测量标志委托保管书

任务实施

接到上级或甲方的任务书后，按以下几个方面的内容进行技术设计：① 作业的目的及任务范围；② 测区的自然、地理条件；③ 测区已有测量成果情况，标志保存情况，对已有成果的精度分析；④ 布网依据的规范，最佳方案的论证；⑤ 现场踏勘报告；⑥ 各种设计图表（包括人员组织、作业安排等）；⑦ 主管部门的审批意见。

思考与练习

1. 什么叫控制测量？控制测量包括哪两个方面？各自目的是什么？
2. 控制测量的作用是什么？
3. 简述大地控制测量与工程控制测量的区别。
4. 水平控制网的布设方法有哪些？各有什么优缺点？
5. 高程控制网的布设方法有哪些？各有什么优缺点？
6. 国家水平控制网的布设原则是什么？简单说明国家水平控制网的布设方案。
7. 工程水平控制网的布设原则是什么？
8. 国家高程控制网的布设原则是什么？简单说明国家高程控制网的布设方案。
9. 工程高程控制网的布设原则是什么？
10. 工程控制网技术设计的准备工作有哪些？
11. 工程控制网技术说明书编制的内容有哪些？

项目二　精密测角仪器和水平角观测

任务一　全站仪的认识和使用

【知识要点】　全站仪各部件及名称；操作键及功能；测量项目的具体操作。

【技能目标】　能够进行全站仪各种测量项目的具体操作。

任务导入

测量工作是一项琐碎辛苦的工作，过去的测量仪器只能完成单一的测量项目。比如，经纬仪只能完成角度测量，水准仪只能完成高差测量，测距仪只能完成距离测量。随着科学技术的发展，电子仪器与测量仪器的有机结合，全站仪应运而生，不仅大大减少了测量人员的劳动强度，提高了工作效率，并且使测量精度有了大幅度的提高，测绘作业方法有了一个质的变化。本任务介绍全站仪的基本结构、主要功能和操作方法。

任务分析

和过去传统的测量仪器比较，全站仪是一种全新的测量仪器，其功能非常强大，不仅可以测角、测距，而且可以进行坐标测量、悬高测量、对边测量、面积测量、施工放样、数据传输等。因此，学习全站仪不仅要了解全站仪基本结构和使用方法，而且还要结合全站仪使用说明书学习各种测量项目的具体操作。

相关知识

全站仪，即全站型电子测距仪(Electronic Total Station)，是一种集光、机、电为一体的高技术测量仪器，是集水平角、垂直角、距离(斜距、平距)、高差等测量，并能计算出地面点三维空间坐标等功能于一体的测绘仪器。与光学经纬仪比较，全站仪将光学度盘换为光电扫描度盘，将人工光学测微读数代之以自动记录和显示读数，使测角操作简单化，且可避免读数误差的产生。因其一次安置就可完成该测站上全部测量工作，所以称之为全站仪。全站仪已经广泛用于控制测量、地形测量、地籍测量、地面大型建筑、地下隧道施工和变形监测等测绘领域。

全站仪与光学经纬仪区别在于度盘读数及显示系统，全站仪的水平度盘和竖直度盘及其读数装置分别采用编码盘或两个相同的光栅度盘和读数传感器进行角度测量。

下面以科力达(Kolida)KTS-462R4L全站仪为例做一简单介绍。

1. 全站仪各部件及名称

全站仪各部件及名称如图 2-1 所示。

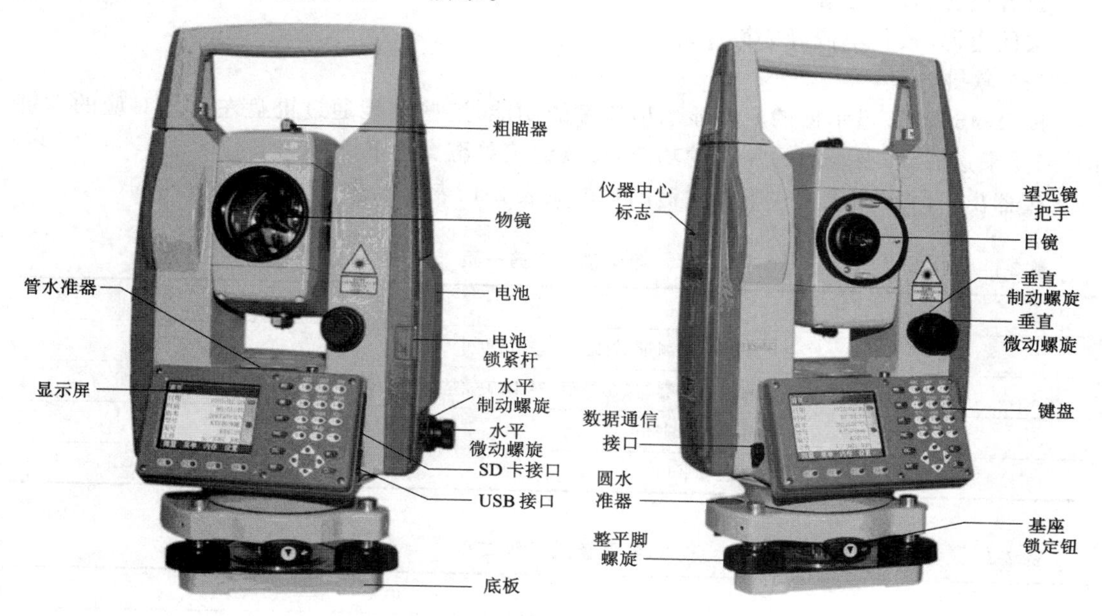

图 2-1　科力达 KTS-462R4L 全站仪部件及名称

2. 全站仪主要技术参数

科力达 KTS-462R4L 全站仪棱镜测距精度：2＋2 ppm(10^{-6})，免棱镜测距精度：3＋2 ppm；单棱镜测距：5 000 m，免棱镜测距：400 m；测角最小读数 1″，测角精度±2″。

3. 全站仪功能键

全站仪各功能键如图 2-2 所示。

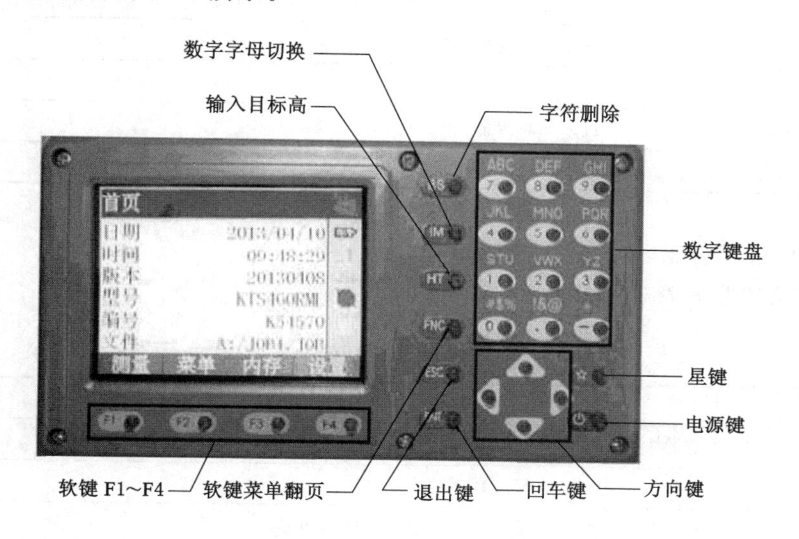

图 2-2　科力达 KTS-462R4L 全站仪功能键

(1) 电源开关键

打开电源:按住电源开关键 2 s。

关闭电源:按住电源开关键 3 s。

(2) 软键

KTS-462R4L 显示窗的底部显示出软键的功能,这些功能通过键盘左下角对应的软键 F1～F4 来选取,若要查看另一页的功能,按软键菜单翻页键 FNC。

仪器出厂时在测量模式下各软键的功能见表 2-1、表 2-2、表 2-3。

表 2-1　　测量模式下第一页

名称	功能
测距	开始距离测量(斜距、高差、角度)
切换	选择测距类型(在平距、斜距、高差与坐标 N、E、Z 的切换)
置零	可置零水平角
置角	预置水平角

表 2-2　　测量模式下第二页

名称	功能
左右	盘左、盘右之间的切换
复测	累计角度垂直测值,并可得到累计观测值的均值
锁角	锁定角度数值
ZA/%	可以进入竖角切换模式

表 2-3　　测量模式下第三页

名称	功能
高度	设置仪器高和目标高
记录	记录数据
悬高	进入悬高测量
对边	进入对边测量

(3) 操作键及功能

操作键及功能见表 2-4。

表 2-4　　操作键及功能

名称	功能
BS	删除左边一空格
IM	在输入法中切换字母和数字功能
HT	在放样、对边、悬高等功能中可输入目标高功能
FNC	软键功能菜单翻页

续表 2-4

名称	功能
ESC	取消前一操作，退回到前一个显示屏或前一个模式
ENT	确认输入或存入该行数据并换行
F1～F4	功能参见所显示的信息
0～9	输入数字和字母或选取菜单项
·——	输入数字和字母或选取菜单项
▲	1. 光标上移或向上选取选择项； 2. 在数据列表和查找中为查阅上一个数据
▼	1. 光标下移或向下选取选择项； 2. 在数据列表和查找中为查阅下一个数据
◀	1. 光标左移或选取另一选择项； 2. 在数据列表和查找中为查阅上一页数据
▶	1. 光标右移或选取另一选择项； 2. 在数据列表和查找中为查阅下一页数据

(4) 字符输入键及功能

向全站仪输入的工作文件名称、数据、代码等都是以字母或数字形式进行的。字母或数字输入模式的转换借助于数字字母切换键(IM 键)完成，当仪器处于字母输入状态时，“_A”显示于显示窗右侧。数字输入模式见表 2-5，字母输入模式见表 2-6，以输入编码 JOB-1 为例。

表 2-5　数字输入模式

名称	功能
STU　GHI 1～9	1. 字母输入(输入按键上方的字母)； 2. 数字输入或选取菜单项
,	1. 在数字输入功能中小数点输入； 2. 在字符输入法中输入：! \&\@
+/−	1. 在数字输入功能中输入“−”； 2. 在字符输入功能中输入“+”

表 2-6　字母输入模式

操作过程	操作键	显示
进入字母输入模式。每一按键上定义有三个字母和一个数字，每按一次，光标位置处将显示出其中一个字母，重复按四次，显示出数字。所需字母出现后，光标移至下一待输入字母位置，直接按下一按键即可	字母键	添加编码 索引：0 编码：JOB OK

续表 2-6

操作过程	操作键	显示
再按[IM]键进入数字输入模式，进行数字输入	[IM]	添加编码 索引: 0 编码: JOB-1 OK
输入完毕后，进行存储		添加编码 索引: 0 编码: JOB-1 OK

(5)“★”键模式

在任意界面按“★”键都可以进入“★”键模式进行常用设置，在“★”键模式里有“<>”标识栏，用“▲▼”键选中，用“◀ ▶”键切换，如图 2-3 所示。

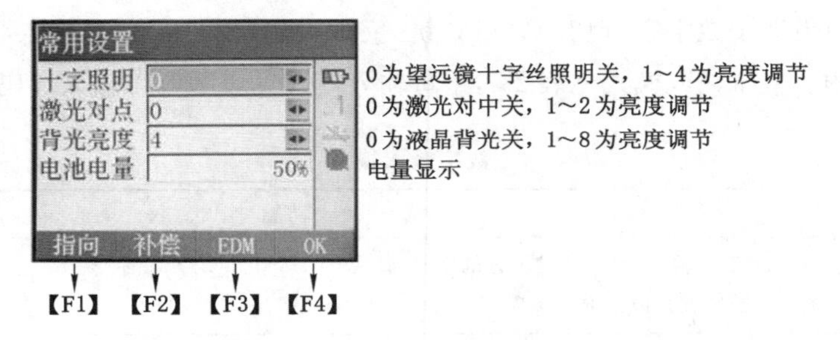

图 2-3 “★”键模式

F1(指向):激光指向开/关;F2(补偿):进入水泡补偿界面，如图 2-4 所示。

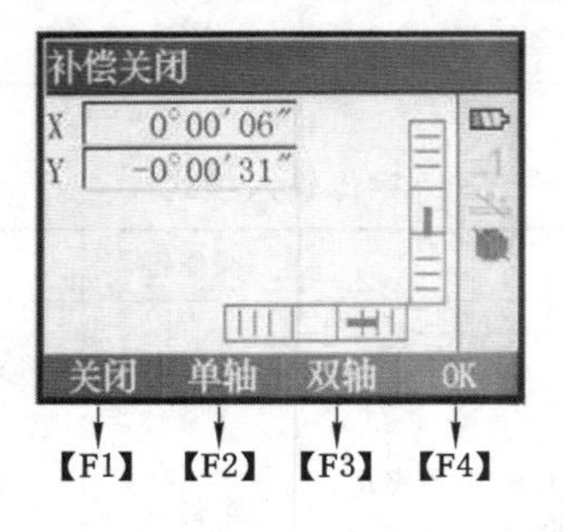

图 2-4 水泡补偿界面

下层界面 F1:选择补偿关闭;F2:选择单轴补偿;F3:选择双轴补偿;F4:对补偿类型进

行确认并返回到上一层界面。

F3(EDM)：进入 EDM 设置，如图 2-5 所示。EDM 模式下层设置界面如图 2-6 所示。

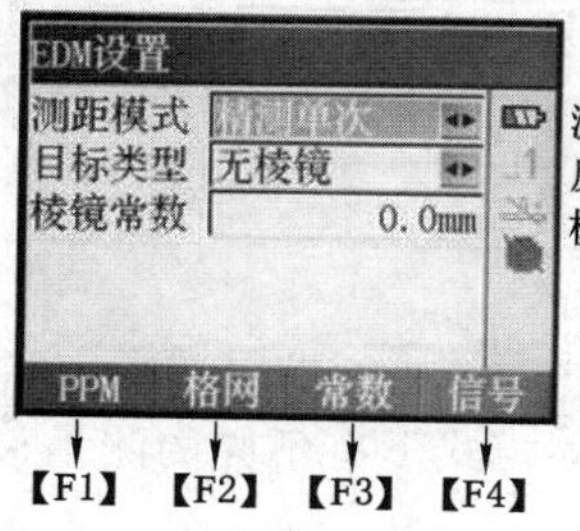

测量模式切换：跟踪测量／精测连续／精测 N 次，N 为 1~5

反射类型切换：无棱镜／有棱镜／反射片

棱镜模式下输入棱镜常数

图 2-5　EDM 设置界面

F1(PPM)：进入气象数据界面，可对传感器状态和温度气压进行设定

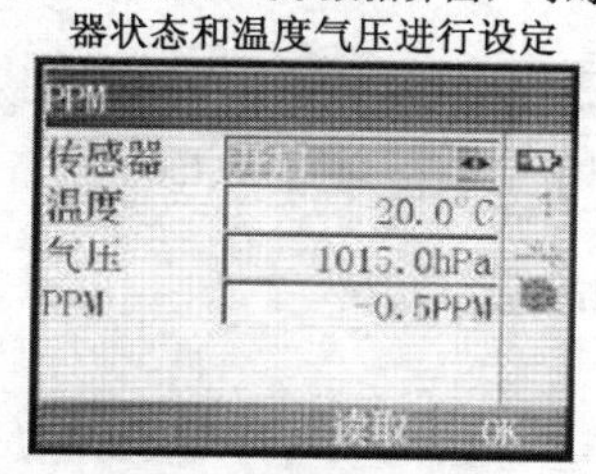

F2(格网)：进入格网因子界面

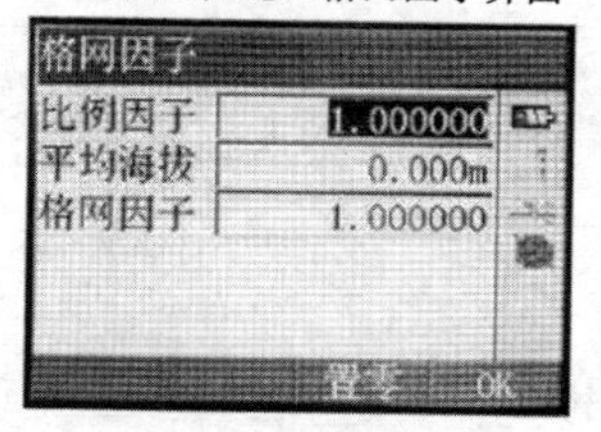

F3(常数)：进入常数设置界面

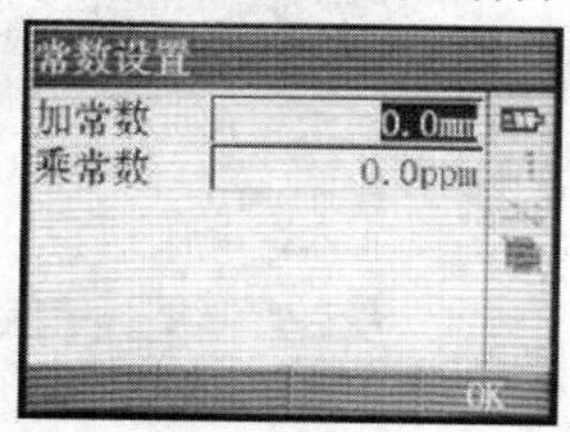

F4(信号)：进入 EDM 信号设置界面

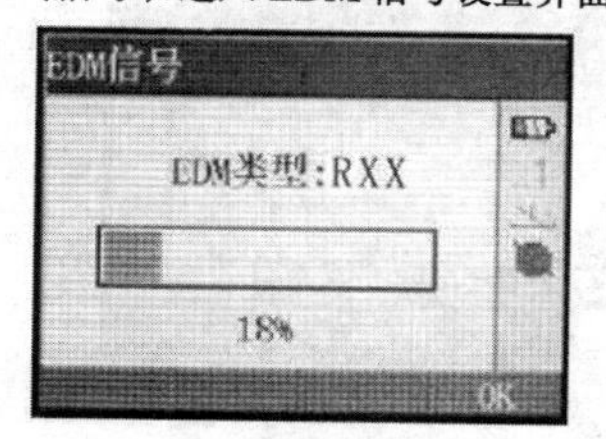

图 2-6　EDM 模式下层设置界面

F4(OK)：返回到上一页界面。

4. 显示符号

在测量模式下要用到若干个符号，这些符号及其含义见表 2-7。

表 2-7　显示符号及其含义

符号	含义
PC	棱镜常数
PPM	气象改正数
ZA	天顶距(天顶 0°)
VA	垂直角(水平 0°/水平 0°±90°)
%	坡度
S	斜距
H	平距
V	高差

续表 2-7

符号	含义
HAR	右角
HAL	左角
⊥+	倾斜补偿有效

5. 模式结构

KTS-462R4L 的操作是在一系列模式下进行的，不同模式下有不同的测量菜单。

(1) 模式结构(图 2-7)

首页显示下分别有：测量模式、菜单模式、内存模式、设置模式。

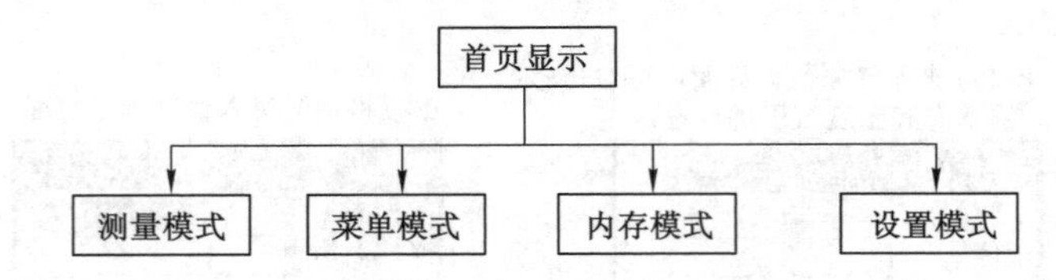

图 2-7　全站仪操作模式结构图

(2) 模式菜单(图 2-8)

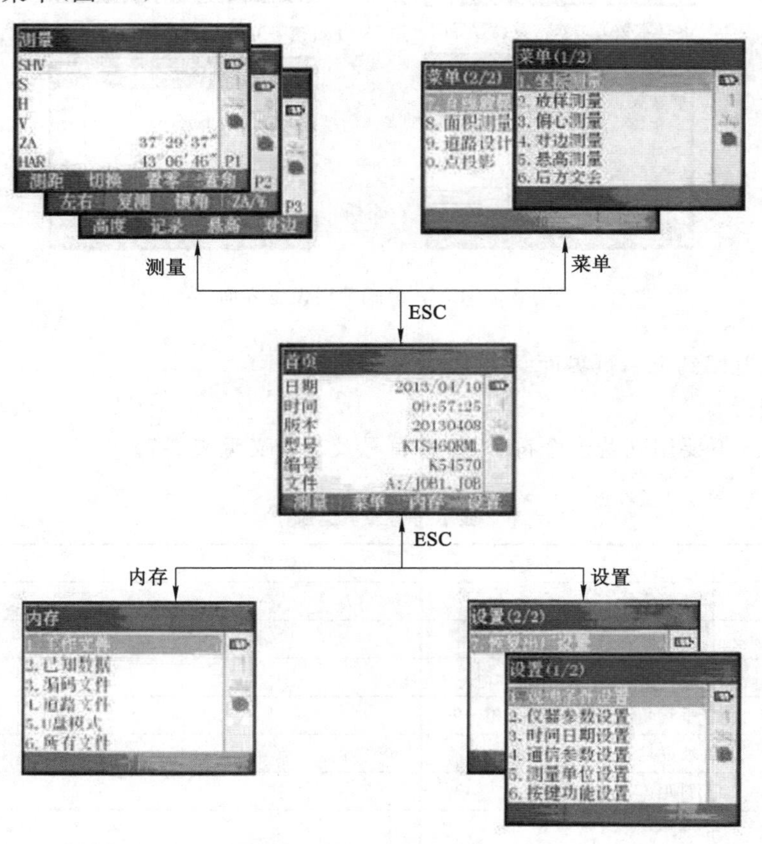

图 2-8　全站仪模式菜单图

模式菜单有测量模式菜单、记录模式菜单、内存模式菜单和设置模式菜单，在不同的模式菜单中可分别进行不同的测量工作或设置。

全站仪的功能非常多，上面仅仅对科力达(Kolida)KTS-462R4L全站仪的各部件及名称、全站仪的各功能键、显示符号及其含义以及全站仪操作模式做一简单介绍，具体测量项目的操作方法和参数设置参阅全站仪使用说明书。

任务实施

学习全站仪要结合测量各课程或测量任务进行学习。比如，在导线测量过程中，学习全站仪的角度测量、距离测量以及角度单位、距离单位或其他技术参数的设置；在数字化测图过程中，学习测站点设置、后视点设置以及前视测量碎步采集的操作过程；在工程测量过程中，学习全站仪关于施工放样的具体操作方法等。经过对全站仪的系统学习，全面掌握全站仪各功能的操作过程和操作技能。

任务二　精密光学经纬仪的认识和使用

【知识要点】 精密光学经纬仪的基本结构；精密光学经纬仪的使用方法。
【技能目标】 能够对精密光学经纬仪进行熟练操作。

任务导入

在进行高精度控制测量或进行精密工程测量时，观测目标距离较远，测角精度要求较高，一般采用精密光学经纬仪进行角度测量，本任务介绍精密光学经纬仪的基本结构和使用方法。

任务分析

根据精度等级的高低，我国光学经纬仪型号系列分为DJ_{07}、DJ_1、DJ_2、DJ_6、DJ_{12}等不同的级别。DJ_6、DJ_{12}是普通光学经纬仪，其基本结构和使用方法在地形测量课程里已经介绍，DJ_{07}、DJ_1、DJ_2是精密光学经纬仪，相对于普通光学经纬仪，对其各部分构造都有其特定的要求，读数精度也有较高的要求。

相关知识

光学经纬仪用DJ来表示，D为大地测量汉语拼音的第一个字母，J为经纬仪汉语拼音的第一个字母(以后DJ简略为J)，下标表示仪器的精度，即指室内检定时，一测回水平方向观测中误差。例如J_2型光学经纬仪，下标数字2表示该型号仪器室内检定时，一测回水平方向观测中误差为$\pm 2''$。精密光学经纬仪基本构造主要由照准部、垂直轴系统和基座组成，如图2-9所示。

一、照准部

照准部是进行角度观测时经纬仪的可动部分，可绕垂直轴沿水平方向自由转动，其所属

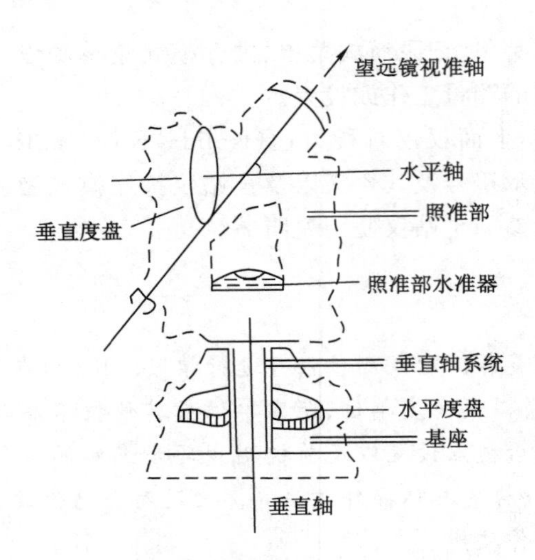

图 2-9 精密光学经纬仪的基本结构

主要部件有望远镜、读数系统、水准器、制微动装置、光学对点器等。

（一）望远镜

经纬仪上的望远镜是一个精密的照准设备，它由物镜、调焦透镜、十字丝分划板和目镜等四个光学部件组成，如图 2-10 所示。

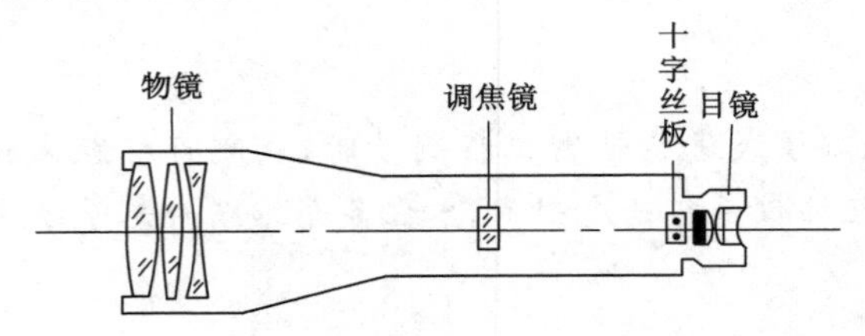

图 2-10 望远镜光学部件

在望远镜中，物镜和调焦透镜共同组成等效物镜。等效物镜的焦距 f 与物镜焦距 f_1、调焦透镜焦距 f_2 有下列关系（图 2-11）：

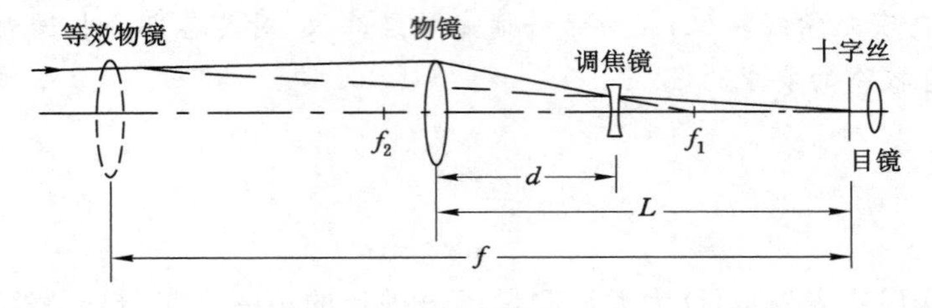

图 2-11 等效物镜

$$f=\frac{f_1 \cdot f_2}{f_1+f_2-d} \tag{2-1}$$

式中，d 为调焦透镜和物镜间的距离。

由式(2-1)可以看出，改变调焦透镜和物镜间的距离 d，就可以调节等效物镜的焦距，从而使不同物距的目标都恰好成像在十字丝平面上。这种移动调焦透镜来改变 d 值，使目标被等效物镜成像在十字丝平面上的过程，叫作望远镜调焦。如果调焦不完善，目标不能恰好成像在十字丝平面上，就会产生视差。

等效物镜的光心与十字丝中心的连线就是望远镜的视准轴。在望远镜调焦时，调焦透镜沿着望远镜镜筒内壁来回移动。若调焦透镜运行的轨迹不是一条平行于光轴的直线，而是一条曲线或斜线，那么视准轴方向将发生改变，从而对方向观测成果带来误差。为了避免由调焦引起视准轴变动的影响，在水平方向观测时，通常规定一个测回内不得重新调焦。

望远镜中的十字丝分划板，是精确照准目标的标志。当用十字丝中的单丝照准目标时，应使单丝和目标重合或平分目标；当用双丝照准目标时，应用双丝夹取目标。

目镜相当于一个放大镜，它的作用是把十字丝面上的目标影像和十字丝同时放大，便于人眼观测。对于正常眼睛要求目镜与十字丝分划板的间距，相当于目镜的焦距。但由于观测者的眼睛视度不同，所需要的目镜与十字丝分划板的间距也不相同，所以观测开始前，首先进行目镜调焦，使十字丝分划像处于最清晰状态，再照准目标，对望远镜调焦，使目标处于最清晰状态。

（二）读数系统

经纬仪的读数设备包括度盘、光学测微器和读数显微镜三个部分。

1. 度盘

经纬仪的度盘分为水平度盘和垂直度盘。

(1) 水平度盘

光学经纬仪的水平度盘是精确测量水平角的器件，是用圆形平面玻璃制成，沿其圆周平面边缘刻有间距相等的分划线，两相邻分划线间距所对的圆心角称为度盘的格值，或称为度盘的最小分划值。一般精密光学经纬仪的水平度盘格值较小，T_3光学经纬仪(J_1)的水平度盘格值为$4'$，T_2光学经纬仪(J_2)的水平度盘格值为$20'$。

度盘的分划线是由专门的精密刻线机器刻制的，由于刻线机器机械传动误差等因素的影响，水平度盘分划线的间距不严格相等，从而引起系统性和偶然性的度盘分划误差。检验结果表明，度盘长周期系统误差可达$\pm 2.0''$，短周期系统误差可达$\pm 1.0''\sim 1.5''$，偶然误差一般小于$\pm 2.5''$。

为减弱度盘及测微器分划不均匀而产生的误差，在方向观测中，各测回之间应变换度盘位置，一般按下式进行各测回间度盘的变换：

$$\alpha = \frac{180^\circ}{m}(i-1) + \tau'(i-1) + \frac{\omega''}{m}(i-\frac{1}{2}) \tag{2-2}$$

式中，m为测回数；i为测回序号；τ'为测回之间的度盘分数变动量，J_1型仪器$\tau'=4'$，J_2型仪器$\tau'=10'$；ω''为测微器（测微尺或测微盘）以秒计的总分格值，J_1型仪器$\omega''=60''$，J_2型仪器$\omega''=600''$。

式(2-2)右边第一项变换是为了将m个测回均匀分布于度盘全周，减弱长周期系统误差的影响；第二项变换是为了减弱短周期系统误差的影响；第三项变换是为了减弱测微器分划尺上分划线不均匀误差的影响。

(2) 垂直度盘

J_1和J_2型光学经纬仪垂直度盘的注记形式不同。

T_3光学经纬仪(J_1)垂直度盘的注记形式是：在度盘的两个弧段按逆时针方向自$55^\circ\sim$

125°进行刻划，且度盘对径分划注记相同。当望远镜水平时，对径的读数都是 90°，如图 2-12(a)所示。另外度盘上分划注记为实际角值的一半，垂直度盘格值实际上是 8′，而注记却是 4′。

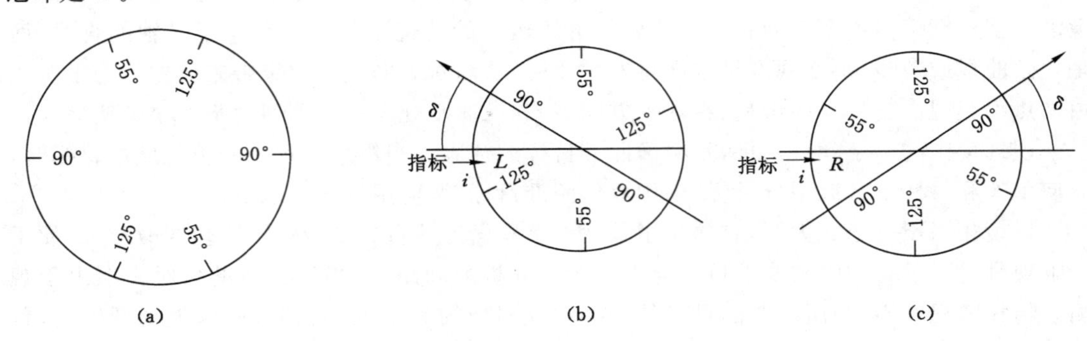

图 2-12　T_3光学经纬仪垂直度盘注记形式

如图 2-12(b)所示，当垂直度盘存在指标差 i，在盘左望远镜仰 δ 角时，在垂直度盘上指标读数为 L，垂直角 δ 的正确角值为：

$$\delta = 2(L - 90°) - i \tag{2-3}$$

在盘右时，如图 2-12(c)所示，在垂直度盘上指标读数为 R，垂直角 δ 的正确角值为

$$\delta = 2(90° - R) + i \tag{2-4}$$

将式(2-3)和式(2-4)分别相加、相减各除以 2，得 T_3 光学经纬仪垂直角、指标差计算公式为：

$$\begin{cases} \delta = L - R \\ i = L + R - 180° \end{cases} \tag{2-5}$$

J_2经纬仪垂直度盘的注记形式是：沿度盘全圆周顺时针方向由 0°～360°进行刻划，当望远镜在盘左位置又居于水平时，读数为 90°，仰角时，读数变小，俯角时，读数变大；当望远镜在盘右位置又居于水平时，读数为 270°，仰角时，读数变大，俯角时，读数变小。

盘左指标读数为 L，指标差 i，垂直角 δ 的正确角值为：

$$\delta = 90° - L + i \tag{2-6}$$

在盘右时，指标读数为 R，垂直角 δ 的正确角值为：

$$\delta = R - 270° - i \tag{2-7}$$

则 J_2经纬仪垂直角、指标差计算公式为：

$$\begin{cases} \delta = \dfrac{1}{2}(R - L) - 90° \\ i = \dfrac{1}{2}(L + R) - 180° \end{cases} \tag{2-8}$$

由式(2-5)和式(2-8)式可知，用盘左、盘右读数计算垂直角，可以消除指标差的影响。

2. 光学测微器

T_3光学经纬仪水平度盘的格值为 4′，J_2经纬仪水平度盘的格值为 20′。显然，这样的度盘远远不能满足精密测角的要求，因此精密测角需具备能够测定度盘上不足半格格值的测微装置，这种装置称为测微器。

读数窗有一大窗和一小窗，在大窗里看到的就是度盘两边的分划像，在小窗里看到的是测微器的测微尺分划像。

当转动测微轮时，上、下两排的对径分划像按相反的方向移动，且移动量相等。当测微尺分划像在测微尺上移动全长时，度盘上、下两排分划像各移动半格，即相对移动了一格。J_2型经纬仪度盘格值为 20′，对径分划像则移动半格，相应值为 10′，测微尺的分划全长有 600 小格，于是测微尺的格值为 1″。所以 J_2型仪器用测微器可以直接读到 1″。

老式 J_2经纬仪读数方法为：① 转动测微轮使上、下分划像精确重合，读出对径相距最近的正像度数，且正像在左侧、倒像在右侧；② 数出所读度数分划与其对径分划间的格数，乘其半格值，得半格值的整倍数；③在测微器分划上读出分和秒。将度、分、秒加在一起，即为一个完整的读数。新式 J_2经纬仪采用光学数字化结构，“度”数和“分十位”数可以直接读取，加上测微器分划上的分和秒即可，上述读数方法称为对径重合读数法。

为了减弱隙动差，在用测微轮读取读数时，最后旋转方向均应为“旋进”。

3. 读数显微镜

由于度盘的圆周长有限，所以两相邻分划线的间距是很小的，如 JGJ_2经纬仪的水平度盘直径为 90 mm，格值为 20′，则相邻分划线的间距约为 0.26 mm。为了增大读数设备中最小格值相对于眼睛的视角，提高读数精度，在精密光学经纬仪中都采用了读数显微镜装置。

（三）水准器

经纬仪上的水准器通常有两种：一种是用于概略整平仪器的圆形水准器；另一种是精确整平仪器用的管状水准器。

水准管的一个分格所对的圆心角称为水准管的格值，以符号 τ''来表示。它相当于气泡中心移动一格时，水准管轴相应倾斜的角值。水准管的精度主要取决于格值 τ''的大小，其次还与水准气泡在管内移动的灵敏度有关。一般来说，气泡总是静止在水准管的最高位置。当水准管一端受热时，气泡会向热的一端移动。特别是格值较小、灵敏度较高的水准管，对温度影响的反映尤为敏感。所以在观测工作中，要防止太阳照射仪器。

（四）照准部的制微动装置

照准部的制微动装置有照准部水平制微动装置和望远镜上下制微动装置，它们的作用是使仪器能够迅速而准确地照准目标。精密测角仪器要求望远镜有精确的照准精度，所以要求制微动装置有相应的精密度。

（五）光学对点器

光学对点器是经纬仪安置过程中仪器与控制点对中的重要部件，主要由目镜、分划板、物镜和直角棱镜组成，其结构如图 2-13 所示。分划板刻划中心与物镜光心的连线称为光学对点器的视准轴，视准轴的垂直部分应与仪器的纵轴重合。光学对点器与水准器、脚螺旋共同起着使仪器对中整平的作用。

二、垂直轴系统

垂直轴系统是经纬仪照准部和基座的连接部件，它对仪器照准部运转的稳定性起着重要作用。

按照仪器的共轴性要求，照准部旋转轴的轴心、度盘刻度中心、度盘轴套旋转的轴心应在同一条线上，即三个中心应该一致。否则，照准部旋转轴将产生置中偏差，称为照准部偏心差。度盘轴套旋转轴产生的置中偏差称为度盘偏心差。

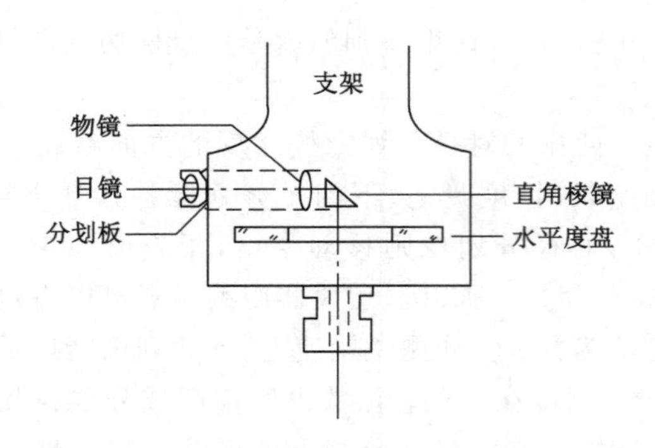

图 2-13 光学对点器

因为轴和轴套之间有间隙,并受间隙中润滑油的作用,照准部相对于正确的旋转轴线位置会产生偏差,这种偏差称为定向误差。定向误差将造成照准部在旋转过程中摇晃、歪斜或平移,这种现象叫作照准部旋转不正确。因此,在每期业务开始前都要进行照准部旋转是否正确的检验。

三、基座

基座是经纬仪照准部的承重部件,与三脚架上的连接螺栓将仪器固连在三脚架上,主要由脚螺旋、弹性压板和基座底板构成。

在同一测回水平角观测过程中,水平度盘应保持不动,但是仪器在使用过程中,脚螺旋的螺栓和螺母之间可能松动,或者弹性压板的连接螺丝松动致使脚螺旋的下部尖端与基座底板槽不能密切接触,从而导致一测回水平角观测过程中水平度盘产生移动,给水平角观测带来误差影响,因此,在每期业务开始前都要进行因照准部旋转而使仪器基座产生位移的检验。

四、几种常用的精密光学经纬仪

这里介绍的几种常用的精密光学经纬仪,其内部结构基本相同,在此主要介绍它们的读数方法。

(一) J_1型光学经纬仪

在J_1型光学经纬仪中,我国使用最多的是瑞士威特厂生产的 T_3经纬仪,其外貌如图 2-14 所示。

早年生产的 T_3经纬仪,水平度盘整度分划注记依顺时针方向增加,每度间有 15 格,格值为 4′。测微尺上分划有 60 个大格,对应的角值是水平度盘半格之值 2′,所以,测微尺大格格值为 2″,但大格分划线下的注记是大格格数。在每个大格内又划分 10 小格,每一小格格值为 0.2″。

采用重合读数法读数时,测微尺的两次重合读数均以大格数为单位读出,这两次读数应该先乘 2″换算成秒数后再取中数,而实际作业时取两次读数之和即可得到以秒为单位的相同中数结果。

如图 2-15 所示的老式 T_3 水平度盘读数,可由靠近视场中央左侧正像整度分划注记数读得度数 166°,166°正像分划与 346°倒像对径分划间有 20 格,乘以度盘半格格值 2′后得 40′,度盘上的大数为 166°40′;测微尺上第一次读数是 39.3 格(大格),设第二次读数是 39.5 格,它们之和为 1′18.8″;度盘完整读数为 166°41′18.8″。

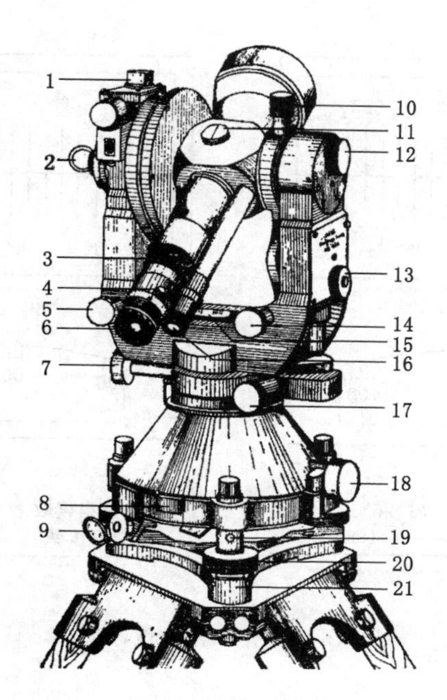

图 2-14　J_1型光学经纬仪

1——垂直水准器观测棱镜；2——垂直度盘照明反光镜；3——望远镜调焦螺旋；4——十字丝校正螺旋；5——垂直度盘水准器微动螺旋；6——望远镜目镜；7——照准部制动螺旋；8——仪器装箱扣压垛；9——水平度盘照明反光镜；10——望远镜制动螺旋；11——十字丝照明转轮；12——测微螺旋；13——换像螺旋；14——望远镜微动螺旋；15——照准部水准器；16——测微器读数目镜；17——照准部微动螺旋；18——水平度盘变位螺旋的护盖；19——脚螺旋调节螺旋；20——脚螺旋；21——底座底板

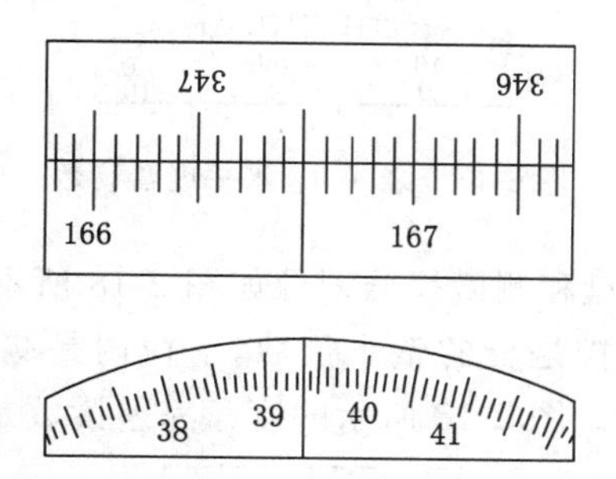

图 2-15　老式 T_3水平度盘读数

新型 T_3经纬仪中，测微尺注记为实际分秒值，一次读数即得结果，如图 2-16 所示。

（二）J_2型光学经纬仪

在 J_2型光学经纬仪中，我国使用比较普遍的有瑞士的 T_2、德国蔡司的 010A，以及我国 JGJ_2和 TDJ_2E 等多种型号经纬仪。

老式 T_2经纬仪的水平度盘整度分划注记依顺时针方向增加，每度间有 3 格，格值为 20′。测微尺上刻有 600 格分划，对应的角值是水平度盘半格之值 10′，分划格值为 1″。

水平度盘和测微尺的分划像如图 2-17 所示，其中大窗内是度盘分划像，正像在下方，倒像在上方；小窗内是测微尺分划像，下排注记是“分”值，上排注记是整 10″值。采用重合读

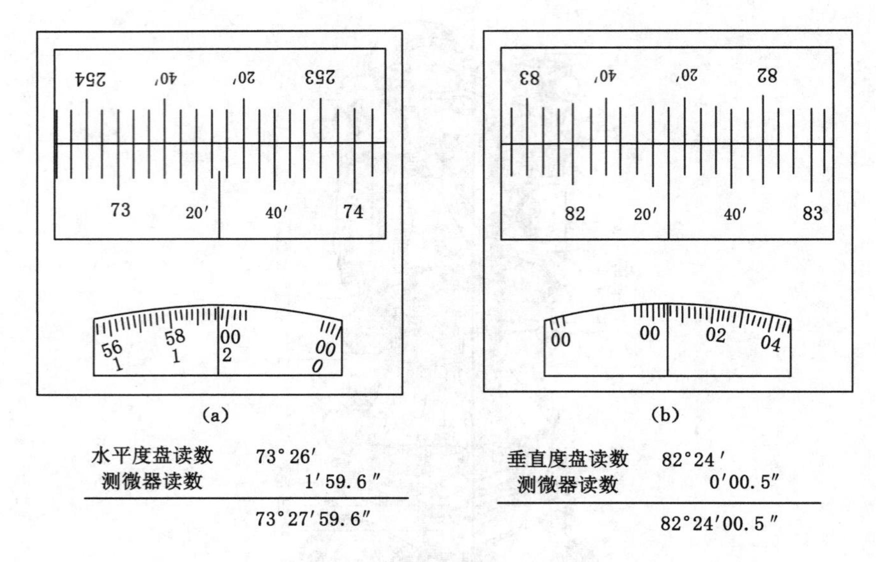

图 2-16 新型 T_3 水平度盘读数

数法读数,图 2-17 所示的度盘完整读数是 66°39′48″。

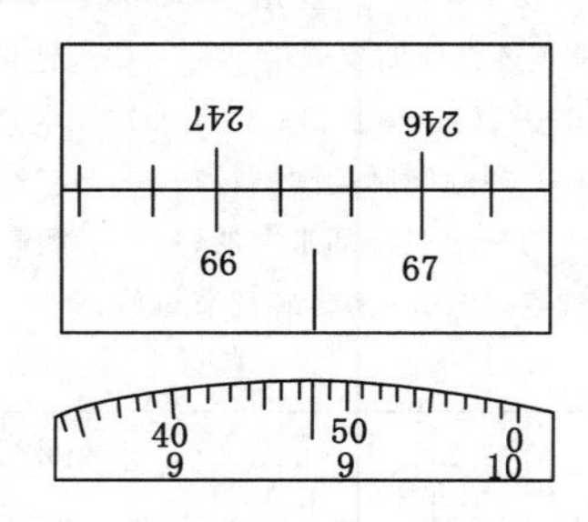

图 2-17 老式 T_2 水平度盘读数

新型 T_2 经纬仪的水平度盘和测微尺分划像如图 2-18 所示,上窗内是度盘对径分划像;中窗内的注记上排是度数,下排是分的整十位数,下窗内是测微尺分划像,在整 10″的分划像上面注有"分"数和整 10″数。图 2-18 所示的度盘完整读数是 94°12′44″。

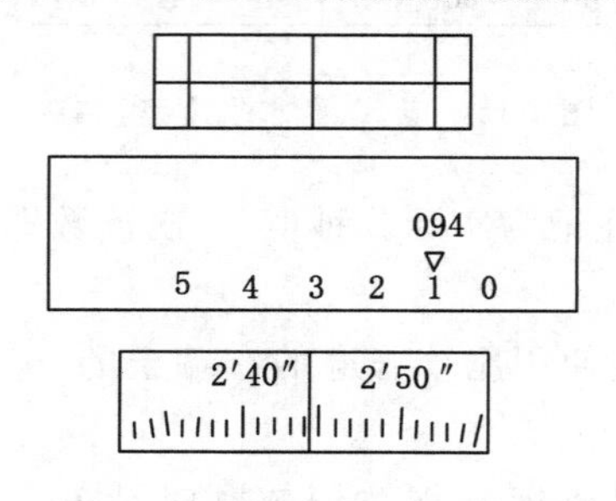

图 2-18 新型 T_2 水平度盘读数

蔡司厂生产的 010A 经纬仪,在读数显微镜视场上,水平度盘和测微尺分划像如图2-19 所示,下窗内是度盘正、倒分划像,上窗内是"度"的注记数,中间的两个小窗内注记数是"分"

的十位数，其中数字 0、2、4 在右上方小窗内出现，1、3、5 在左下方小窗内出现。右侧小窗内是测微尺分划像及其注记数，其中左边注记“分”数，右边注记“秒”数。

读数方法采用重合读数法，图 2-19 所示的度盘完整读数是 25°54′35″。

老式 JGJ_2 经纬仪的读数窗如图 2-20 所示，大窗是度盘正、倒分划像，水平度盘或垂直度盘上每度分划间有 3 格，每格格值为 20′。小窗是测微尺分划像，测微尺上刻有 600 格，对应的角值是水平度盘半格之值 10′，格值为 1″。图 2-20 所示的度盘完整读数是 91°17′16″。

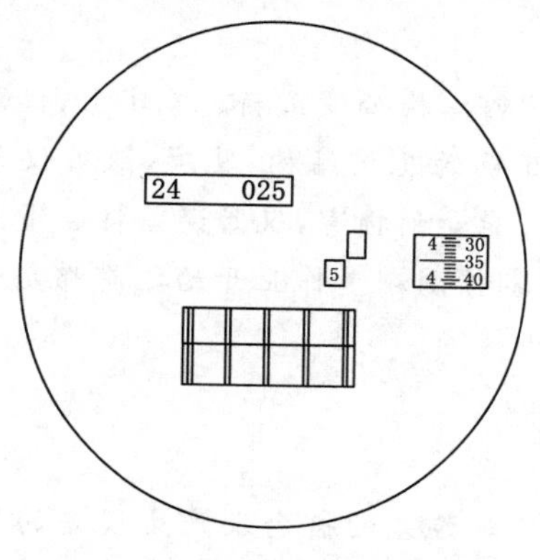

图 2-19 010A 读数窗

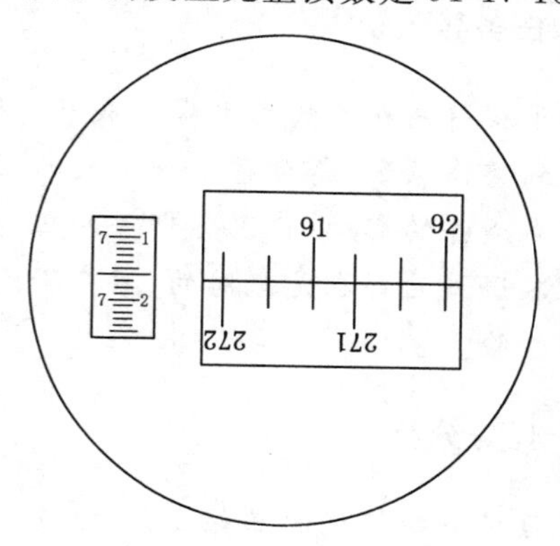

图 2-20 老式 JGJ_2 读数窗

新 JGJ_2 经纬仪，水平度盘的格值为 20′，测微尺的格值为 1″。读数显微镜的视场如图 2-21 所示，中窗内是度盘正、倒分划像，上窗内是“度”和“十分”的注记数，其中框标“└┘”内的数字是“分”的十位数；下窗内是测微尺分划像和注记数，其中位于上方的数字是“分”数，下方的数字是整 10″数。读数采用重合读数法，图 2-21 中的度盘完整读数是 90°14′45″。

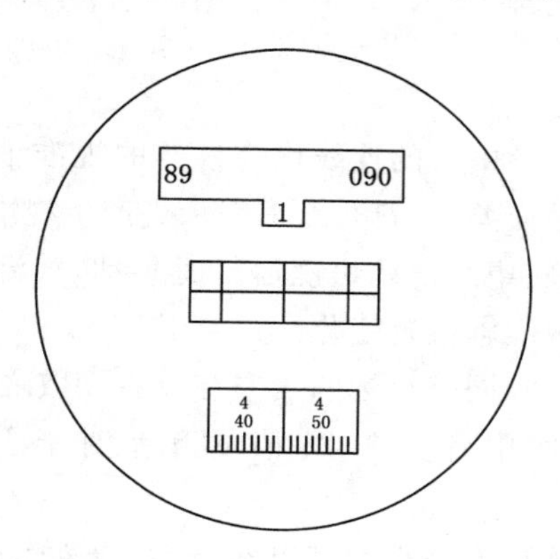

图 2-21 新 JGJ_2 读数窗

任务实施

熟悉精密光学经纬仪的基本结构和读数方法后，加强实训，对精密光学经纬仪进行熟练操作和准确读数。

任务三　经纬仪的三轴误差及J_2经纬仪的检验

【知识要点】 经纬仪的三轴误差；J_2经纬仪的检验方法。

【技能目标】 能够对光学经纬仪进行检验。

任务导入

为了获得高精度的角度观测成果，仪器各部件的几何结构必须正确。事实上，仪器从零件制造到整体装配，都会存在一系列的误差而损害其正确的几何结构；其次，随着仪器的使用和外界条件的影响，仪器各部件的正确几何结构也可能受到损害，仪器误差将会增大。所以说仪器误差的存在是绝对的、不可避免的。因此，每期控制测量作业开始之前都要进行经纬仪的检验。

任务分析

学习了解经纬仪的三轴误差，就是了解经纬仪的三轴误差的概念及产生误差的原因和消除或减弱误差的方法，从而提高测角精度。J_2经纬仪的检验主要检验照准部旋转是否正确、光学测微器行差、水平轴与垂直轴是否垂直、垂直微动螺旋使用正确性、照准部旋转时仪器底座是否位移、光学对点器是否准确等项目。

相关知识

一、经纬仪的三轴误差

（一）视准轴误差

望远镜的物镜光心与十字丝中心的连线称为仪器的视准轴，仪器的视准轴与水平轴不垂直所产生的误差称为视准轴误差，用符号c来表示。产生视准轴误差的主要原因有：望远镜的十字丝分划板安装不正确；望远镜调焦镜运行时晃动；气温变化引起仪器部件的胀缩，特别是仪器受热不均匀会使视准轴位置变化。

当垂直角较小时，同一测回、同一目标的盘左与盘右读数之差等于2倍的视准轴误差。

《国家规范》规定：一测回中各方向$2c$值的互差对于J_1型仪器$\leqslant 9''$，对于J_2型仪器$\leqslant 13''$。

视准轴误差对水平方向观测值的影响可以在盘左、盘右的读数平均值中得到抵消。但$2c$值过大不便于计算，所以《国家规范》规定：$2c$绝对值对于J_1型仪器应$\leqslant 20''$，对于J_2型仪器应$\leqslant 30''$，否则应进行校正。

（二）水平轴倾斜误差

仪器的水平轴与垂直轴不垂直，所产生的误差称为水平轴倾斜误差，用符号i来表示。产生的原因主要有：望远镜两侧支架不等高；水平轴两端轴径不相等。

水平轴倾斜误差对水平方向观测值的影响，在盘左、盘右读数的平均值中可以得到消除或减弱。

盘左减盘右不仅包含视准轴误差影响，还包含水平轴倾斜误差影响，同一测回各方向 $2c$ 互差只有在垂直角小于 3°时进行比较，大于 3°时应与该方向在相邻测回的 $2c$ 值进行比较。

（三）垂直轴倾斜误差

若视准轴与水平轴垂直，水平轴也与垂直轴垂直，只是垂直轴本身不竖直而偏离铅垂位置所产生的误差，称为垂直轴倾斜误差，用符号 ν 来表示。垂直轴倾斜误差产生的原因主要有：照准部水准器校正后的剩余误差或因单向受热使水准器气泡偏离正确位置；仪器的整平不完善；轴与轴套的结构不严密；因土质松软引起脚架下沉或振动和风力等因素的影响使脚架移动也会产生垂直轴倾斜误差。

垂直轴倾斜误差对水平方向观测值的影响，不仅与垂直轴倾斜角 ν 有关，还随着照准目标垂直角 δ 和观测目标方位的不同而变化。

《国家规范》规定：一等三角测量中，当照准点的垂直角超过±2°；二等三角测量中，垂直角超过±3°时，应加垂直轴倾斜改正；在三、四等三角测量中，当照准点的垂直角超过±3°时，允许在测回间重新整平仪器，也可采用在观测过程中读取水准气泡的位置来计算垂直轴倾斜改正数。

二、经纬仪的检验

经纬仪的检验，其目的在于：测试、反映并正确处理仪器误差，掌握所用仪器的质量情况，对其适应野外观测作业的程度做出判断。

在地形测量中，经纬仪的检验和校正前面已经讲过，其内容带有普遍性，对于所有型号的经纬仪都是适用的。本节论述的内容是在满足前者基本要求的条件下，对控制测量观测中使用的精密经纬仪提出特殊要求，并且只有在调整好前者所涉及的各种几何轴间关系后，才能正确地进行后者检验。

（一）照准部旋转是否正确的检验

1. 误差的影响和来源

如果照准部旋转正确，照准部的中心轴（垂直轴）便始终位于铅垂位置，并且照准部旋转中心与水平度盘中心、度盘轴套旋转的轴心应该一致，即三心同线，这样照准部不会产生水平位移。

如果照准部旋转不正确，一方面是仪器垂直轴倾斜而影响观测精度；另一方面是照准部产生偏心现象，偏心差的大小还会随照准部旋转呈现不规则的变化。

产生旋转不正确的原因，是由于垂直轴与轴套之间的结构不良，有较大的空隙，而此空隙常被润滑油层或油泥杂质所充满。当照准部旋转时，由于不同方向压力发生变化，垂直轴产生倾斜、摇摆或平移。

2. 检验方法

此项目检验之前，必须首先检校照准部上的水准管，使水准管轴垂直于仪器的垂直轴，然后按下列程序进行检验。

（1）精确整平经纬仪，使水准管气泡居中。

（2）让度盘从 0°开始，顺时针方向旋转照准部，每旋转 45°读气泡两端读数一次，连续顺转三周。

许多经纬仪的水准管刻划没有注记，为便于读数，可像图 2-22 那样假设水准管中央刻划为零，注记由中央向两侧增加。观测者面对望远镜观测方向，气泡左端读数为“左”，右端读数为“右”，由气泡两端读数计算气泡偏中位置(左+右)/2。

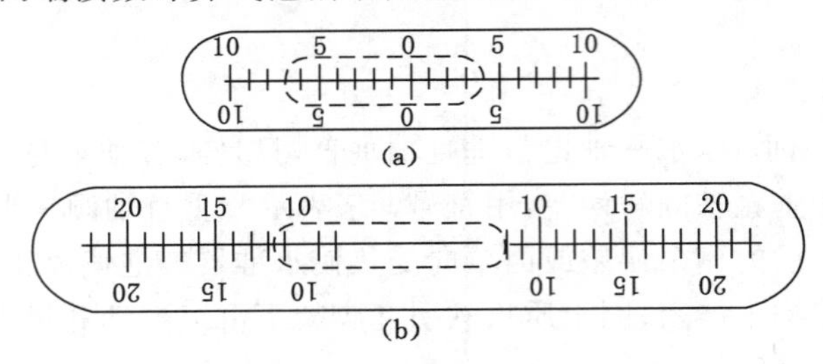

图 2-22　水准管刻划

(3) 按同样的方法让度盘从 315°开始，逆时针方向旋转照准部，每旋转 45°读气泡两端读数一次，连续逆转三周。

若照准部旋转正确，气泡中心位置的变化，对 J_1 型仪器不应超过 2 格，对 J_2 型仪器不应超过 1 格，如果气泡读数变化较大，超出限差，并以照准部旋转两周为周期而变化，则照准部旋转不正确，应送交修理单位进行检修。

(二) 光学测微器行差的测定

按照设计要求，度盘的半格值应该与测微尺上的全部分格值相对应，也就是说，当度盘对径分划像相对移动一格时，测微尺正好移动全部分格。但在实际中，可能会出现度盘半格与测微尺全部分格不相对应的现象，此时若用测微器量测度盘上的半格，实际量得值与度盘半格的理论设计值不一致，这种度盘半格的设计值与测微器实际量得值之差，称为光学测微器的行差。

行差是因为度盘分格成像过宽或过窄引起的，而度盘分格成像的宽窄是由测微器的组合物镜位置决定的，所以行差实质上是由于测微器的组合物镜位置不正确所产生的。

行差的测定方法可参看见关书籍，在此不再赘述。

(三) 水平轴不垂直于垂直轴之差的测定

利用水准管整平仪器，实质上是使仪器的垂直轴处于铅垂位置。如果水平轴不垂直于垂直轴，当观测方向垂直角等于零时，水平观测方向值的影响可以通过盘左、盘右取中数的方法消除；当观测方向垂直角不等于零时，它却反映到盘左、盘右读数之差“$2c$”值中，引起不同方向的“$2c$”值发生变化，甚至造成各个方向的“$2c$”值互差超限。因此，野外观测作业前有必要对该项误差进行测定，以便正确判断观测成果的质量。

用高低点法测定水平轴不垂直于垂直轴之差，具体方法不再叙述。

《国家规范》规定：水平轴不垂直于垂直轴之差的绝对值，对 J_1 型仪器$\leqslant 10''$，对 J_2 型仪器$\leqslant 15''$。

(四) 垂直微动螺旋使用正确性的检验

望远镜的上、下微动，是通过垂直微动螺旋推动制动臂，使水平轴旋转来实现的。由于垂直微动螺旋推力的不平衡和水平轴及望远镜本身的重量关系，水平轴受到弹性变形，造成水平轴旋转不正确，从而引起视准轴变动。所以由垂直微动螺旋作用不正确引起的误差反映在 2 倍视准轴误差中，造成 $2c$ 值互差超限，为方向观测值带来误差影响。

检验之前应使水准管轴垂直于仪器的垂直轴，水平轴也应垂直于仪器的垂直轴。

垂直微动螺旋正确性的检验方法是：用望远镜照准挂有垂球的垂线，拧紧垂直制动螺旋，把望远镜固定，转动垂直微动螺旋使望远镜在垂直面内上、下俯仰。在望远镜移动过程中，如果十字丝中心始终在垂线上，说明垂直微动螺旋使用正确，否则不正确，应送到仪器检修部门进行校正。

（五）照准部旋转时仪器底座位移而产生的系统误差的检验

在方向观测中，当照准部按规定方向旋转时，要求基座和度盘固定不动，由相应方向在度盘上的读数相减才能得出正确的角度值。但在事实上，由于角螺旋的螺杆与螺母之间不密合，或者由于角螺旋窝内有空隙，照准部旋转时，基座和水平度盘也跟着转动一个微小角度，从而给水平角带来系统性影响。

检验时，在仪器墩或牢固的脚架上整置好仪器，选择一清晰目标。顺时针旋转照准部一周，照准目标读数，再顺转一周，照准目标读数；然后，逆时针旋转照准部一周，照准目标读数，再逆转一周，照准目标读数。以上操作为一个测回，连续测定 10 个测回，测回间度盘位置变更 18°。分别计算两次顺转和两次逆转照准部读数的差异，并取 10 个测回的平均数，求出顺转一周和逆转一周的系统误差平均值。此值的绝对值对 J_1 型仪器 $\leqslant 0.3''$，对 J_2 型仪器 $\leqslant 1.0''$。

（六）光学对点器的检验

当光学对点器整置不正确时，其视准轴与仪器垂直轴不重合，使仪器置中产生偏差，从而对方向观测值造成影响，所以每次外业以前应对光学对点器进行检验和校正。

光学对点器检验方法有以下几种：

1. 用于对点器装在照准部的仪器

如 010、JGJ_2 等，其检验步骤如下：

(1) 在三脚架上整平仪器，三脚架下地面上固定一张白纸；

(2) 按光学对点器中心在白纸上标出一点 A；

(3) 连续旋转 90°，在白纸上分别标出点 B、C、D。

若 A、B、C、D 四点重合，说明光学对点器整置正确，否则应进行校正，且 AC、BD 的连线交点即为仪器垂直轴的投影点。

2. 用于对点器装在基座上不随照准部旋转的仪器

如 T_2 等，其检验步骤如下：

(1) 将仪器横放在稳定的桌子边缘，使照准部固定不动，基座部分可以绕轴旋转；

(2) 在距仪器 1～2 m 的墙上固定一张白纸；

(3) 按第一种方法的(2)、(3)步骤标出 A、B、C、D 四点，若 A、B、C、D 四点重合，说明光学对点器整置正确，否则应进行校正。

3. 适用于任何仪器

该方法简单但精度较低，其检验方法如下：

将仪器安置在三脚架上，整平，悬挂垂球，标出垂球尖在地面上的位置，此位置视为仪器垂直轴的投影点，检查光学对点器与其符合情况。

光学对点器的校正方法决定于对点器本身的结构。一般情况下是将光学对点器目镜与调焦手轮之间的改正螺丝护盖取下，用校正针调整对点器的四个校正螺丝，使对点器的中心标志与 AC、BD 连线的交点或垂球尖在地面上的位置重合，并重复检查直至符合要求为止。

任务实施

在控制测量方向观测法实训前，组织学生进行 DJ_2 经纬仪的检验，并能够对简单的项目进行校正，如光学对点器的检验与校正。

任务四　精密测角的误差影响

【知识要点】 影响测角精度的误差来源及其影响规律；减弱或消除误差影响的有效措施。

【技能目标】 能够采取有效措施，减弱或消除测量误差影响。

任务导入

在三角测量中，推算元素的精度，除了与三角网的网形结构有关外，主要取决于测角的精度，为了确保测角精度，必须了解影响测角精度的各种误差来源及其影响规律，从而可以采取有效的措施，以减弱或消除其误差影响。

任务分析

测量误差取决于观测条件，观测条件包括三个方面：外界环境因素、仪器因素和观测者因素。外界环境因素比较多，对观测成果的影响也比较复杂；仪器因素主要是仪器结构误差的影响；观测者因素主要是仪器对中整平和照准读数误差的影响。根据各种误差的来源及其影响规律，找出消除或减弱各种误差的方法，提高测角精度，这也是研究精密测角误差的目的。

相关知识

一、外界因素的影响

（一）大气层稳定度和大气层透明度对目标成像质量的影响

目标成像是否稳定，主要取决于视线通过近地大气层（简称大气层）的稳定度，如果大气层保持平衡，目标成像就很稳定；如果大气发生对流，目标成像就会产生上下左右跳动。

目标成像是否清晰主要取决于大气的透明程度，也就是取决于大气中对光线散射作用的物质（如尘埃、水蒸气等）的多少。

一般晴天时，成像清晰、稳定的时间是日出一小时后的 1～3 h 和下午三四点钟至日落前一小时内。

夏季的观测时间适当缩短，冬季可稍加延长。阴天由于太阳的热辐射较小，所以大气比较稳定，几乎全天都能获得清晰、稳定的目标成像，所以全天都有利于观测。

此外，视线越接近地面，大气层受地面热辐射而不稳定的影响越大，同时尘粒、水汽也越多，成像质量就越差；而视线越高，成像质量就越好。所以，山区或丘陵地区的观测条件比平原地区要好。

（二）旁折光的影响

众所周知，包围地球的大气层，在重力作用下，越靠近地面空气的密度越大，离地面越远空气密度越小。同时，由于地面不同地类的吸热和辐射热能的程度不同，空气在水平方向上的密度也不均匀。

光线通过密度不均匀的空气介质时，经过连续折射后形成一条曲线，并向密度大的一方弯曲，如图 2-23 所示，当由 A 点观测 B 点时，望远镜的照准方向线不是一条与 AB 方向一致的直线，而是一条切于 A 点的折射曲线的切线 AB'，直线 AB 与直线 AB' 之间有一微小交角 δ，称为微分折光。微分折光可以分解成两个分量：在垂直面上的分量称为垂直折光差，其将影响垂直角观测精度；在水平面上的分量称为水平折光差，它将影响水平方向的观测精度，形成所谓旁折光。水平折光差在数值上远小于垂直折光差，但它对水平方向观测却是一种不可忽视的系统误差，是影响水平方向观测精度的主要因素之一。特别是当视线靠近某种物体（如山坡、烟囱、树木、高楼、橹柱等）时（图 2-24），水平折光的影响尤其显著。由于这种影响比较复杂，不能用公式来计算其改正数，只能采取一定的措施来减弱它的影响。

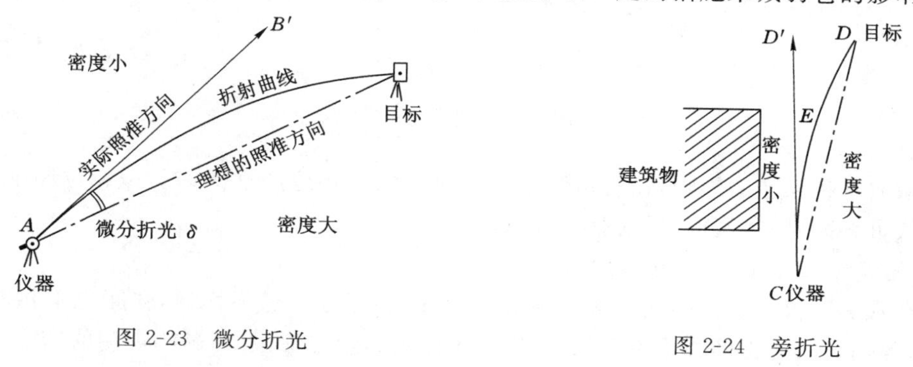

图 2-23 微分折光

图 2-24 旁折光

为此，三角测量工作中通常规定：

（1）选点时要注意使视线保持足够的高度。例如视线应高出地面或障碍物 1～2 m，离山坡、树林或建筑物 3 m 以上。

（2）观测时要使橹柱、横梁离开视线 10 cm 以上。

（3）在水平折光差影响较大的自然地理条件下，应适当地缩短边长。

（4）不要在容易形成空气密度分布不均匀的时间里观测，如大雨前后，日出日落前后等。

白天和夜间空气密度变化方向一般有相反的趋势，旁折光影响正好相反，这样取白天和晚间观测成果的平均值，可以有效地减弱旁折光的影响。

（三）照准目标相位差的影响

照准目标如果是直径较大的圆柱形实体，如木杆、标心柱，在阳光照射下分为明亮和阴暗两部分，这时照准目标时，因觇标背景不同而偏向一侧。当背景较暗时，十字丝往往照准明亮部分的中线；当背景比较明亮时，十字丝却照准阴暗部分的中线。所以照准实体目标时，往往不能正确地照准目标的真正中心轴线，从而给观测结果带来误差，这种误差称为相位差，如图 2-25 所示。

相位差的影响随太阳方位变化而不同，在上午和下午，当太阳在对称位置时，实体目标的明亮和阴暗部分恰恰相反，所以相位差影响的正负号也相反，因此有条件时，最好半数测回在上午观测，半数测回在下午观测。

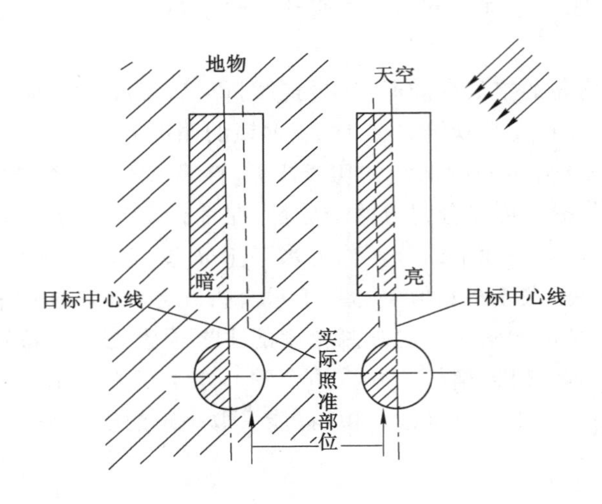

图 2-25 相位差

为了减弱这种误差的影响，在三角测量中一般采用微相位照准圆筒。微相位照准圆筒的结构形式可参阅《国家规范》中的有关章节。

（四）气温变化对仪器稳定性的影响

如果在观测时仪器受太阳光的直接照射，仪器的各部分受热不均匀，膨胀也不相同，使仪器变形，各轴线间的正确关系不能保证，影响了仪器的稳定性，从而影响观测的精度，所以在观测时必须撑伞或用测橹覆挡住太阳光的直接照射。但是，尽管仪器不直接受太阳光的照射，周围空气温度的变化也会影响仪器各部分并发生微小的相对变形，使仪器视准轴位置发生微小的变动。

仪器的稳定性通常由同一测回各方向的 2 倍视准轴误差 $2c$ 的变化情况来表示。实践显示，影响仪器稳定性的情况随时间而逐渐变化且具有周期性。观测时，使上、下半测回的照准目标次序相反，并保持一个方向操作的均匀性，使一个测回各方向的操作次序在时间上呈对称排列，最后取上、下半测回的中数作为方向值，可以大大削弱仪器受气温变化影响而引起的误差。

二、仪器误差的影响

（一）三轴误差的影响

三轴误差的影响在任务三中已经介绍，在此不再赘述。

（二）水平度盘位移的影响

当转动照准部时，因轴面摩擦力会带动与基座固连的水平度盘发生微小的方位变动。因此，当照准部顺时针方向转动时，度盘也随着基座顺转一个微小的角度，在度盘上的读数偏小；反之，逆转照准部时，度盘读数偏大，这将给测得的方向值带来系统误差。

在一测回中，上、下半测回按不同的次序照准各方向，用同一方向的上、下半测回的平均值可以有效地消除这种误差影响。

（三）脚螺旋空隙误差的影响

由于基座脚螺旋杆与螺旋窝之间存在微小空隙，当转动照准部时，垂直轴的微小摩擦将带动基座，使脚螺旋杆逐渐靠近螺旋窝空隙的一侧，直到两者完全接触为止。这样，在观测过程中，基座连同水平度盘就会产生微小的水平变动，使读数产生误差。这种误差对变更仪器旋转方向后的第一个照准目标影响最大，对以后其他目标的影响就逐渐减小。

减弱这种影响的方法是：在照准起始目标之前，先将照准部沿着将要旋转的方向转动1～2周。以后照准目标时，照准部应保持同一旋转方向，不得做反向旋转。

（四）照准部旋转不正确的影响

若照准部垂直轴与轴套之间的间隙过小，则照准部转动时会过紧；如果间隙过大，则照准部转动时垂直轴在轴套中会发生歪斜或平移，这种现象叫照准部旋转不正确。为了消除这种误差的影响，采用重合法读数。

（五）照准部水平微动螺旋作用不正确的影响

旋进照准部水平微动螺旋时，靠螺杆的压力推动照准部；当旋出照准部微动螺旋时，靠反作用弹簧的弹力推动照准部，若因油污阻碍或弹簧老化等原因使弹力减弱，则微动螺旋旋出后，照准部不能及时转动，微动螺杆顶端就出现微小的空隙，在读数过程中，弹簧逐渐伸张而消除空隙，这时读数，视准轴已偏离了照准方向，从而引起观测误差。

为了避免这种误差的影响，规定观测时应旋进微动螺旋去进行每个观测方向的最后照准，同时要用水平微动螺旋的中间部分。

（六）垂直微动螺旋作用不正确的影响

在仪器精平的情况下转动垂直微动螺旋，望远镜应在垂直面内俯仰，但是，由于水平轴与轴套之间有空隙，垂直微动螺旋的运动方向与其反作用弹簧弹力的作用方向不在一直线上，从而产生附加的力矩引起水平轴一端位移，致使视准轴变动，给水平方向观测值带来误差。

若垂直微动螺旋作用不正确，则在水平角观测时，不得使用垂直微动螺旋，而应直接用手转动望远镜到所需的位置。

三、照准和读数误差的影响

照准误差受外界因素的影响较大，例如目标影像的跳动会使照准误差增大好几倍。又如目标的背景不好，有时也会增大照准误差甚至照准错误，因此除了选择有利的观测时间外，作业人员认真负责地进行观测，是提高精度的有效措施。

对于偶然性质的读数误差和照准误差，还可以用多余观测的办法削弱其影响，如重合读数两次和多于一个测回的观测，都是提高观测质量的措施。为了提高照准精度，有时对同一目标可以连续照准两次，取两次读数的平均数，不仅可以削弱照准误差的影响，同时可以削弱水平度盘对径分划重合误差的影响。

最后必须指出，影响水平观测的因素是错综复杂的，实际上有些误差是交织在一起的，并不能截然分开，如观测时的照准误差，它既受望远镜的放大倍率和物镜有效孔径等仪器光学性能的影响，又受目标成像质量和旁折光等外界因素的影响。

四、精密测角的一般原则

根据前面所讨论的各种因素对测角精度的影响规律，为了最大限度地消除或减弱各种误差的影响，在精密测角时应遵循下列原则：

（1）观测应在目标成像清晰、稳定的观测时间进行，以提高照准精度和减小旁折光影响。

(2) 观测前应认真调好焦距，消除视差。在一测回的观测过程中不得重新调焦，以免引起视准轴的变动。

(3) 各测回的起始方向应均匀地分配在水平度盘和测微分划尺的不同位置上，以消除或减弱度盘分划线和测微分划尺分划误差的影响。

(4) 在上、下半测回之间倒转望远镜，以消除或减弱视准轴误差、水平轴倾斜误差等影响，同时可以由盘左、盘右读数之差求得2倍视准轴误差，借以检核观测质量。

(5) 上、下半测回照准目标的次序应相反，并使观测每一目标的操作时间大致相同，即在一测回的观测过程中，应按与时间对称排列的观测程序进行观测，其目的在于减弱与时间成比例均匀变化的误差影响，如觇标内架或三脚架的扭转等。

(6) 为了克服或减弱在操作仪器的过程中带动水平度盘位移的误差，要求每半测回开始观测前，照准部按规定的转动方向先预转1～2周。

(7) 使用照准部微动螺旋和测微螺旋时，其最后旋转方向均应为旋进方向。

(8) 为了减弱垂直轴倾斜误差的影响，观测过程中应保持照准部水准器气泡居中。当使用J_1型和J_2型经纬仪时，若气泡偏离水准器中央一格，应在测回间重新整平仪器，这样做可以使观测过程中垂直轴的倾斜方向和倾斜角的大小具有偶然性，从而在各测回观测结果的平均值中减弱其影响。

任务实施

经过对本任务的学习，在精密测角过程中，一定按照精密测角的一般原则进行方向观测，以消除或减弱各种误差的影响，提高测量精度。

任务五　方向观测法及测站平差

【知识要点】 观测方法的程序和规则；方向观测法观测限差；测站平差与精度评定。

【技能目标】 能够用方向观测法进行方向观测、记录和计算；能够进行测站平差与精度评定。

任务导入

测量工作中，水平角的观测方法，根据观测条件、精度要求，施测时所使用的仪器以及观测目标的多少分为测回法、方向观测法和复测法等几种。导线测量中，观测方向数一般是2个，水平角观测方法通常用测回法或复测法；三角测量中，观测方向数一般都大于3个，水平角观测方法用方向观测法。

任务分析

三角测量中，观测目标比较多，观测时间比较长，观测精度受各种因素影响比较大。为了能够有效减弱各种因素的影响，保证观测成果的必要精度，用方向观测法进行水平角观测时，首先选择合适的方向作为观测的起始方向，也叫零方向。在一个测回内把测站上所有观测方向，从零方向开始，先用盘左位置按顺时针对每一方向进行观测，再回到零方向，并在水平度盘上读数；再从零方向开始，用盘右位置按逆时针对每一方向进行观测，再回到零方向，也在水平度盘上读数，取同一方向盘左、盘右读数的平均值作为该方向的观测值。

相关知识

一、观测方法的程序和规则

（一）操作程序

设在某测站上有 1,2,3,…,n 个观测方向，先用盘左位置照准零方向（如方向 1），然后按顺时针方向转动照准部依次照准方向 2,3,…,n，再闭合到方向 1 上，并分别在水平度盘上读数，这个过程称为上半测回；再用盘右位置，仍然先照准零方向（方向 1），然后按逆时针方向转动照准部依相反的次序照准方向 n,…,3,2，并闭合到方向 1 上，也分别在水平度盘上读数，这个过程称为下半测回。上、下两个半测回合称为一个全测回。

除了观测方向数较少（《国家规范》规定不大于 3 个）的测站以外，一般都要求每半测回观测闭合到起始方向以检查观测过程中水平度盘有无方位的变动，此时上、下半测回观测均构成一个闭合圆，所以这种观测方法又称为全圆方向观测法。

方向观测法的测回数，是根据三角测量的等级和所用仪器的类型确定的，见表 2-8。各测回应均匀地分布在读盘和测微尺的不同位置。

表 2-8　　度盘位置变换表

等级	三等		四等		一级小三角	
仪器	J_1型	J_2型	J_1型	J_2型	J_2型	J_6型
测回数	9	12	6	9	2	6
	(° ′ g)	(° ′ ″)	(° ′ g)	(° ′ ″)	(° ′)	(° ′)
1	0 00 03	0 00 25	0 00 05	0 00 33	0 00	0 00
2	20 04 10	15 11 15	30 04 15	20 11 40	90 30	30 15
3	40 08 17	30 22 05	60 08 25	40 22 47		60 25
4	60 12 23	45 32 55	90 12 35	60 33 53		90 35
5	80 16 30	60 43 45	120 16 45	80 45 00		120 45
6	100 20 37	75 54 35	150 20 55	100 56 07		150 55
7	120 24 43	90 05 25		120 07 13		
8	140 28 50	105 16 15		140 18 20		
9	160 32 57	120 27 05		160 29 27		
10		135 37 55				
11		150 48 45				
12		165 59 35				

注：读盘位置变换计算公式见式(2-2)。

（二）观测规则

（1）选择距离适中，通视良好，成像清晰、稳定的方向作为零方向。在方向观测中，每半测回都必须闭合至零方向（当方向总数不多于 3 个时，因一测回时间短，仪器方位变化不大，可不归零)。每一测回的各方向观测值又都是相对于零方向而言的,所以零方向的作用是很大的。零方向选择得好坏,关系着所有观测方向的质量。

(2) 观测前,应认真调好焦距,消除视差。在一个测回中,不得重新调焦,以免引起视准轴变动。

(3) 上、下半测回照准目标的次序相反,并使每一目标的观测操作时间大致相等,以消除或减弱与时间成比例、均匀变化的误差影响。

(4) 每半测回开始观测前,照准部按规定的旋转方向先转动 1～2 周,此后照准部的旋转方向应保持一致,不得反转,以减弱轴系的机械传动误差影响。

(5) 使用照准部微动螺旋时,其最后旋转方向均应为旋进。

(6) 观测过程中,应保持仪器的垂直轴始终处于铅垂位置。为此,观测过程中水准管气泡中心偏离整置中心不得超过 1 格。气泡位置接近这一限度时,应在测回之间重新整置仪器。

在某些工程控制网中,同一测站上各水平方向的边长悬殊很大,若严格执行一测回中不得重新调焦的规定,会产生过大的视差而影响照准度,此时若使用的仪器调焦透镜运行正确,一测回中可以允许重新调焦;若调焦透镜运行不正确,可按下面观测程序进行:对每一个目标调焦后可以连续进行正、倒镜观测,如此观测测站上的所有方向,完成全测回的观测工作。

二、观测手簿的记录计算和观测限差

在观测手簿中,每一点的首页应记载测站名称、等级和觇标类型;每一观测时间段需记载首末页上端的各个项目;每点的第Ⅰ测回,应在相应位置上记载所观测的方向号数、点名和照准目标(圆筒或标心并以符号 T 表示);其余测回,仅记方向号数。

最后将两组中的观测值分别加其归零后的改正数,即得两组测站平差后的方向值。

【例 2-1】 一个测回的记录计算示例见表 2-9。

表 2-9 **一测回的记录计算表**

第Ⅰ测回　仪器:蔡司 010 No. 101820　点名:通云山　等级:三　日期:5 月 24 日

天气:晴,东风二级　观测者:李 明　觇标类型:钢寻常标　开始:15 时 32 分

成像:清晰　记簿者:张 宁　归心用纸:No. 209　结束:15 时 40 分

方向号数、名称及照准目标	读数						左−右 (2c)	(左+右)/2	归零方向值	附注
	盘左			盘右						
	° ′	″	″	° ′	″	″	″	″ 20.2	° ′ ″	
1 化纤厂 T	0 00	22	22	180 00	17	18	+4	20.0	0 00 00.0	
		22			18					
2 人民路 T	56 19	17	17	236 19	09	09	+8	13.0	56 18 52.8	
		17			09					
3 橡树湾 T	124 16	30	30	304 16	22	22	+8	26.0	124 16 05.8	
		30			22					

续表 2-9

方向号数、名称及照准目标	读数						左－右(2c)	(左＋右)/2	归零方向值	附注
	盘左			盘右						
	°	″	″	° ′	″	″	″	″ 20.2	° ′ ″	
4 麻油坊 T	168　07	06 05	06	348　07	02 02	02	＋4	04.0	168　06　43.8	
5 陈庄 T	244　46	31 31	31	64　46	24 23	24	＋7	27.5	244　46　07.3	
6 姚家村 T	306　58	07 07	07	126　57	58 58	58	＋9	02.5	306　57　42.3	
1 化纤厂 T	0　00	23 23	23	180　00	18 18	18	＋5	20.5		
归零差	$\Delta_{左}=-1$			$\Delta_{右}=0$						

上半测回的读数，由上往下记；下半测回的读数，由下往上记。每一个方向在读取测微器两次重合读数并符合限差后，取它们的中数作为该方向的测微器读数。每半个测回观测结束后，应计算归零差(半测回中零方向两次读数之差)，并检查它是否超限。在下半测回观测中，应及时计算各方向的 $2c$ 值，检查它们之间的互差有无超限。上述各项指标合限后，同一方向取盘左、盘右读数的平均数作为该方向的方向值。因为每半测回都进行归零观测，所以零方向有两个平均数，取它们的中数作为零方向的方向值，记入(左＋右)/2 栏的第一行。将各方向的方向值都减去零方向的方向值，这一过程称为“归零”，得出的方向值称为各方向的归零方向值。

不同测回中同一方向的归零方向值，互差(也叫测回差)应小于规定的限差。

上述各项检查结果的限差，不应超过表 2-10 的规定。

表 2-10　观测限差表

等级	经纬仪型号	光学测微器两次重合读数差 /(″)	半测回归零差 /(″)	一测回内 2c 互差 /(″)	同一方向各测回互差 /(″)
二、三、四等三角及三、四等导线	J_1	1	6	9	6
	J_2	3	8	13	9
一、二级小三角及一、二、三级导线	J_2	3	8	13	9
	J_6		18		24

注：当照准点方向的垂直角超过±3°时，该方向的 $2c$ 互差可按同一观测时间段内的相邻测回进行比较，其差值仍按上表规定。按此方法比较应在手簿中注明。

最后必须强调指出：野外观测手簿记载着测量的原始数据，是长期保存的重要资料，必须做到记录认真、注记明确、字迹工整、纸面整洁、格式统一。若记录错误，应将错字整齐划去，在其上方填写正确的文字或数字，严禁涂擦，即手簿中记录数据不得有任何涂改现象。

三、观测成果的重测和取舍

（一）重测规定

所谓"重测"，就是在基本测回（规定数目的测回）完成以后，通过对成果的综合分析，发现其中超出限差规定而重新观测的完整测回。但是，对于测错方向、读记错误、对错度盘、碰动仪器、上半测回归零差超限、气泡偏离过大以及其他原因未测完的测回，均可随即重新观测，它们不叫重测，称为"补测"。

在一个测站上，若 n 为方向数，m 为测回数，则该测站全部方向测回总数为 $(n-1)m$。对于其中因超限而重测的方向，应进行重测数的统计。统计方法是：在基本测回观测结果中，重测一个超限方向算作一个方向测回；因零方向超限而重测的整个测回算作 $(n-1)$ 个方向测回。

按照《国家规范》规定，重测的原则如下：

（1）一个测回内 $2c$ 互差或同一方向的测回互差超限时，应重测超限方向并联测零方向。因测回互差超限重测时，除明显孤值外，原则上应重测观测结果中最大和最小值的测回。

（2）零方向的 $2c$ 互差或下半测回的归零差超限，该测回应全部重测。一测回中的重测方向数超过测站方向的 1/3 时（包括三个方向有一个方向重测），亦应重测全部测回，重测数仍按超限方向数计算。

（3）全部基本测回中，重测的方向测回数不应超过该测站全部方向测回总数的 1/3，否则基本测回作废，全部成果重测。

（4）基本测回成果和重测成果均应抄入记簿。但重测与基本测回成果不取中数，每一测回每一方向只取一个符合限差的结果，参加测站评差。

（二）判定取舍和重测的顺序

（1）每测完一个完整测回，先检查归零差，如果超限可立即重测全部测回。其次检查 $2c$ 互差，结果超限且出现在零方向上时，应立即重测全测回；出现在其他两个方向时，只重测一个不可靠方向，但应放在全部基本测回完成后进行；出现在多个方向，其数目超过观测方向数的 1/3，该测回报废，立即重测全测回。

（2）全部基本测回完成后，检查同一方向的各测回互差。检查时应注意：① $2c$ 互差已经超限有待重测的方向值应该划去；② 测回互差超限时应判别其中有否明显孤值，即与各测回中值差异甚大且孤立存在的方向值；③ $2c$ 互差超限和测回互差超限若出现在同一测回内，重测时应一并进行；④ 统计重测数，一个测回内的重测方向不应超过观测方向数的 1/3，全部重测数不应超过全部方向测回总数的 1/3。

（3）对于应重测的方向或测回，按测回序号先后进行重测。重测结束后，按上述顺序再做限差检核。若重测结果又出现超限，属于重测测回，可再次重测，但不计入重测数；引起基本测回超限而重测的，应计算重测数。

水平方向观测记簿必须由两人独立计算，以确保无误。应该指出重测只是获得合格成果的辅助手段，不能过分依赖重测，若重测成果与原测成果接近，说明在该观测条件下原测成果并无大错，这时应该考虑误差可能在其他方向或其他测回中，而不宜多次重测原超限方向，因为这样测得的成果虽然有时可以通过测站上的限差检查，但往往偏离客观真值，会在以后的计算中产生不良影响。

四、测站平差与精度评定

测站平差的目的是根据测站上的观测成果求出各方向的最或是值(测站平差值),同时,通过测站平差计算出一测回方向观测值的中误差 μ 和 m 个测回测站平差值的中误差 M,以评定测站上的观测质量。

(一)测站上方向平差值的计算

设测站 K 上有 $A,B,C,\cdots,N$ 等 n 个观测方向,观测了 m 个测回,每个方向各测回的归零方向值分别为 $l_{a_i},l_{b_i},l_{c_i},\cdots,l_{n_i}(i=1,2,\cdots,m)$,相应的测站平差值为 $L_A,L_B,L_C,\cdots,L_N$。因为每个方向的各测回观测值都是独立和同精度的直接观测量,各个方向的测站平差值应等于它的各测回观测值的算术平均数,即:

$$\begin{cases} L_A = \dfrac{[l_{a_i}]}{m} \\ L_B = \dfrac{[l_{b_i}]}{m} \\ \cdots \\ L_N = \dfrac{[l_{n_i}]}{m} \end{cases} \tag{2-9}$$

(二)测站观测精度的评定

1. 一测回方向观测值的中误差 μ

设测站上观测的方向数为 n,观测测回数为 m,每个方向的各测回观测值改正数的绝对值为 $|\nu|$,则一测回方向观测值的中误差 μ 为:

$$\mu = \pm \frac{1.25 \times [|\nu|]}{n\sqrt{m(m-1)}} \tag{2-10}$$

若令 $K=\dfrac{1.25}{\sqrt{m(m-1)}}$,则有:

$$\mu = \pm K \frac{[|\nu|]}{n} \tag{2-11}$$

2. 测站平差值的中误差 M

$$M = \pm \frac{\mu}{\sqrt{m}} \tag{2-12}$$

用上述公式计算的数据仅能反映测站内部符合精度,不能全面衡量观测精度,所以相关规范中对此项精度没有提出限差要求。根据大量三角测量资料分析结果,由测站平差所求得的角度中误差($\sqrt{2}M$),约为按三角形闭合差计算的测角中误差的一半。

五、分组方向观测及测站平差

(一)分组方向观测

前面所讲的方向观测法,是将测站上所有方向一并观测。但在实际作业中,有的测站方向较多,各方向的目标不一定都同时成像清晰、稳定,如果勉强放在一起观测,势必造成很大困难。同时由于方向多,若一并观测,每测回的观测时间过长,受外界因素的误差影响将增大。

因此,《国家规范》规定:当测站上观测方向数多于 6 个,应考虑分为两组观测。分组时,一般是将成像情况大致相同的方向分在一组，每组包含的方向大致相等。为了将两组方向观测值化归成以同一零方向为准的一组方向值和进行观测成果的质量检核，观测时两组都要联测两个共同的方向，其中最好有一个是共同的零方向，以便加强两组的联系。

另外，个别方向由于通视不佳，可能在全部基本测回中先行放弃，待以后再补测，这种情况实际上也属于分组观测。

两组中每一组的观测方法、测站的检核项目、作业限差和测站平差等与前面所述的一般方向观测法相同。所不同的是，两组共同方向之间的联测角应该作检核，以保证观测质量。

（二）分组观测的联测精度

由于测量误差的普遍存在，两组观测的联测角总是有差异的，为了保证观测精度，其差异应小于规定的限值，现设两组观测时两个共同方向以 i、j 表示。

第一组的联角角值为：$\beta' = (j' - i')$

第二组的联角角值为：$\beta'' = (j'' - i'')$

式中，i'、j' 和 i''、j'' 为共同方向在两组观测中的方向值。

设两组观测联测角的差为 ω：

$$\omega = \beta' - \beta''$$

如果 β' 和 β'' 的测角中误差分别为 m_1 和 m_2，则按误差传播定律可得联测角差数的中误差 m_ω：

$$m_\omega = \pm \sqrt{m_1^2 + m_2^2}$$

取 2 倍的中误差作为限差，则两组观测联测角之差的限差应为：

$$\omega_{限} \leqslant 2m_\omega = \pm 2\sqrt{m_1^2 + m_2^2} \tag{2-13}$$

如果两组按同精度观测，则测角中误差 $m_1 = m_2 = m$，上式可换算为：

$$\omega_{限} \leqslant 2\sqrt{2}\, m \tag{2-14}$$

其中的测角中误差 m 在不同的三角测量等级各不相同。如按三等精度观测，测角中误差 $m = \pm 1.8''$，相应的联测角之差的限差应为：$\omega_{限} \leqslant \pm 2\sqrt{2} \times 1.8'' = \pm 5.1''$。

（三）分组观测的测站平差

先将两组方向观测值分别进行检核和测站平差，求出本组各方向的平差方向值，然后比较两组观测的联测角，如差数小于限差 $\omega_{限}$，则联合两组的测站平差方向值再进行平差，最后求出一组以共同起始方向为准的方向观测值。

设两组联测的共同方向为 i、j，它们的方向观测值和相应的改正数为：

第一组联测方向的方向值为 i'、j'，相应的平差改正数为 ν_i'、ν_j'；

第二组联测方向的方向值为 i''、j''，相应的平差改正数为 ν_i''、ν_j''。

组成条件方程式：

$$(j' + \nu_j') - (i' + \nu_i') = (j'' + \nu_j'') - (i'' + \nu_i'')$$

经整理得：

$$-\nu_i' + \nu_j' + \nu_i'' - \nu_j'' + \omega_{12} = 0$$

式中，ω_{12} 是两组观测联测角的闭合差，即：

$$\omega_{12} = (j' - i') - (j'' - i'') \tag{2-15}$$

组成法方程式：

$$4k_1 + \omega_{12} = 0$$

解得联系系数 k_1 为：

$$k_1 = -\frac{1}{4}\omega_{12}$$

则平差改正数为：

$$\begin{cases} \nu_i{}' = -k_1 = +\frac{1}{4}\omega_{12}, \nu_i{}'' = +k_1 = -\frac{1}{4}\omega_{12} \\ \nu_j{}' = +k_1 = -\frac{1}{4}\omega_{12}, \nu_j{}'' = -k_1 = +\frac{1}{4}\omega_{12} \end{cases} \tag{2-16}$$

联测方向的平差值为：

$$\begin{cases} i_1 = i' + \nu_i{}' = i' + \frac{1}{4}\omega_{12} \\ j_1 = j' + \nu_j{}' = j' - \frac{1}{4}\omega_{12} \\ i_2 = i'' + \nu_i{}'' = i'' - \frac{1}{4}\omega_{12} \\ j_2 = j'' + \nu_j{}'' = j'' + \frac{1}{4}\omega_{12} \end{cases} \tag{2-17}$$

由此可知：两组观测测站平差实际上是第一组的第一个联测方向应改正($+\frac{1}{4}\omega_{12}$)，第二个联测方向应改正($-\frac{1}{4}\omega_{12}$)，而第二组的联测方向改正数与第一组的改正数数值相等、符号相反，即($-\frac{1}{4}\omega_{12}$)和($+\frac{1}{4}\omega_{12}$)。为了使零方向的方向值保持 0°00′00″，还需将改正数归零，最后将两组中的观测值分别加其归零后的改正数，即得两组测站平差后的方向值。

【例 2-2】　表 2-11 为一个三等点两组观测测站平差实例，两组的第一个联测方向为共同零方向，两组之间的联测角闭合差为：

$$\omega = 172°17'04.5'' - 172°17'07.3'' = -2.8''$$

表 2-11　　**两组观测(零方向相同)测站平差**

方向号	第一组			第二组			方向平差值 /(° ′ ″)
	方向观测值 /(° ′ ″)	改正数 /(″)	归零 /(″)	方向观测值 /(° ′ ″)	改正数/(″)	归零 /(″)	
1	0 00 00.0	−0.7	00.0	0 00 00.0	+0.7	00.0	0 00 00.0
2	22 25 36.6		+0.7				22 25 37.3
3	46 06 12.1		+0.7				48 06 12.8
4				103 35 24.8		−0.7	103 35 24.1
5	172 17 04.5	+0.7	+1.4	172 17 07.3	−0.7	−1.4	172 17 05.9
6				235 32 32.0		−0.7	235 32 31.8
7	295 50 58.1		+0.7				295 50 58.8
8				329 48 27.1		−0.7	329 48 26.4

【例 2-3】 表 2-12 为另一个三等点两组观测测站平差实例，其中观测的零方向不同，两组之间的联测角闭合差为：

$$\omega=(242°48'38.4''-138°07'55.0'')-104°40'45.4''=-2.0''$$

当第二组的方向值加改正数归零后，还应再化到第一组零方向上去。

表 2-12 两组观测(零方向不同)测站平差

方向号	第一组		第二组			方向平差值/(° ′ ″)
	方向观测值/(° ′ ″)	改正数/(″)	方向观测值/(° ′ ″)	改正数/(″)	归零/(″)	
1	0 00 00.0					0 00 00.0
2	82 15 39.1					82 15 39.1
3	138 07 55.0	−0.5	0 00 00.0	+0.5	0.0	138 07 54.5
4			26 52 05.0		−0.5	164 59 59.0
5	242 48 38.4	+0.5	104 40 45.4	−0.5	−1.0	242 48 38.9
6	294 00 48.7					294 00 48.7

（四）联测

在高等点上设站观测低等方向，或者在已有平差成果的点上再次设站观测同等方向时，就需要解决不同等级的成果之间或先后两次成果之间的联系和检核问题。换句话说，在这样的情况下，只有联测两个共同的方向，才能使同一测站的不同成果既有联系又有检核。例如，在早期建成的三等网内加密四等网或扩展三等网，并且在原三等点上设站观测时，则应该联测两个原三等方向，以便使观测成果与原三等网成果有可靠的联系，同时便于检核观测成果的质量和原三等点的可靠程度。

但是，在一个点上同时或同人不同时进行不同等级观测时，如能确保照准的高等方向正确无误，在低等观测时，可只联测一个通视良好、成像清晰的高等方向。

在上述的新、旧两次观测中，联测了两个方向，构成一个联测角。新成果与旧成果联测角的互差，应该不超过一定的限值。

假设规定新成果等级的测角中误差为 $m''_{新}$，旧成果等级的测角中误差为 $m''_{旧}$。根据协方差传播定律，新、旧两次测得的联测角互差的中误差应改为：

$$m_{互差}=\pm\sqrt{m''^2_{新}+m''^2_{旧}}$$

仍取 2 倍中误差为极限误差，则联测角互差的限差为：

$$\Delta_{互差}\leqslant\pm 2\sqrt{m''^2_{新}+m''^2_{旧}} \tag{2-18}$$

因此，《国家规范》规定：连测两个方向时，其夹角化至同一中心的新、旧观测结果之差应不超过 $\pm 2\sqrt{m''^2_{新}+m''^2_{旧}}$，超出这一限值时，应分析原因。如旧成果为高等或同等级的，则需进行检测或更换联测方向重新观测，并检查标石稳固情况。若检测结果仍超限，说明标石发生移动，应报请上级业务领导部门处理。

联测两个已知高等方向的测站平差比较简单。这实际上是将联测的方向值强制附合到已知高等方向上去。平差时，首先求联测角观测值与已知角值之差 ω，然后将联测方向各改正$\frac{\omega}{2}$，但第一个联测方向改正$(+\frac{\omega}{2})$，第二个联测方向改正$(-\frac{\omega}{2})$，最后将改正数归零(当零方向不是高等方向时无须归零)，各方向观测值加归零改正数，即得测站平差后的方向值。

【例 2-4】 在一个二等点上设站观测三等方向，并联测两个已知方向，其观测值和已知值列入表 2-13，两组之间的联测角闭合差为：

$$\omega=76°19'23.4''-76°19'21.6''=+1.78''$$

表 2-13　　联测两个高等方向的测站平差

方向	方向观测值/(°　′　″)	改正数/(″)	归零/(″)	测站平差方向值/(°　′　″)	已知方向值/(°　′　″)
1	0　00　00.0	+0.89	00.0	0　00　00.0	0　00　00.0
2	48　32　15.6		−0.9	48　32　14.7	
3	76　19　23.4	−0.89	−1.8	76　19　21.6	76　19　21.62
4	130　38　32.8		−0.9	130　38　31.9	
5	216　54　44.5		−0.9	216　54　43.6	

任务实施

实地选取 6 个方向，按方向观测法的操作程序与规则进行方向观测；按要求进行观测手簿的记录和计算；根据《国家规范》规定进行方向重测和取舍；最后进行测站平差与精度评定。

任务六　偏心观测与归心改正

【知识要点】 偏心观测；归心改正；归心元素测定。

【技能目标】 能够进行归心改正计算，能够进行归心元素的测定。

任务导入

三角点的点位是以标石的标志中心(一般习惯称标石中心)为准，也就是说，三角点的坐标与三角点之间的方向和边长都是以三角点的标石中心为依据的，因此，在观测时要求仪器中心、照准圆筒中与标石中心位于同一铅垂线上，即所谓“三心”一致。

尽管在建造觇标和测站观测时，总是设法使照准标志中心、仪器中心和标石中心在一条铅垂线上，实际上却难以达到严格一致。因为造标埋石时总会有误差存在，同时由于日光和风雨等外界条件的作用，照准标志中心又会发生移动。在观测时，还可能因为橹柱、建筑物等遮挡视线，不得不将仪器中心偏离标石中心。总之，实际观测中，三个中心一般不可能恰好一致，常常存在偏心现象。因此，为了把观测方向转化到以标志中心为依据的方向上，必须进行归心改正。

任务分析

如果仪器中心偏离测站点标石中心，称为测站点偏心；如果照准圆筒偏离照准点标志中心，称为照准点偏心。为了解决实际观测中存在的偏心现象，就需要进行归心改正计算，用在观测值中加入改正数的方法，将实际观测的方向值归化成以标石中心为准的方向值。

因测站点偏心所进行的方向改正，称为测站点归心改正；因照准点偏心所进行的方向改正，称为照准点归心改正。

相关知识

一、测站点归心改正数计算

图 2-26 为三角点的标石中心 B、仪器中心 Y、照准点标志中心 T 在同一水平面上的投影。仪器中心 Y 偏离了标石中心 B。

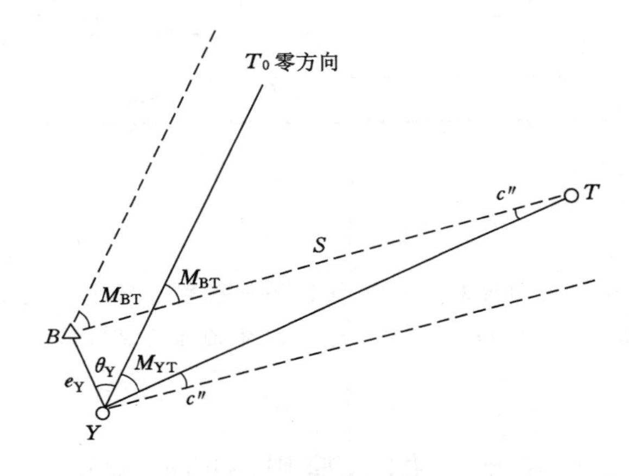

图 2-26　测站点归心改正

测站上应有的正确观测方向为 BT，由于测站点的偏心，实际的观测方向为 YT，由图 2-26可知，实际观测方向值 M_{YT} 和应有的正确方向值 M_{BT} 之间差一个小角 c''，c'' 就是测站点归心改正数，求出改正数 c'' 值后，即可求得应有的正确方向值 M_{BT}，即：

$$M_{BT} = M_{YT} + c''$$

测站点归心改正数 c'' 的计算公式可由图 2-26 中的△BYT 解得，图中 YB 间的水平距离 e_Y，称为测站点偏心距；YB 与零方向的夹角 θ_Y，称为测站点偏心角，它是以仪器中心 Y 为顶点，由偏心距顺时针旋转到测站零方向的角度。e_Y、θ_Y 均称为测站点归心元素。

在△BYT 中按正弦定理可以写出：

$$\sin c = \frac{e_Y}{S}\sin(\theta_Y + M_{YT})$$

式中，S 为测站点至照准点间的距离；e_Y、θ_Y 为测站点归心元素；M_{YT} 为测站点相应方向的观测值。

由于 c'' 一般较小，可取 $\sin c \approx \frac{c''}{\rho''}$，因此上式可写为：

$$c'' = \frac{e_Y}{S}\sin(\theta_Y + M_{YT})\rho'' \tag{2-19}$$

式(2-19)是计算测站点归心改正数 c'' 的普遍公式。

二、照准点归心改正数计算

在图 2-27 中，B 为测站点的标石中心，T_1 为照准点的照准标志中心，B_1 为照准点的标石中心。假如不考虑测站点偏心，正确观测方向应为 BB_1，而实际观测方向为 BT_1，BB_1 与 BT_1 之间相差了一个小角 r''，r'' 即是照准点归心改正数。以标石中心为准的方向值应为：

$$M_{BB_1} = M_{BT_1} + r''$$

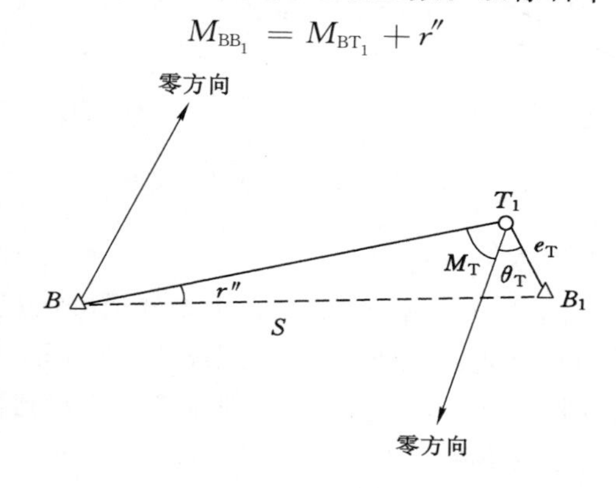

图 2-27 照准点归心改正

图 2-27 中 T_1B_1 间的水平距离 e_T，称为照准点偏心距；T_1B_1 与零方向的夹角 θ_T，称为照准点偏心角，它是以照准点标志中心 T_1 为顶点，由偏心距顺时针旋转到照准点上零方向的角度。e_T、θ_T 均称为照准点归心元素。

照准点归心改正数 r'' 可由 $\triangle BT_1B_1$ 按正弦定理解得：

$$\sin r = \frac{e_T}{S}\sin(\theta_T + M_T)$$

因 r'' 角较小，上式可写成：

$$r'' = \frac{e_T}{S}\sin(\theta_T + M_T)\rho'' \tag{2-20}$$

式中，S 为测站点至照准点间的距离；e_T、θ_T 为照准点归心元素；M_T 为在照准点上设站观测时的方向值。

式(2-20)是计算照准点归心改正数 r'' 的普遍公式。

对比式(2-19)和式(2-20)可知，测站点归心改正与照准点归心改正的公式形式相仿，所以可以用相同的格式或程序进行计算。

归心改正计算时应该注意，测站点归心改正 c'' 是根据本测站点归心元素 e_Y、θ_Y 以及相应方向观测值 M_Y 来计算的。而计算照准点归心改正 r'' 时，则需要利用照准点上的照准点归心元素 e_T、θ_T 以及在照准点设站观测本点时的方向观测值 M_T，并将算出的改正数加到本点相应的方向值上，这一点要特别注意。

当某一测站点上的观测方向同时受到两种偏心的联合影响时，实测的方向值中应分别加入两种归心改正数。如图 2-28 所示，先加入测站点归心改正数 c''，将观测方向值 M_{YT} 改正为 M_{BT} 方向值，再加入照准点归心改正数 r''，即得两点间均以标石中心为准的方向值：

$$M_{BB_T}=M_{YT}+c''+r'' \tag{2-21}$$

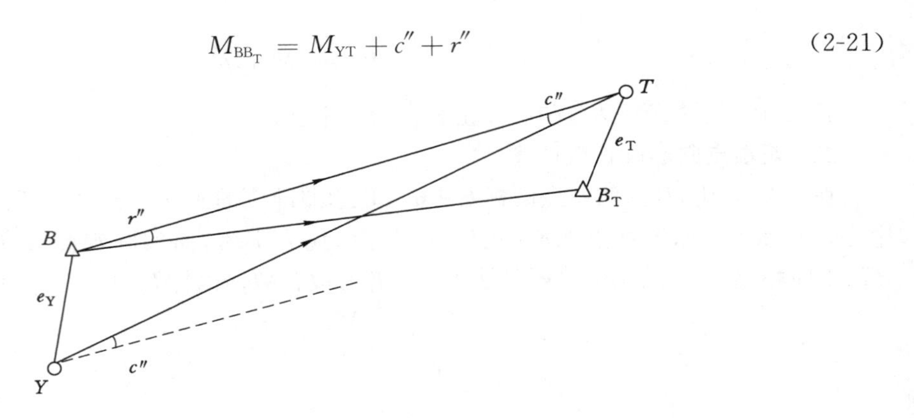

图 2-28 测站点上两种归心改正

三、归心元素的测定

按式(2-19)和式(2-20)计算归心正数 c''和 r''时，需要知道方向观测值 M，近似边长 S 和归心元素 e、θ。其中，M 值可以从观测记簿中查取，距离 S 可以用未加归心改正数的观测值近似解得，也可以从三角网图上量取，归心元素 e、θ 则需要专门测定。

由于觇标在外界因素的影响下会产生变形，使得照准点归心元素 e_T 和 θ_T 发生变化，所以《国家规范》规定，测定照准点归心元素的时间与对该点观测的时间相隔不得超过 3 个月(对于三、四等三角测量)，当对觇标的稳定性发生怀疑时，还应随时测定归心元素。

测定归心元素的方法有图解法、直接法和解析法，其中以图解法应用得最为广泛。

(一) 图解法

当偏心距 e 小于 0.5 m 时，可采用图解法。其实质是将同一测站的标石中心 B、仪器中心 Y 和照准圆筒中心 T 沿垂线投影在一个置于水平位置的投影用纸上，然后在投影用纸上量取归心元素 e 和 θ。具体程序是：

(1) 在标石上方安置小平板，并将归心投影用纸固定在平板上，再用垂球使平板中心与标石中心初步对准，使 B、Y、T 三点沿垂线的投影点均能落在投影用纸上为原则，然后整置平板，使投影用纸的上方朝北，并画出北方向。

(2) 在距离标石约 1.5 倍觇标高的地面上，选择三点分别安置仪器。三点与标石中心互成 120°(或 60°)，如图 2-29 所示，这样做是为了提高投影的交会精度。安置投影仪器时必须使每个投影位置都能看到标石中心、仪器中心和照准标志中心。

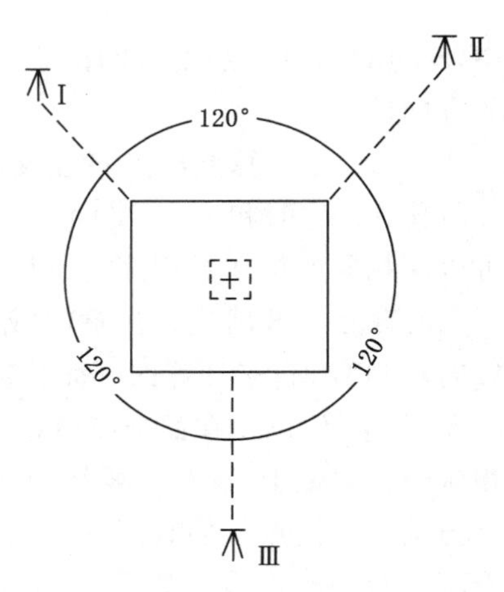

图 2-29 图解法投影仪器位置

(3) 在每一点整好仪器后，先用盘左位置依次照准三个中心(标石中心、仪器中心和照准标志中心)，每照准一个中心后均俯仰望远镜对准测板，指挥描绘者在投影用纸上标出前、后两点。为消除仪器视准轴误差和水平轴倾斜误差的影响，在盘左位置投影以后，再用盘右位置依次照准三个中心，对每一中心同样标出前、后两点。

如果照准圆筒直径较大，难以判断中心位置，可照准其左、右两边缘，用取左、右两边缘读数中数的办法解决中心位置。

(4) 如果仪器有误差，盘左、盘右的投影点不会重合，取盘左、盘右两对应投影点的中点连成一条投影线，见表 2-14 图中所示的 B_1B_1、Y_1Y_1、T_1T_1。三个仪器位置对每一个中心投影点均可作出三条投影线，如果没有误差，三条投影线应交于一点，该点即为相应中心的垂直投影点，见表 2-14 图中的 B 点，表示标石中心投影点。

表 2-14　　　　**×××三角点归心投影用纸**

锁(网)名：__________　　　　图幅编号：__________

<table>
<tr><td colspan="2">测前第一次投影
投影时间：2006 年 5 月 28 日</td><td>觇标类型：寻常标
投影仪器：010</td><td>投影者：××</td><td>描绘者：××</td><td>检查者：××</td></tr>
<tr><td colspan="3">测站点归心零方向：青石岗</td><td colspan="3">照准点归心零方向：青石岗</td></tr>
<tr><td colspan="2" rowspan="2">检查角：青石岗—张庄</td><td>观测值 96°08′</td><td colspan="2" rowspan="2">检查角：青石岗—张庄</td><td>观测值 96°08′</td></tr>
<tr><td>描绘值 96°00′</td><td>描绘值 96°15′</td></tr>
<tr><td colspan="3">$e_Y=0.040$ m　　$\theta_Y=95°20'$</td><td colspan="3">$e_T=0.033$ m　　$\theta_T=120°00'$</td></tr>
<tr><td>应改正的方向名称</td><td colspan="2">青石岗、朝阳坡、张庄、水塔、新兴里</td><td>应改正的方向名称</td><td colspan="2">青石岗、朝阳坡、张庄、水塔、新兴里</td></tr>
</table>

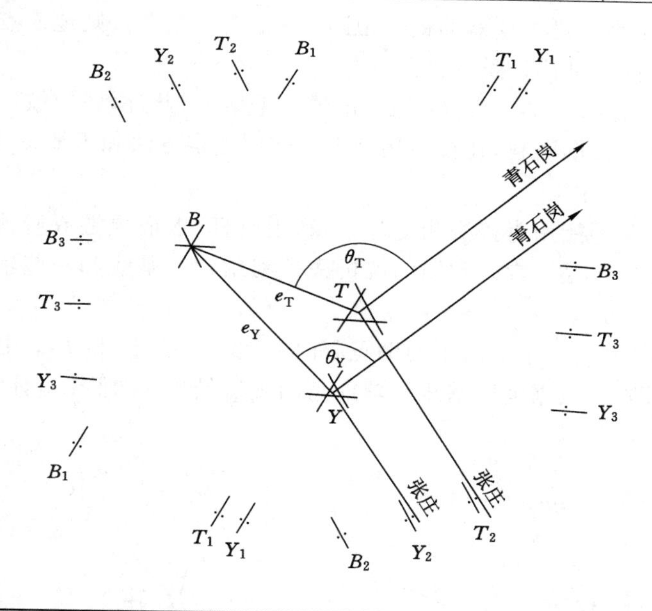

(5) 由于投影误差的存在，三条投影线通常不恰好交于一点，形成一个示误三角形，示误三角形的大小反映了投影质量的高低。《国家规范》规定，示误三角形的最长边长对于标石中心 B 和仪器中心 Y 应小于 5 mm，对于照准标志中心 T 应小于 10 mm，若在限差以内，则取示误三角形内切圆的中心作为相应投影点的位置，见表 2-14 中的 Y、T 点，分别表示仪器中心、照准标志中心的投影点。

(6) 连接 BY 与 BT 并量取偏心距 e_Y、e_T(量至毫米)。为获得 θ_Y 与 θ_T(量至 15′)，应在

仪器和照准标志的中心投影点Y、T描绘两个本站方向，其中一个最好是零方向。所描绘的两个方向间的夹角与观测值之差，当偏心距小于0.3 m时，不应超过$\pm 2°$；当偏心距大于0.3 m时，不应超过$\pm 1°$。以此检查描绘方向的正确性。

对归心投影用纸需进行整饰，所有的投影原始点和描绘方向线不能有任何更改，一切符号、注记均应填写清楚。

如果受测站周围地形限制，选择三个投影位置比较困难，可选择与标石中心互成90°的两个投影位置进行投影。在每一投影位置投影一次后，稍移动投影位置再投影一次，这样两个投影位置对每个点做出四条投影方向线，可交出一个示误四边形，四边形的对角线长度对标石中心B和仪器中心Y投影应小于5 mm，对照准圆筒中心T的投影应小于10 mm。如符合要求，取四边形的中心点作为投影点的位置。

（二）直接法

当偏心距较大，在投影用纸上无法容纳时，可采用直接法测定归心元素。

将仪器中心和照准圆筒中心投影在地面设置的木桩顶上，用钢尺直接量出偏心距e_Y和e_T，为了检核丈量的正确性，要改变钢尺零点后重复丈量一次。两次丈量结果之差应小于10 mm。

偏心角θ_Y和θ_T可用经纬仪直接测定，一般应观测两个测回，取至10″，和图解法测定归心元素时一样，在投影点Y和T上测定θ_Y和θ_T时应联测与另一个检查方向线之间的角度，以资检核。若偏心距小于投影仪器的最短视距（一般2 m左右），则地面点在望远镜内不能成像，此时可将该方向用细线延长以供照准。

直接测定的归心元素e_Y、e_T、θ_Y、θ_T均应记录在手簿上，此外，还应按一定比例尺缩绘在归心投影用纸上，作为投影资料，在投影用纸上应注明测定方法和手簿编号。

（三）解析法

当偏心距过大，又不能用直接法测定时，如利用旗杆、水塔顶端或避雷针作为三角点标志时，可用解析法测定归心元素。常用的解析法是利用辅助基线和一些辅助角度的观测结果推算出归心元素e和θ。

根据实地情况可选定一个或两个辅助点，如图2-30中的P_1和P_2，图中b为辅助基线，α、β和E、F均为辅助角，根据辅助基线和辅助角的观测结果，不难导出计算归心元素e和θ的公式。

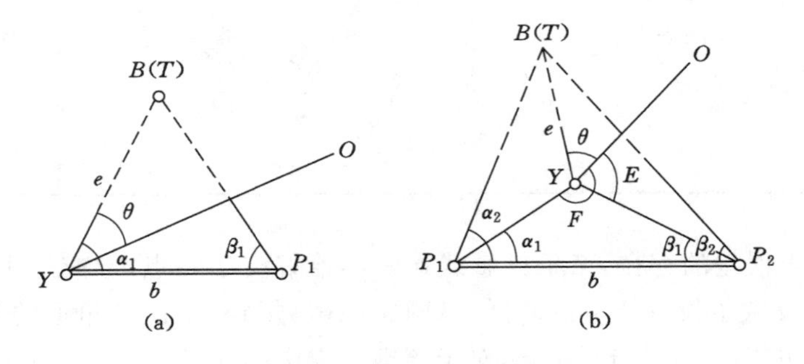

图2-30 解析法求归心元素

任务实施

利用精密经纬仪进行角度测量。进行方向观测时，若测站点偏心，则进行测站点归心改正；若照准点偏心，则进行照准点归心改正。根据偏心距的大小，用图解法、直接法或解析法进行归心元素测定。

思考与练习

1. 全站仪的功能有哪些？
2. 结合全站仪熟悉各功能键使用方法和操作技能。
3. 精密光学经纬仪的基本结构有哪些？
4. 试述J_2型光学经纬仪采用重合读数法读数的操作步骤。
5. 什么叫视差？如何消除？
6. 在水平方向观测时，为什么通常规定一个测回内不得重新调焦？
7. 经纬仪三轴误差的定义是什么？分别有什么方法可以消除或减弱？
8. 精密控制测量前，除了日常检验项目外，还应检查哪些项目？
9. 实际操作进行光学对点器的检验与校正。
10. 测量误差包括哪些因素？
11. 研究精密测角误差的目的是什么？
12. 什么叫微分折光？什么叫旁折光？
13. 精密测角有哪些误差影响？分别用什么办法来消除或减弱它们对测角的影响？
14. 简述方向观测法的操作程序。
15. 零方向选择的原则是什么？
16. 简述用J_2仪器进行方向观测时的各种限差要求。
17. 试述分组观测的原因和两组观测及其测站平差的方法。
18. 检核表2-15零方向相同、表2-16零方向不同两组方向观测成果质量，并计算各观测方向的测站平差值。

表2-15　两组观测(零方向相同)测站平差

方向号	第一组			第二组			方向平差值 /(° ′ ″)
	方向观测值 /(° ′ ″)	改正数 /(″)	归零 /(″)	方向观测值 /(° ′ ″)	改正 /(″)	归零 /(″)	
1	0 00 00.0			0 00 00.0			
2	40 22 16.6			40 22 19.0			
3	86 31 42.1						
4	134 56 29.5						
5				200 18 17.7			
6				263 47 49.6			

表 2-16　两组观测(零方向不同)测站平差

方向号	第一组		第二组			方向平差值 /(° ′ ″)
	方向观测值 /(° ′ ″)	改正数 /(″)	方向观测值 /(° ′ ″)	改正数 /(″)	归零 /(″)	
1	0 00 00.0					
2	59 41 19.1					
3	115 37 42.6		0 00 00.0			
4	170 06 29.6		54 28 48.2			
5			119 50 55.2			
6			164 19 37.4			

19. 产生归心改正的原因是什么？

20. 测站点、照准点的归心改正计算公式中的各元素代表什么含义？它们改正哪个方向的观测值？

21. 归心元素的测定方法有哪些？其中图解法中有哪些限差要求？

22. 试述图解法测定归心元素的方法。

23. 归心改正计算：

在基北三角点上，投影得照准点归心元素值 $e_T=0.069$ m，$\theta_T=245°30'$（至树山方向）。基北测站各方向的观测值和至相邻三角点的距离见表 2-17。

表 2-17　基北测站各方向的观测值和至相邻三角点的距离

方向名称	方向值/(° ′ ″)	距离/m
基南	0 00 00.0	2 100
松山	46 18 30.2	3 066
树山	290 11 55.6	1 413

试绘出各中心投影点和观测方向相关位置图，并计算基南、松山和树山三角点观测基北方向时的照准点归心改正数。

24. 设有等边大地四边形如图 2-31 所示，边长为 2 km，各点的归心改正元素如下：

$e_{TA}=5$ cm，$\theta_{TA}=60°$，零方向为 B 方向；$e_{TB}=1$ cm，$\theta_{TB}=300°$，零方向为 A 方向；$e_{TC}=4$ cm，$\theta_{TC}=90°$，零方向为 B 方向；$e_{TD}=2$ cm，$\theta_{TD}=30°$，零方向为 A 方向。

试计算测站 A、B、C 和 D 点上各方向的归心改正数。

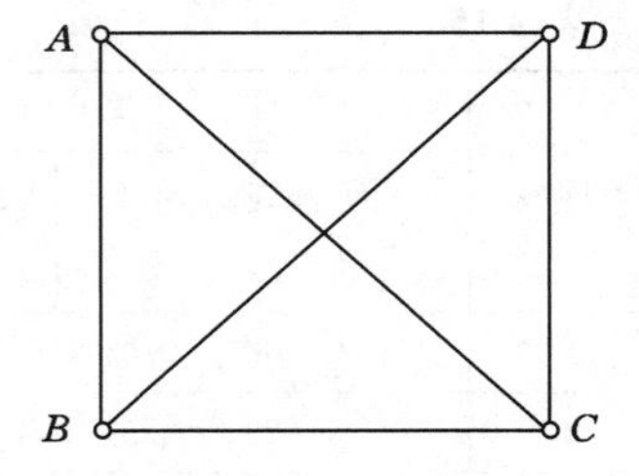

图 2-31　等边大地四边形

项目三　精密导线测量

任务一　导线测量及其布设原则与方案

【知识要点】 导线测量原理;导线的布设形式;导线的布设原则及布设方案。

【技能目标】 能够理解导线测量原理,掌握导线的布设形式、布设原则与布设方案。

任务导入

传统的平面控制测量包括三角测量和导线测量。虽然目前GNSS测量技术在控制测量中占据着主要位置,但是导线测量也是目前平面控制测量的一种重要方法。

任务分析

平面控制测量的目的是精确确定地面点的平面位置。随着电磁波测距仪的普及,导线测量是平面控制测量的重要方法之一。本任务主要是了解精密导线测量的原理、布设原则与布设方案。

相关知识

一、导线测量原理

导线测量的目的是确定地面点的平面坐标,图3-1所示为一条投影到高斯平面上的导线,P_1 为已知点,平面坐标为(x_1,y_1),α_0 为已知边的坐标方位角,β_i 为经过方向改化后高斯平面上的各个转折角(左角),D_i 为各边的平面边长,按式(3-1)可推算出各边的坐标方位角 α_i。

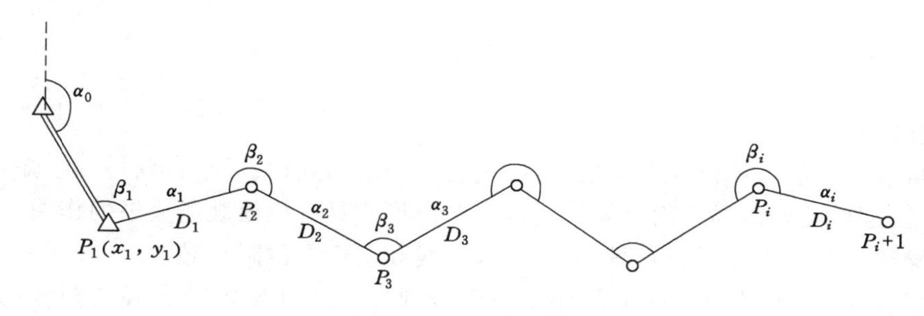

图3-1　导线测量原理

$$\alpha_i = \alpha_0 + \sum_{1}^{i}\beta_i - i \times 180^\circ \tag{3-1}$$

按式(3-1)推算的结果每超过360°时，应减去360°。根据各边的平面边长 D_i 和推算出的各边坐标方位角 α_i，从已知点开始，根据式(3-2)可计算出各个导线点的高斯平面坐标 (x_{i+1}, y_{i+1})。

$$\begin{cases} x_{i+1} = x_1 + \sum_{1}^{i}\Delta x = x_1 + \sum_{1}^{i}D_i\cos\alpha_i \\ y_{i+1} = y_1 + \sum_{1}^{i}\Delta y = y_1 + \sum_{1}^{i}D_i\sin\alpha_i \end{cases} \tag{3-2}$$

这就是导线测量的基本原理。

二、导线测量的特点及布设形式

(一) 导线测量的特点

导线的形状为折线，导线中的边长和各个转折角都是通过实测获得的，在各个导线点上，相邻导线点之间必须通视。

(二) 导线的布设形式

导线的布设形式分为单一导线和导线网。

1. 单一导线

单一导线又分为闭合导线、附合导线和支导线。

(1) 闭合导线

如图3-2所示，导线从已知控制点 B 和已知方向 BA 出发，经过1、2、3、4最后仍回到起点 B，形成一个闭合多边形，这样的导线称为闭合导线。闭合导线本身存在着严密的几何条件，具有检核作用。

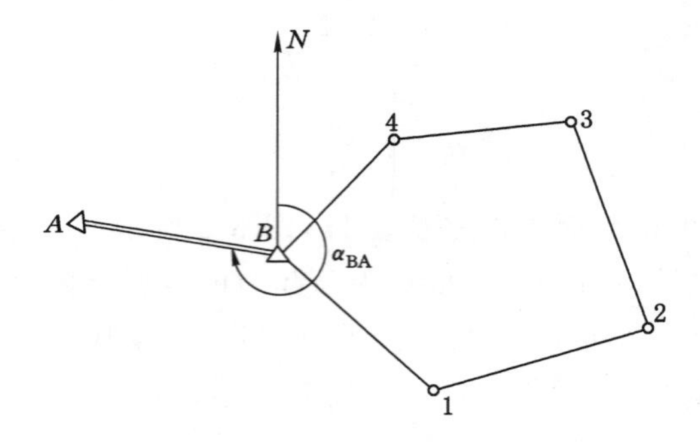

图3-2 闭合导线

(2) 附合导线

导线从已知控制点和已知方向出发，经过若干个未知点，最后附合到另一已知点和(或)已知方向上，这样的导线称为附合导线。这种布设形式具有检核观测成果的作用。

附合导线又分为坐标附合导线、方位附合导线和坐标方位附合导线。

坐标附合导线，如图3-3(a)所示，最后只附合到另一已知点上，方向没有附合；方位附合导线，如图3-3(b)所示，只有方位附合，没有坐标附合；坐标方位附合导线，如图3-3(c)所示，最后坐标、方位都附合到另外已知坐标和方位上。

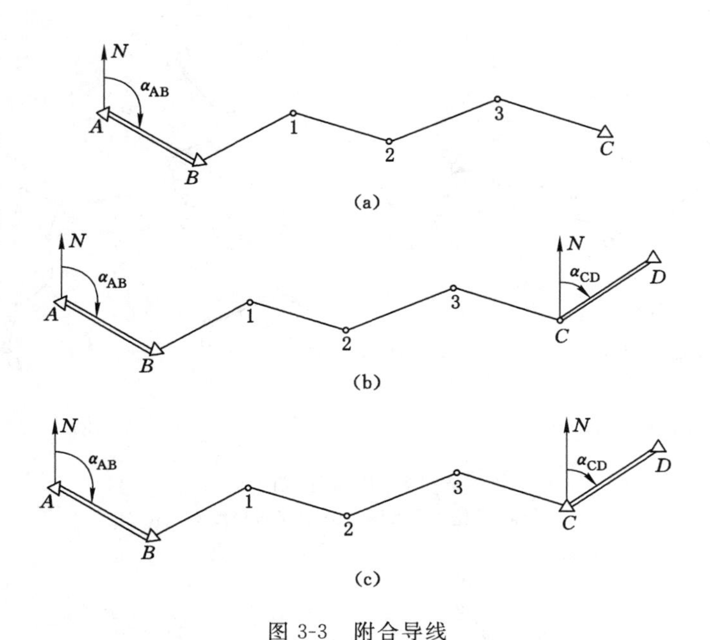

图 3-3　附合导线

(a) 坐标附合导线；(b) 方位附合导线；(c) 坐标方位附合导线

(3) 支导线

支导线是由一已知点和已知方向出发，既不附合到另一已知点，又不回到原起始点的导线，称为支导线。如图 3-4 所示，B 为已知控制点，α_{AB}为已知方向，1、2 为支导线点。支导线无检核条件，一般不宜采用。

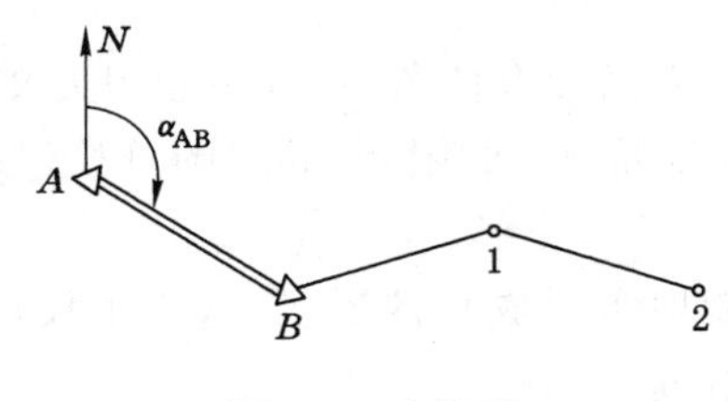

图 3-4　支导线

2. 导线网

由若干条导线交织在一起，形成的一个或多个节点的控制网，称为导线网。导线网分为附合导线网(图 3-5)和自由导线网(图 3-6)，具有附合条件的导线网称为附合导线网；只有一个已知控制点和一个起始方位角的导线网称为自由导线网。自由导线网可靠性较差，在实际工作中应避免单独使用。

导线网中相交的导线点称为结点，只含一个结点的导线网称为单结点导线网，如图 3-5(a)所示；多于一个结点的导线网称为多结点导线网，如图 3-5(b)所示。

三、导线的布设原则

导线的布设原则和三角测量布设原则相同，也是从高级到低级，从整体到局部，逐级控制，依次加密，精度从远期着手，有统一的规格等。按照上述原则进行布设时，还应做到以下几点：

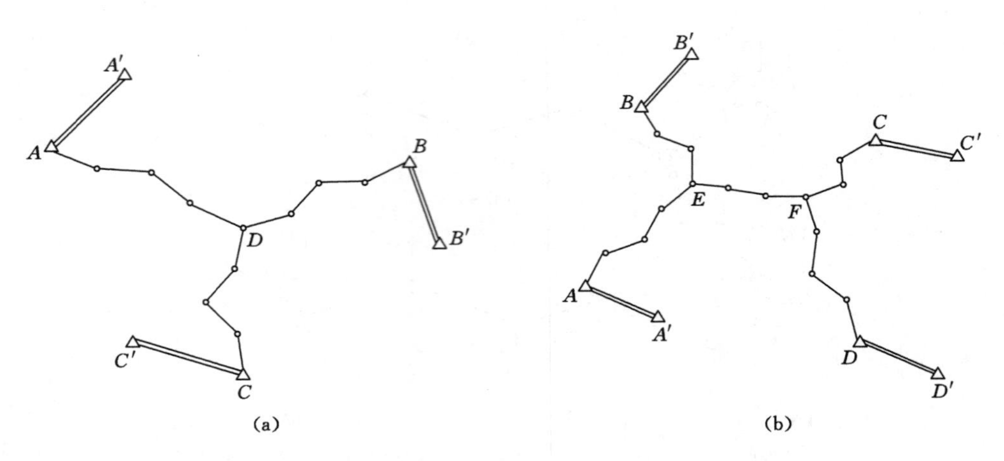

图 3-5 附合导线网

(a) 单结点导线网；(b) 多结点导线网

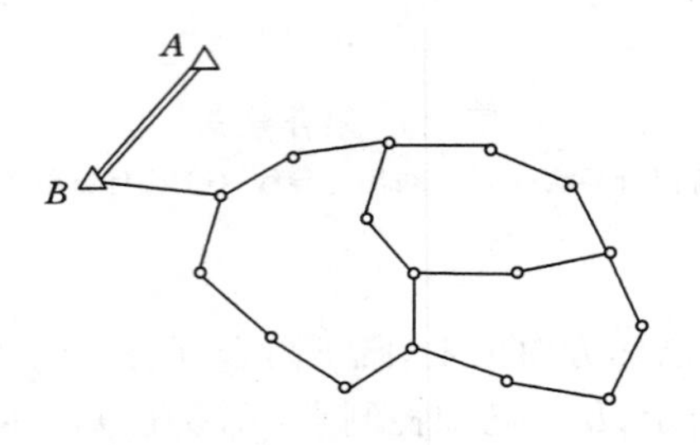

图 3-6 自由导线网

(1) 一、二等导线的两端应有已知方位角控制(一般用天文测量方法测定)，以减少方位角误差或横向误差的积累。因客观条件的限制，导线的总长超过一定限度时，应在导线的中间加测天文方位角。

(2) 导线的形状，应尽可能地布设成直伸形状，这样不仅可以提高导线测量精度，还可以减少导线边数，从而减少工作量。

(3) 对于工程测区的三、四等控制导线，应尽量布设成附合导线。

(4) 在导线总长度一定的情况下，应尽量减少短边布设，因为边长越短，边数就越多，方位角误差或横向误差的积累就越大。

国家精密导线测量的等级分为一、二、三、四 4 个等级。各级导线测角和测边的精度要求，大体与相应等级的三角测量相适应。具体规定见表 3-1。

表 3-1　　一、二、三、四等导线测量的主要技术指标

等级	导线环长/km	导线节长/km	导线边长/km	导线节数	测角误差/(″)	边长测量相对误差
一	1 000～2 000	100～150	10～30	<7	±0.7	<1/250 000
二	500～1 000	100～150	10～30	<7	±1.0	<1/200 000
三		<200	7～20	<20	±1.8	<1/150 000
四		<200	4～15	<20	±2.5	<1/100 000

四、精密导线布设方案

（一）国家一、二等导线布设

国家一、二等导线一般沿主要交通干线布设，纵横交叉构成较大的导线环。若干个相连接的导线环构成导线网，如图 3-7 所示。导线网与一、二等三角锁（网）共同构成了全国整体大地控制网。一等导线的环线周长一般为 1 000～2 000 km。二等导线布设在一等导线（或一等三角锁）环内，两端闭合在一等导线（或一等三角锁）点上，构成附合导线形式。二等导线也应构成互相交叉的导线环，并连接成网。二等导线的环线周长一般为 500～1 000 km。一、二等导线的边长可在 10～30 km 范围内变动。

为了控制方位角误差累积和减少横向误差，对于一、二等导线，每隔 100～150 km 或在一、二等导线交叉处以及与一、二等三角锁（网）的连接处，测定天文经纬度和天文方位角。一、二等导线起始方位角之间的部分，称为导线节。在同一等级的导线网内，两个交叉点之间的若干个导线节称为导线段。如图 3-7 中的“新城—大山”，即为一个导线段。一、二等导线的一个导线节不得多于 7 条边。当地形对测角精度有较大影响时，一个导线节的边数应减少为 4～5 条。

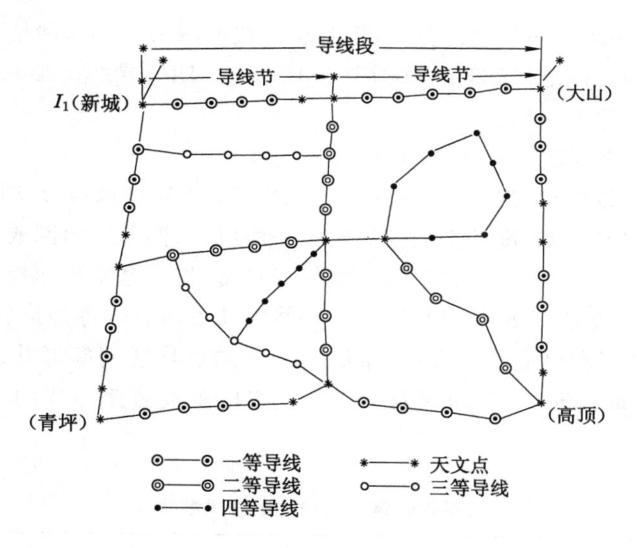

图 3-7 国家一、二等导线布设示意图

为了使导线布设成直伸形状，规定在一、二等导线节中，任意一个导线点到导线起点与终点连接的垂距，不得大于该连线长度的 1/5，导线边对该连线方向的夹角不得大于 40°。

一、二等导线，每隔 3～4 条边应有一个直接高程点。当受地形限制，水准联测确有困难时，允许放宽到每隔 6～7 条边有一个直接高程点，但直接高程点的间隔应在 120 km 以内。

在某些一等三角锁（网）环内的困难地区，布设三角网有困难时，可布设导线代替部分三角网，组成三角导线联合网。图 3-8 即是用三角导线联合网建立的平面控制网。

（二）三、四等导线布设方案

三、四等导线是在一、二等导线网（或三角锁）基础上的进一步加密，应布设成附合导线。单个附合导线总长度的要求是：三等不超过 200 km，四等不超过 150 km。布设三、四等附合导线时，应尽量连成网状以增强导线结构。

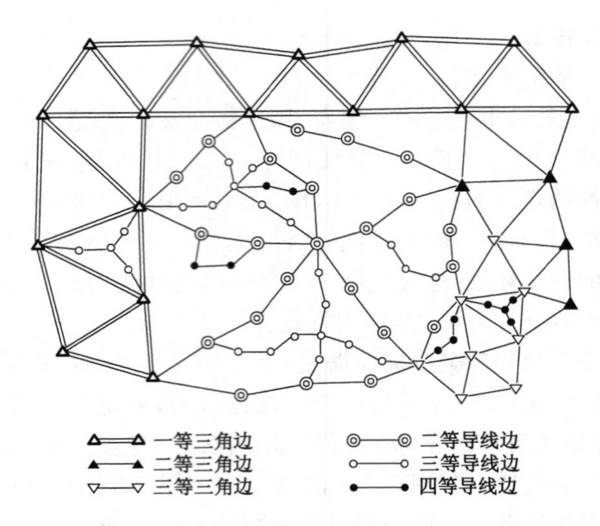

图 3-8　三角导线联合网建立的平面控制网

三、四等导线一般可不布设水准路线，但附合导线的两端点必须都是直接高程点。

《三、四等导线测量规范》(CH/T 2007—2001)对三、四等导线的形状没有作具体规定，但仍应尽量布设成直伸形导线。

五、工程导线布设方案

在城市和工程建设中，根据测绘 1∶5 000～1∶500 大比例尺地形图以及工程建设的要求，需要建立有足够精度和密度的平面控制网。一般以三、四等三角网或相应等级的导线网作为基础布设，再用一、二级小三角或一、二级导线加密，作为基本平面控制网。

《城市测量规范》(CJJ/T 8—2011)规定："导线宜布设成直伸等边形状，相邻边长之比不宜超过 1∶3，其图形可布设成单一导线、单结点或多结点导线网等形状。导线作为首级控制时，宜布设成多边形格网。"三、四等及一、二、三级电磁波测距导线的主要技术要求见表 3-2。

表 3-2　　电磁波测距导线的主要技术要求

等级	附合导线长度/km	平均边长/m	每边测距中误差/mm	测角中误差/(″)	导线全长相对闭合差
三等	15	3 000	±18	±1.5	1/60 000
四等	10	1 600	±18	±2.5	1/40 000
一级	3.6	300	±15	±5	1/14 000
二级	2.4	200	±15	±8	1/10 000
三级	1.5	120	±15	±12	1/6 000

六、导线测量作业程序和方法

导线测量属于平面控制测量的一种布网形式，所以导线测量作业和三角测量作业在程序和方法上有许多相似之处。但导线测量有其本身的特点，在作业内容和要求上又不同于三角测量。

导线测量工作开始前，也应根据任务要求，收集分析有关测量资料，进行必要的实地踏勘，制订经济合理、精度可靠的技术方案，编写设计说明书。

精密导线测量的作业程序和内容大致如下：

技术设计→选点和埋石→边长测量→水平角观测→高程测量→外业成果的概算→内业平差计算→技术总结。

任务实施

学习了解导线测量的基本原理；导线的布设形式；理解导线的布设原则及布设方案。

任务二 精密导线测量外业

【知识要点】 选点埋石；边长测量；角度测量；三联脚架法导线测量。

【技能目标】 能够用三联脚架法进行导线测量。

任务导入

导线测量的目的是确定地面点的平面坐标，计算点的坐标需要起始数据和观测数据，起始数据是已知数据，观测数据是经过导线外业观测所获得的数据。

任务分析

导线测量外业工作主要包括选点埋石、角度测量和距离测量。根据导线测量的任务要求，按照角度测量和距离测量的技术规范及观测方法进行导线外业观测，以获取计算控制点平面坐标的野外观测数据。

相关知识

一、选点和埋石

导线测量的选点和埋石的基本方法与三角测量大致相同，这里不再赘述。由于导线边长是用电磁波测距仪测定的，选定导线边时应注意以下几点：

(1) 导线边沿线的地形必须适合电磁波测距。测线避免通过发热体，避免视线背后部分有反光物体，避开大城镇、大湖泊、大河流等不利地形。

(2) 选定导线边时，应注意在两端点测量的气象数据对于整个测线有较好的代表性。

(3) 导线边所通过的地区，不应该产生明显的水平折光的影响，应避免水平角观测中的系统误差。

(4) 测站应避开受电磁场干扰的地方，一般要求避开高压线 5 m 以外。

(5) 当测距边采用三角高程测定的高差进行倾斜改正时，其往返测高差较差 $\delta_h \leqslant 0.1S$ (m)(式中 S 是以 km 为以单位的导线边长)，否则，该导线边两端点的高程必须用水准测量方法测定。这是因为，把导线边的倾斜距离化为水平距离时，导线两边端点的高差越大，要求两端点高程的精度越高，只有这样，才能保证边长化算精度。

二、边长测量

各等级导线的边长，均使用相应精度的测距仪或全站仪测量。测距仪或全站仪在使用

前应进行检验。

电磁波测距仪的精度公式为：

$$m_D = A + BD \tag{3-3}$$

式中，A 为仪器标称精度中的固定误差，mm；B 为仪器标称精度中的比例误差系数，mm/km；D 为测距的长度，km。

当 $D=1$ km 时，则 m_D 为 1 km 的测距中误差。按此指标，《城市测量规范》（CJJ/T8—2011）将测距仪划分为Ⅰ、Ⅱ、Ⅲ级，即Ⅰ级：$m_D \leqslant 5$ mm；Ⅱ级：5 mm$< m_D \leqslant 10$ mm；Ⅲ级：10 mm$< m_D \leqslant 20$ mm。

测距仪根据测程分为：短程测距仪（测程 3 km 以内），中程测距仪（测程 3～15 km），远程测距仪（测程超过 15 km）。

光电测距仪的技术要求，一般根据测边精度的要求和所采用的测距仪的类型进行设计，一般情况下可按下述要求进行测边作业：

（1）一、二、三、四等导线的边长测定相对中误差一般应不低于表 3-3 的要求。

表 3-3　测距主要技术指标

平面控制网等级	测距仪精度等级	观测次数		总测回数	一测回读数较差/mm	单程各测回较差/mm	往返较差
		往	返				
二、三等	Ⅰ	1	1	6	≤5	≤7	$\leqslant 2(a+b \cdot D)$
	Ⅱ			8	≤10	≤15	
四等	Ⅰ	1	1	4～6	≤5	≤7	
	Ⅱ			4～8	≤10	≤15	
一级	Ⅱ	1	—	2	≤10	≤15	
	Ⅲ			4	≤20	≤30	
二、三级	Ⅱ	1	—	1～2	≤10	≤15	
	Ⅲ			2	≤20	≤30	

（2）四等和四等以上的边长测定，应在两个时间段内往返测量，其测回数不少于 4 个，一测回内的读数次数一般为 2～4 次。

（3）四等以下的边长测定，可根据仪器的精度和稳定情况，采取往（前视）返（后视）观测或单程观测，每个单程观测的测回数不少于 2 个，一测回内的读数次数可根据观测过程中读数离散程度和大气透明度作适当增减。

（4）在实际作业过程中，有时因某种条件的限制，需要进行分段测距时，若导线的点数或边数不超出规定，可以把中间点作为一个导线点来处理，不必当作分段观测的中间点处理。

（5）测距应在大气稳定和成像清晰的条件下进行，气象数据的测定应符合表 3-4 中的要求。

三、水平角观测

导线点上一般有两个观测方向，各导线点的水平角均按左、右角观测，即在总测回数中，以奇数测回和偶数测回（各为总测回数的一半）分别观测导线前进方向的左角和右角。观测右角时，仍以左角的起始方向为准变换度盘位置。

表 3-4　气象数据的测定要求

导线等级	最小读数		测定的时间间隔	气象数据的取用
	温度/℃	气压/Pa		
二、三、四	0.2	50(或 0.5 mmHg)	一测站同时段观测的始末	测边两端平均值
一级	0.5	100(或 1 mmHg)	每边测定一次	观测一端的数据
二、三级	0.5	100(或 1 mmHg)	一时段始末各测定一次	取平均值作为各边测量的气象数据

当导线点上的观测方向数多于 2 时，三、四等导线采用方向观测法。各等级导线测量水平角观测的技术要求见表 3-5。

表 3-5　水平角观测的技术要求

导线等级	测角中误差	测回数			方位角闭合差/(″)
		DJ_1	DJ_2	DJ_6	
三	1.5	8	12		$3\sqrt{n}$
四	2.5	4	6		$5\sqrt{n}$
一级	5		2	4	$10\sqrt{n}$
二级	8		1	3	$16\sqrt{n}$
三级	12		1	2	$24\sqrt{n}$

水平角观测限差见表 2-10。

观测中使用的观测度盘起始位置变换表见表 3-6。

表 3-6　水平角观测度盘位置表

等级	三等		四等	
仪器	J_1	J_2	J_1	J_2
测回数	8/(° ′ ″)	12/(° ′ ″)	4/(° ′ ″)	6/(° ′ ″)
1	0 00 04	0 00 25	0 00 08	0 00 50
2	22 34 11	15 11 15	45 04 22	30 12 30
3	45 08 19	30 22 05	90 08 38	60 24 10
4	67 42 26	45 32 55	135 12 52	90 35 50
5	90 16 34	60 43 45		120 47 30
6	112 50 41	75 54 35		150 59 10
7	135 24 49	90 05 25		
8	157 58 56	105 16 15		
9		120 27 05		
10		135 37 55		
11		150 48 45		
12		165 59 35		

在导线测量水平角观测过程中，其照准标志、观测程序、注意事项、限差规定等均与三角测量相同。但在导线点上，水平角观测结束时，应将左、右角分别取中数，按式(3-4)计算测站圆周角闭合差Δ，所计算的Δ，应不超过表3-7所列的数值。

$$\Delta = [左角]_{中} + [右角]_{中} - 360° \tag{3-4}$$

表 3-7 **$\Delta_{限}$ 差值**

导线等级	一	二	三	四
$\Delta_{限}$	±1.5″	±2.0″	±3.0″	±5.0″

归心改正和归心元素的测定与三角测量相同。

四、垂直角观测

为了求得导线点的高程和斜距换算平距，需测定导线点间的高差。为此目的，在各导线点上，均应观测至相邻导线点垂直角δ。垂直角的观测方法、各项限差以及高差计算方法等，均与三角高程测量相同。

导线依三角高程测量方法传递高程时，不像三角锁(网)那样有足够的多余观测量。为此，外业中要及时检查垂直角观测结果中有无粗差。同一导线边对向观测垂直角之和($\delta''_{12}+\delta''_{21}$)应按下式在野外及时进行检查：

$$\delta''_{12} + \delta''_{21} = \frac{\rho''}{D}[(v_1 + v_2) - (i_1 + i_2)] - 2\rho'' C \times D \tag{3-5}$$

式中，D为导线边的斜距，m；v_1、v_2、i_1、i_2为分别为两导线点的目标高和仪器高，m；$C=\frac{1-K}{2R}$为地球弯曲差及折光差改正的系数，即球气差系数，应采用作业区域已知球气差系数的平均值，C值计算方法参考三角高程测量的有关章节。

由实际观测得到的对向观测垂直角之和($\delta''_{12}+\delta''_{21}$)与按式(3-5)式算得的($\delta''_{12}+\delta''_{21}$)之差，一般应在$1.0''\times D$(km)之内，如果超出较少，可能是由于垂直折光的影响；如果超出较多，应检查垂直角观测值和目标高、仪器高量取是否有粗差。垂直角测量技术指标见表3-8，光电导线测量手簿见表3-9。

表 3-8 **垂直角观测方法和测回数**

测回数方法 \ 精度	5″～10″	10″～30″		30″以上
	DJ_2	DJ_2	DJ_6	DJ_6
对向观测中丝法	2	1	2	1
单向观测中丝法	3	2	3	2

五、三联脚架法导线测量

在城市和工程导线测量中，一般采用所谓三联脚架法进行导线测量。三联脚架法的具体做法是：在导线观测时用三个脚架，如图3-9所示，在A、C点架设反射镜，在B点上架设全站仪，在完成B点的水平角、边长和垂直角观测后，将A点的反射镜和脚架迁移至D点，B点和C点的脚架和仪器的基座不动，只将全站仪和反射镜对调。如此转换推进，从而每点只进行一次架设脚架和对中工作。

表 3-9

光电测距导线测量手簿

天气：________仪器型号：________观测者：________日期：________成像：________记录者：________时间：________

仪站	镜站		度盘	水平角观测						竖直角观测						显示的斜距						中误差	气温		气压		备注
仪高	觇高	镜数	位置	第一测回			第二测回			第一测回			第二测回			第一次瞄准			第二次瞄准				编号	温度	编号	气压	
				° ′	° ′		″	° ′		″	° ′		″	° ′		读数		光强	读数		光强						
			左		1			1			1			1		1			1								
					2			2			2			2		2			2								
																3			3								
			右		1			1			1			1		4			4								
					2			2			2			2		5			5								
			左		1			1			1			1		1			1								
					2			2			2			2		2			2								
																3			3								
			右		1			1			1			1		4			4								
					2			2			2			2		5			5								

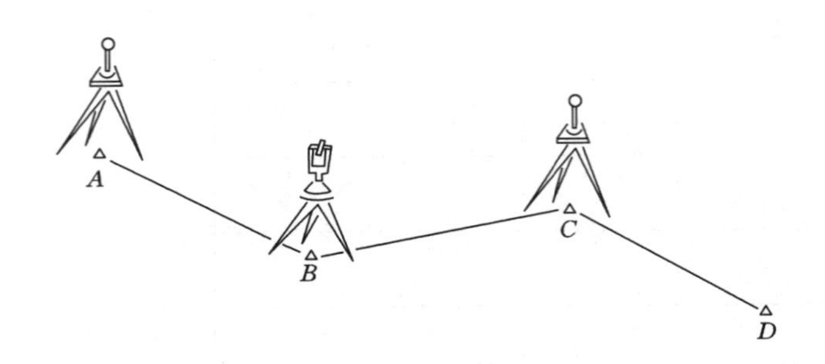

图 3-9 三联脚架法测导线

三联脚架法的优点是：

（1）减少了脚架对中次数，减少整平工作量。同时由于在一点多次量高，可避免量高的粗差。

（2）由于每点只进行一次对中，因而各点对中误差只对本点有影响，而不会在坐标推导过程中积累传递给其他点。所以对每一个新推出的点来说，在此之前所有经过的点都可以认为是临时过渡点。

不少生产单位的实践证明，三联脚架法确实可以大大提高导线测量的精度和效率。

任务实施

根据精密导线边长和角度测量的技术要求，用三联脚架法进行精密导线外业测量工作。

任务三 精密导线测量内业

【知识要点】 导线测量概算；导线测量外业验算；导线测量平差。

【技能目标】 能够进行导线测量概算、导线测量外业验算和导线测量平差。

任务导入

精密导线外业测量结束后，获得了大量的外业观测数据，下面就需要对这些数据进行内业处理，以期获得各导线点的平面坐标。

任务分析

精密导线测量内业工作包括导线测量概算、导线测量外业验算和导线测量平差。导线测量概算是将地面上的观测数据归算至参考椭球面上，再将参考椭球面上的观测数据化算到高斯投影平面上，为内业平差做好数据准备。导线测量外业验算就是对外业观测成果的质量进行全面检核，检查外业观测数据是否符合质量要求。导线测量平差是利用概算提供的数据以及相关的平差软件和计算方法，计算出各导线点的平面坐标并进行精度评定。

相关知识

一、导线测量概算

（一）近似坐标的计算

为了进行方向改化和距离改化，必须计算各导线点的近似坐标。近似坐标用坐标增量计算公式(3-6)逐点进行计算：

$$\begin{cases} x_2 = x_1 + \Delta x_{12} = x_1 + S_{12}\cos\alpha_{12} \\ y_2 = y_1 + \Delta y_{12} = y_1 + S_{12}\sin\alpha_{12} \end{cases} \tag{3-6}$$

式中，S_{12}为近似边长，m；α_{12}为近似方位角。

（二）方向观测值的改化

导线测量中的方向观测值的归算需要化算到高斯平面上，分两步进行。

1. 将地面上的方向观测值归算至椭球面

将地面上的方向观测值归算至椭球面，需要加入“三差改正”，即垂线偏差改正、标高差改正和截面差改正。对于三等及以下的工程平面控制网，由于边改正数很小，无须进行“三差改正”，直接把地面上的方向观测值看作椭球面上的方向观测值。

2. 将椭球面上的方向观测值改化至高斯平面

将椭球面上的方向观测值改化至高斯平面，需要加入“方向改化”，对于三、四导线测量，方向改化的计算公式见下式：

$$\begin{cases} \delta''_{12} = \dfrac{\rho''}{2R^2} y_m (x_1 - x_2) \\ \delta''_{21} = \dfrac{\rho''}{2R^2} y_m (x_2 - x_1) \end{cases} \tag{3-7}$$

式中，R为椭球的平均曲率半径，m；x_1、x_2为近似坐标，m；y_m为y_1、y_2的平均值，m。

（三）边长观测值的改化

1. 测距仪加常数改正

加常数改正公式见下式：

$$D' = D + A \tag{3-8}$$

式中，D'为加常数改正后距离，m；D为观测距离，m；A为测距仪加常数，m。

2. 测距仪乘常数改正

乘常数改正公式为见下式：

$$D'' = D' + D' \times B \tag{3-9}$$

式中，D''为乘常数改正后距离（包含加常数改正），m；D'为加常数改正后距离，m；B为测距仪乘常数。

3. 气象改正

目前所使用的测距仪或全站仪都具有自动计算大气改正的功能，即在距离测量时键入观测时间段的大气温度和气压值，仪器会对观测的距离自动进行气象改正，也就是说，仪器最后测出的距离是经过气象改正后的距离。

4. 斜距换算为平距

如图 3-10 所示，为测站A和棱镜B之间的斜距（经过加常数、乘常数和气象改正后），

将斜距 S 换算为平距 D_p，在不同高程面，平距 D_p 是不同的，这里将斜距 S 换算为 A、B 平均高程面的平距 D_p，A、B 两点的高差为 h。在控制测量中，斜距 S 不超过 10 km，其平距计算按式(3-10)计算。图 3-10 中 R_A 为参考椭球在测距边方向法截弧的曲率半径。

$$D_p = \sqrt{S^2 - h^2} \tag{3-10}$$

5. 平距归算至测区平均高程面

将测区所有的观测平距归算到测区平均高程面上，此时按下式计算：

$$D_H = D_p\left(1 + \frac{H_p - H_m}{R_A}\right) \tag{3-11}$$

式中，D_H 为测区平均高程面上的观测边平距，m；D_p 为观测边两端点平均高程面的平距，m；H_p 为测区平均高程，m；H_m 为测区平均高程，m；R_A 为参考椭球在测距边方向法截弧的曲率半径，m。

6. 平距归算至参考椭球面

如图 3-11 所示，平距归算至参考椭球面上的长度按下式计算：

$$D_T = D_p\left(1 - \frac{H_m + h_m}{R_A + H_m + h_m}\right) \tag{3-12}$$

式中，D_T 为测距边在参考椭球面上的长度，m；h_m 为测区大地水准面高出参考椭球面的高度，m。

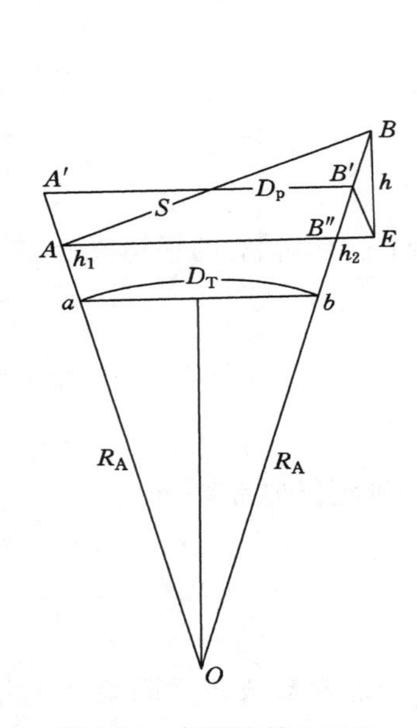

图 3-10　斜距换算为平距

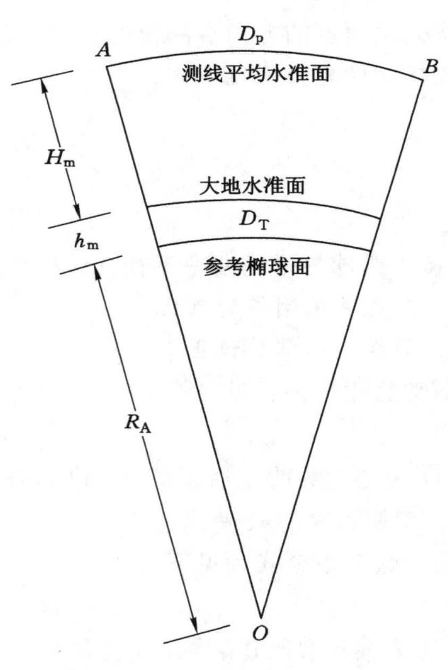

图 3-11　平距归算至参考椭球面

7. 将参考椭球面上的长度归算至高斯平面

将参考椭球面上的长度归算至高斯平面上的长度，按下式计算：

$$D_g = D_T\left(1 + \frac{y_m^2}{2R_m^2} + \frac{\Delta y^2}{24R_m^2}\right) \tag{3-13}$$

式中，D_g 为测距边在高斯平面上的长度，m；y_m 为测距边两端点横坐标的平均值，m；R_m 为

测距边中点的平均曲率半径，m；Δy 为测距边两端点近似横坐标增量，m。

二、导线测量验算

按几何条件检核导线测量成果的质量项目包括：方位角闭合差、导线环内角和闭合差、坐标条件闭合差及导线全长相对闭合差。另外，还可以借助测角中误差的估算来评判导线网观测的质量。

（一）角度闭合差检验

1. 方位角闭合差检验

方位角闭合差计算见下式：

$$W_\alpha = \alpha_0 + \sum_{i=1}^{n} \beta_i - n \cdot 180° - \alpha_n \tag{3-14}$$

各等级导线方位角闭合差应符合表 3-5 规定的技术要求。

2. 导线环内角和检验

导线环内角和闭合差计算公式见下式：

$$W_\beta = \sum_{i=1}^{n} \beta_i - (n-2) \cdot 180° \tag{3-15}$$

各等级导线环内角和闭合差的限差为：

$$W_{限} = 2\sqrt{n} m_\beta \tag{3-16}$$

式中，n 为导线环内角个数；m_β 为等级导线测角中误差。

（二）导线测角中误差检验

1. 按方位角条件闭合差计算测角中误差

当导线节个数较多时（至少要在 10 个以上），可按方位角条件闭合差计算测角中误差。设有 N 个导线节，方位角条件闭合差分别为 $W_{方1}, W_{方2}, W_{方3}, \cdots, W_{方N}$。各个导线节的转折角个数分别为 n_i。

因为 $W_方$ 具有真误差的性质，对 N 个导线节来说，按照由真误差求单位权中误差的公式得：

$$m_\beta = \pm\sqrt{\frac{1}{N}\left[\frac{W_方 W_方}{n+2}\right]} \tag{3-17}$$

2. 按环形条件闭合差计算测角中误差

当导线构成闭合环时，设环形条件闭合差的权为 $W_环$，则有：

$$m_\beta = \pm\sqrt{\frac{1}{N}\left[\frac{W_环 W_环}{n}\right]} \tag{3-18}$$

式中，N 为闭合环的个数；n 为闭合环中的转折角个数。

3. 按方位角条件闭合差和环形条件闭合差计算测角中误差

当导线有 N 个方位角条件、N' 个环行条件，当它们互相独立时，可将式(3-17)和式(3-18)合并，即为计算测角中误差的公式：

$$m_\beta = \pm\sqrt{\frac{1}{N+N'}\left[\frac{W_方 W_方}{n+2} + \frac{W_环 W_环}{n}\right]} \tag{3-19}$$

式(3-19)即是目前作业中常用的公式，方位角条件和闭合环条件通常是不独立的。因此，该式是个近似公式。

4. 按每个测站"左角"和"右角"的圆周条件闭合差计算测角中误差

导线点上水平观测时，按式(3-4)计算每个测站的Δ，其值应满足表3-7规定的要求。

因Δ具有真误差的性质，则测角中误差为：

$$m_{\beta}=\pm\sqrt{\frac{[\Delta\Delta]}{2n}} \tag{3-20}$$

式中，n为Δ的个数。

（三）导线测边中误差检验

1. 测距边单位权中误差

$$\mu=\pm\sqrt{\frac{[Pdd]}{2n}} \tag{3-21}$$

式中，$P=\frac{1}{\sigma_D^2}$，σ_D为测距的先验中误差，可按测距仪的标称精度计算；μ为单位权中误差；d为各边往、返距离的较差，mm；n为测距边数。

2. 任一边的实际测距中误差

$$m_{Di}=\pm\mu\sqrt{\frac{1}{P_i}} \tag{3-22}$$

式中，m_{Di}为第i边的实际测距中误差，mm；P_i为第i边的测距先验权。

3. 平均测距中误差

当网中的边长相差不大时，平均测距中误差为：

$$m_D=\pm\sqrt{\frac{[dd]}{2n}} \tag{3-23}$$

式中，m_D为平均测距中误差，mm。

（四）导线全长相对闭合差检验

导线全长相对闭合差检验的做法是：先算出纵横坐标闭合差W_x、W_y，然后算出导线全长绝对闭合差W_D：

$$W_D=\sqrt{W_x^2+W_y^2} \tag{3-24}$$

再以下式算出导线全长相对闭合差f：

$$f=\frac{W_D}{\sum D}=\frac{1}{T} \tag{3-25}$$

式中，D为各导线边长，mm；T为分母化为整数。

导线测量全长相对闭合差的限值见表3-2。

对于环状导线，也可按照与附合导线相同的方法进行检验。

三、导线测量平差计算

一级及以上等级的导线网平差计算，应采用严密平差；二、三级导线网，可根据需要采用严密平差或简易平差。当采用简易平差时，应以平差后坐标反算的角度和边长作为成果。

导线测量平差计算是用平面控制网平差软件进行，目前较常用的平差软件有PA2005、NASEW2003和COSA等。

内业平差计算数字取值应符合表3-10规定的要求。

表 3-10　　内业计算中数字取值精度的要求

等级	观测方向值及各项修正数/(″)	边长观测值及各项修正数/mm	边长与坐标/mm	方位角/(″)
二等	0.01	0.000 1	0.001	0.01
三、四等	0.1	0.001	0.001	0.1
一级及以下	1	0.001	0.001	1

注：导线测量内业计算中数字取值精度不受二等取值精度的限制。

任务实施

以导线网质量检验为例进行任务实施。图 3-12 为一个城市四等导线网，该网有两个闭合环，一个附合路线。图 3-12 中带箭头的线表示闭合差计算时的进行方向或绕行方向。环线闭合差的计算一般从某导线结点开始，闭合环绕行线的画法应能表示计算起点，例如图中②号环是从刘楼点开始计算的。各闭合差和限差计算出后标示在图上。

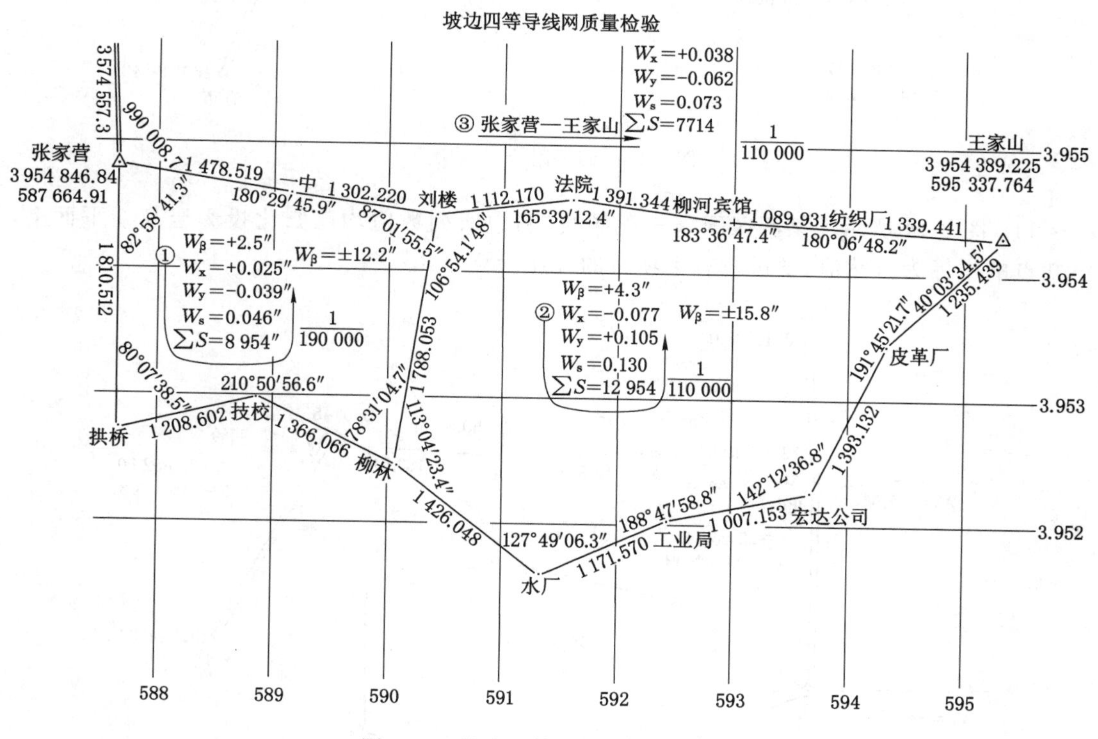

图 3-12　坡边四等导线网质量检验

思考与练习

1. 导线的布设形式有哪些？
2. 导线的布设原则是什么？
3. 精密导线测量的作业程序和内容有哪些？

4. 导线测量外业工作主要有哪些？

5. 简述三联脚架法导线测量操作方法。

6. 三联脚架法导线测量的优点是什么？

7. 导线测量概算的目的是什么？

8. 导线测量验算的目的是什么？

9. 导线测量验算的主要内容有哪些？

10. 图 3-13 所示为一条国家四等附合导线，图中各观测元素均经过归化投影至高斯平面上，已知点的坐标为自然值，试进行有关项目的外业验算。

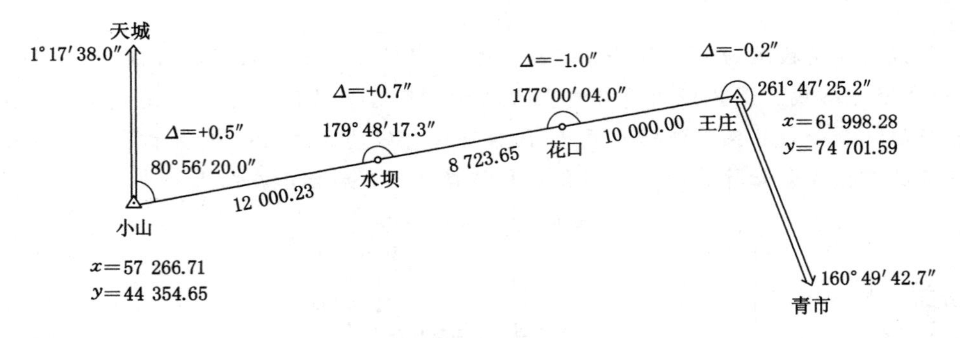

图 3-13 四等附合导线验算

11. 图 3-14 所示为某测区国家三等导线，图中所列数值均已归化投影至高斯平面上，已知点的坐标为自然值，试进行有关项目的外业验算。

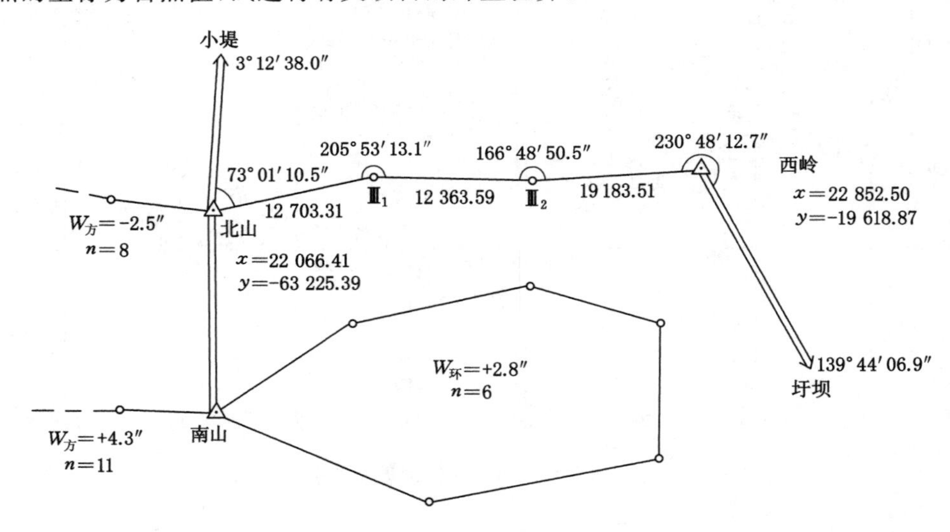

图 3-14 三等导线验算

项目四 精密水准测量与三角高程测量

任务一 国家高程基准和水准原点

【知识要点】 高程基准;水准原点。

【技能目标】 能够理解高程基准面、水准原点的概念。

任务导入

为了测定全国各地地面点的高程,比较其高低,应建立全国统一的高程控制网,而建立全国统一的高程控制网。必须选择一个统一的高程起算面(高程基准面)和统一的高程起始点(水准原点)。

任务分析

建立国家统一的高程控制网,必须首先解决两个基本问题,即选择高程系统和建立水准原点。高程系统是确定地面点高程的统一基准面,作为计算地面点高程的起算点。水准原点则是通过国家高程控制网传递高程的统一起始点。

相关知识

一、高程基准面

地球的自然表面,海洋面积约占71%,陆地面积约占29%,可以认为地球是被海水包围的球体。由于受潮汐、风力的影响,海水面不会完全静止,潮起潮落,时高时低。可以在海洋近岸选一点,在该点处竖立水位标尺,成年累月观测海水面的水位升降,根据观测的结果求出该点处海水面的平均位置,即该点的平均海水面。把平均海水面向大陆内部无限延伸形成一个闭合的曲面,称为大地水准面,大地水准面所包围的形体,称大地体。大地体是最接近地球形状的形体,因此把大地水准面作为高程基准面。

长期观测海水面水位升降的工作称为验潮,进行这项工作的场所称为验潮站。

根据各地的验潮结果表明,不同地点的平均海水面之间存在着差异。因此,对于一个国家来说,只能根据一个验潮站所求得的平均海水面作为全国高程的统一起算面——高程基准面。

1956年,我国根据基本验潮站应具备的条件,对坎门、吴淞口、青岛和大连等验潮站进行了实地调查与分析,认为青岛验潮站位置适中,地处我国海岸线的中部,而且青岛验潮站所在港口是具有代表性的规律性半日潮港，并避开了江河入海口，外海海面开阔，无密集岛屿和浅滩，海底平坦，水深在 10 m 以上等有利条件。因此，1957 年确定青岛验潮站为我国基本验潮站，验潮井建在地质结构稳定的花岗石基岩上，以该站 1950～1956 年 7 年间的验潮资料推求的平均海水面作为我国的高程基准面。以此基准面作为我国高程统一起算面的高程系统称为“1956 年黄海高程系统”。

黄海高程系统的确立，对统一全国高程有其重要的历史意义，对国防和经济建设、科学研究等方面都起了重要的作用。但从潮汐变化周期来看，确立“1956 年黄海高程系统”的平均海水面所采用的验潮资料时间较短，还不到潮汐变化的一个周期(一个周期一般为 18.61 年)，同时又发现验潮资料中含有粗差，因此有必要重新确定新的国家高程基准。

新的国家高程基准面是根据青岛验潮站 1952～1979 年间 19 年验潮资料计算确定，以此基准面作为全国高程的统一起算面，称为“1985 国家高程基准”。

二、水准原点

为了长期、牢固地表示出高程基准面的位置，作为传递高程的起算点，必须建立稳固的水准原点，用精密水准测量方法将它与验潮站的水准标尺进行联测，以高程基准面为零推求水准原点的高程，以此高程作为全国各地推算高程的依据。在“1956 年黄海高程系统”中，我国水准原点的高程为72.289 m。在“1985 国家高程基准”系统中，水准原点的高程为72.260 m。“1985 国家高程基准”求出的黄海平均海水面比“1956 年黄海高程系统”求出的黄海平均海水面高 29 mm。

我国的水准原点网建于青岛附近，其网点设置在地壳稳定、质地坚硬的花岗岩基岩上。水准原点网由主点(水准原点)、参考点和附点共 6 个点组成。水准原点位于观象山上，建于 1955 年，水准原点的标石构造如图 4-1 所示。

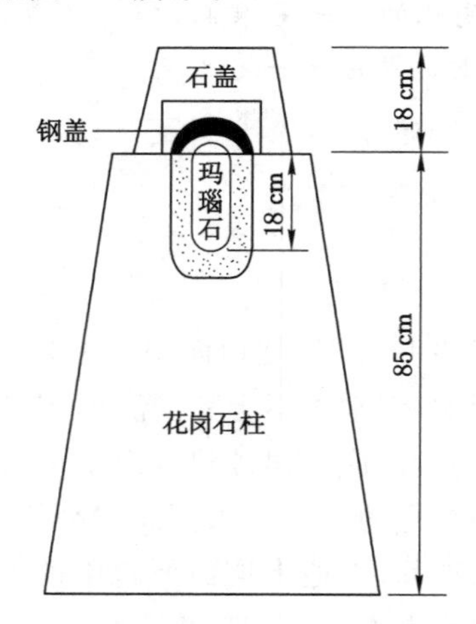

图 4-1　水准原点

“1985 国家高程基准”从 1988 年 1 月 1 日开始启用，以后凡涉及高程基准时，一律由原来的“1956 年黄海高程系统”改用“1985 国家高程基准”。

新布测的国家一等水准网点是以“1985 国家高程基准”起算的。今后凡进行各等级水准测量、三角高程测量以及各种工程测量，尽可能与新布测的国家一等水准网点联测，使用国家一等水准测量成果作为换算高程的起算值。如不便于联测，可在“1956 年黄海高程系统”的高程值上改正一固定数值，得到以“1985 国家高程基准”为准的高程值。

地面上的点相对于高程基准面的高度，通常称为绝对高程，也称为海拔或标高，简称为高程。例如珠穆朗玛峰高于“1985 国家高程基准”的高程基准面 8 844.43 m，一般称珠穆朗玛峰海拔 8 844.43 m。

任务实施

加深对国家高程基准和水准原点的进一步理解。

任务二　精密水准尺和水准仪

【知识要点】 精密水准尺的构造特点与使用；精密水准仪的构造特点与使用。

【技能目标】 掌握精密水准仪在水准尺上的读数方法。

任务导入

国家高程控制网是用水准测量的方法布设的，按控制等级和施测精度分为一、二、三、四等。国家一、二等水准测量称为精密水准测量，精密水准测量必须使用精密水准仪以及与其配套的精密水准尺，三、四等水准测量使用普通水准仪和普通水准尺。为了保证观测精度，近年来趋向于使用精密水准仪和精密水准尺来进行三等水准测量。

任务分析

在精密水准测量中，借助精密水准仪和精密水准尺来完成水准测量工作。精密水准仪和精密水准尺在结构和读数方法上与普通水准仪和普通水准尺有很大的不同，对精密水准仪和精密水准尺在构造上有了更高的要求，必须满足精密水准测量的技术规定。本任务主要是了解精密水准仪和精密水准尺的构造特点和使用方法，以及仪器各部件的名称及功能。

相关知识

一、精密水准尺和光学精密水准仪

（一）精密水准尺

精密水准尺是线条式精密因瓦合金标尺，如图 4-2 所示。

1. 精密水准尺构造特点

水准标尺是测定高差的长度标准，如果水准标尺的长度有误差，则会对精密水准测量的观测成果带来系统性质的误差影响，为此，对精密水准标尺提出如下要求：

(1) 空气的温度和湿度发生变化时，水准标尺的长度变化极小。

(2) 水准标尺的分划间隔准确，分划的偶然误差和系统误差都很小。

(3) 水准尺分划面笔直，不易发生弯曲和扭转。

(4) 水准标尺的尺身上应附有圆水准器装置，借以使水准尺保持在垂直位置。

(5) 水准标尺底部装有坚固耐磨的金属板，使底部不易磨损。

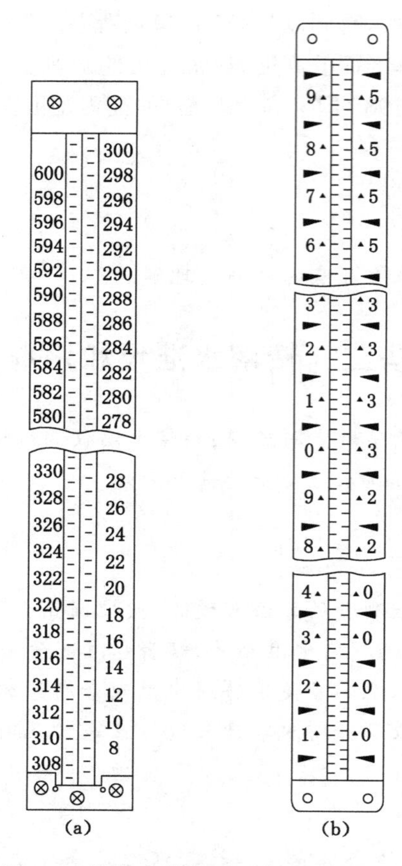

图 4-2　线条式精密因瓦合金水准标尺

(a) 10 mm 分划精密水准标尺；(b) 5 mm 分划精密水准标尺

现在使用的精密水准标尺是用膨胀系数极小的因瓦合金带作分划面，因瓦合金带则以 196 N 的拉力引装在木质尺身的沟槽内。合金带上漆上白色，上有黑色分划线，分划相应的数字注记在木质尺身的左、右两侧。

在精密水准测量作业时，水准标尺应竖立于特制的具有一定重量的尺垫或尺桩上。尺垫和尺桩的形状如图 4-3 所示 。

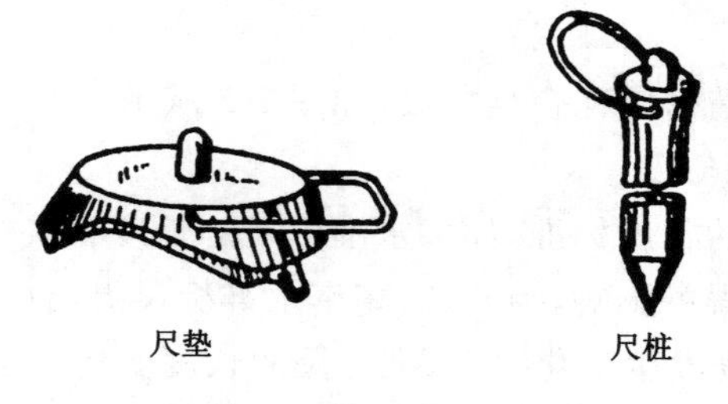

图 4-3　尺垫和尺桩

2. 精密水准尺类型

精密水准标尺的分格值有 10 mm 和 5 mm 两种，均为单面水准尺。

分格值为 10 mm 的精密水准标尺如图 4-2(a)所示。它有左、右两排分划，分划线宽 3 mm。尺面右边分划注记 0～300 cm，称为基本分划；左边分划注记 301.55～601.55 cm，称为辅助分划。两边各相邻分划间隔均为 1 cm，均注记偶数。同一高度的基本分划与辅助分划读数相差一个常数，称为基辅差，又称为尺常数，基辅差为 301.55 cm，水准测量作业时可以用以检查读数的正确性。基本分划某一分划距辅助分划相邻下分划 5.5 mm，相邻上分划 4.5 mm。

分格值为 5 mm 的精密水准尺如图 4-2(b)所示。它也有两排分划，左分划相邻分划和右分划相邻分划相距均为 1 cm，左分划某一分划与右分划相邻分划相距 5 mm。实际上左分划是双数分划，即 0、2、4、6、8、10(cm)；右分划是单数分划，即 1、3、5、7、9(cm)。木质尺面右边注记的是米数，左边注记的是分米数，整个注记 0.1～5.9 m。实际分格值为 5 mm，注记是实际长度的 2 倍。所以用这种水准标尺所测得的高差值必须除以 2 才是实际的高差值。

分格值为 5 mm 的精密水准标尺，也有基辅分划的。基辅差为 606.50 cm。

（二）光学精密水准仪

1. 我国水准仪系列

我国水准仪按精度标准分为 S_{05}、S_1、S_3 和 S_{10} 等系列。S 是汉语拼音“水”字的第一个字母，代表水准仪，下标是仪器的实测精度指标，以实测每千米往、返测高差中数偶然中误差 m_Δ 值表示。例如，S_{05} 系列水准仪的实测精度应为 $m_\Delta \leqslant \pm 0.5$ mm/km。

表 4-1 列出了相关水准测量规范规定的各等水准测量所使用的仪器、精度指标、主要技术指标。其中，S_{05}、S_1 系列为精密水准仪，S_3 和 S_{10} 等系列为普通水准仪。

表 4-1　我国水准仪系列的技术参数

技术参数项目		水准仪系列			
		S_{05}	S_1	S_3	S_{10}
每千米往、返平均高差中误差		≤0.5 mm	≤1 mm	≤3 mm	≤10 mm
望远镜放大率		≥40 倍	≥40 倍	≥30 倍	≥25 倍
望远镜有效孔径		≥60 mm	≥50 mm	≥42 mm	≥35 mm
管状水准器格值		10″/2 mm	10″/2 mm	20″/mm	20″/2 mm
测微器有效量测范围		5 mm	5 mm	—	—
测微器最小分格值		0.05 mm	0.05 mm	—	—
自动安平水准仪补偿性能	补偿范围	±8′	±8′	±8′	±10′
	安平精度	±0.1″	±0.2″	±0.5″	±2″
	安平时间不长于	2 s	2 s	2 s	2 s

2. 精密水准仪的构造特点

精密水准仪在结构上必须具备下列要求：

（1）高质量的望远镜光学系统

为了在望远镜中能够获得水准尺上分划线清晰影像，望远镜必须具有足够的放大倍率和较大的物镜孔径。一般精密水准仪的放大倍率应大于 40 倍，物镜的孔径应大于 50 mm。

(2) 坚固稳定的仪器结构

仪器的结构必须使视准轴与水准轴之间的关系相对稳定，不受外界条件的变化而改变。一般精密水准仪的主要构件均用特殊的合金钢制成，并在仪器上套有起隔热作用的防护罩。

(3) 高精度的测微器装置

精密水准仪必须有光学测微器装置，借以精密测定小于水准尺最小分划间格值的尾数，从而提高在水准尺上的读数精度。一般精密水准仪的光学测微器可以读到0.1 mm，估计到0.01 mm。

(4) 高灵敏的水准器

一般精密水准仪的管水准器的格值为10″/2 mm。由于水准器的灵敏度越高，观测时要使水准气泡迅速居中也就越困难，为此，在精密水准器上必须有倾斜螺旋(又称微倾螺旋)的装置，借以使视准轴与水准轴同时产生微量变化，使水准气泡较为容易地精确居中，达到视准轴的精确整平。

(5) 高性能的补偿器装置

对于自动安平水准仪，补偿元件的质量以及补偿器装置的精密度，都能影响补偿器性能的可靠性。如果补偿器不能给出正确的补偿量，或是补偿不足，或是补偿过量，都会影响精密水准测量观测成果的精度。

3. 光学精密水准仪简介

(1) 瑞士威特厂N3

威特N3外形如图4-4所示。望远镜物镜的有效孔径为50 mm，放大倍率为40倍，管状水准器格值为10″/2 mm。N_3精密水准仪与分格值为10 mm的精密因瓦水准标尺配套使用，标尺的基辅差为301.55 cm。在望远镜目镜的左边上、下有两个小目镜，它们是符合气泡观察目镜和测微器读数目镜。

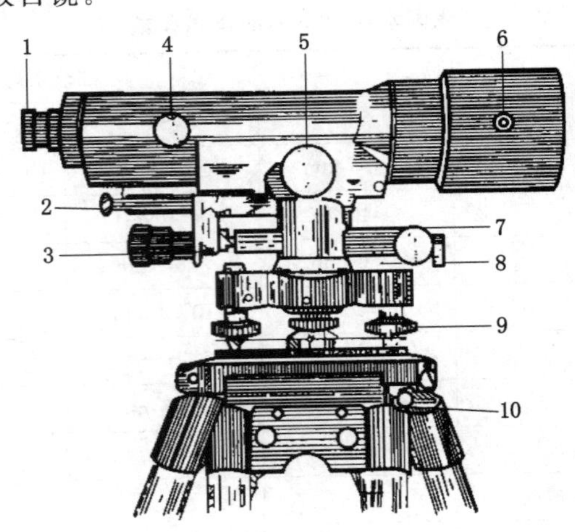

图4-4 威特N3水准仪

1——望远镜目镜；2——照亮水准气泡反光镜；3——微倾螺旋；4——调焦螺旋；5——测微螺旋；6——平行玻璃板旋转轴；7——水平微动螺旋；8——水平制动螺旋；9——脚螺旋；10——脚架

在此主要介绍一下N3水准仪测微器装置及读数方法，如图4-5所示。

图4-5是N3水准仪的光学测微器的测微工作原理示意图。由图可见，光学测微器由平行玻璃板、测微器分划尺、传动杆和测微螺旋等部件组成。平行玻璃板传动杆与测微分划尺

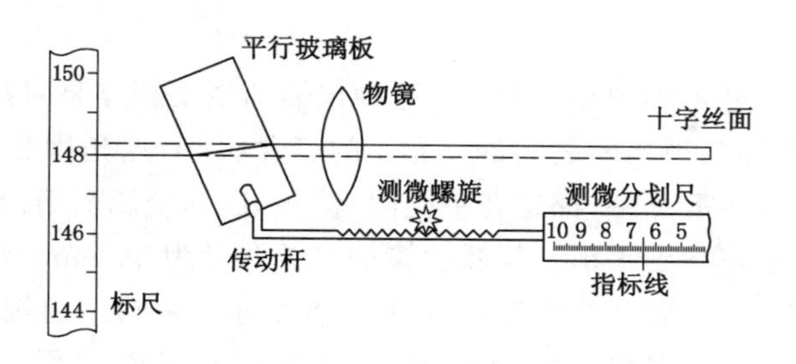

图 4-5 N3 水准仪的测微器装置

相连。测微分划尺上有 100 个分格，它与 10 mm 相对应，即每分格为 0.1 mm，可估读至 0.01 mm。在十大格较长分划线上注记数字，每两长分划线间的格值代表 1 mm，共 10 mm。

在图 4-5 中，当平行玻璃板与水平视线正交时，测微分划尺上初始读数为 5 mm。转动测微螺旋时，传动杆就带动平行玻璃板相对于物镜做前俯后仰，并同时带动测微分划尺做相应的移动。平行玻璃板做前俯后仰时，水平视线就会向上或向下做平行移动。若逆转测微螺旋，平行玻璃板前俯，使测微分划尺移至 10 mm 处，则水平视线向下平移 5 mm；反之，顺转测微螺旋，平行玻璃板后仰，使测微分划尺移至 0 mm 处，则水平视线向上平移 5 mm。

如图 4-5 所示，当平行玻璃板与水平视线正交时，水准标尺上读数应为 a，a 在两相邻分划尺 148～149 之间，此时测微分划上读数为 5 mm，而不是 0 mm。转动测微螺旋，平行玻璃板做前俯，使水平视线向下平移与就近的 148 分划重合，这时测微分划尺上的读数为 6.50 mm，而水平视线的平移量应为 6.50 mm－5 mm，最后读数 a 为：

$$a=148\ \text{cm}+6.50\ \text{mm}-5\ \text{mm}$$

即

$$a=148.650\ \text{cm}-5\ \text{mm}$$

由上述可知，每次读数中应减去常数（初始读数）5 mm，但因在水准测量中计算高差时能自动抵消这个常数，所以在水准测量作业时，读数、记录、计算过程中都可以不考虑这个常数。但在单向读数时就必须减去这个初始读数。

【例 4-1】 如图 4-6 所示，转动倾斜螺旋，使符合气泡观察目镜的水准气泡两端符合，则视线精确水平，此时可转动测微螺旋使望远镜目镜中看到的楔形丝夹水准标尺上的 148 分划线，也就是使 148 分划线平分楔角，再在测微器目镜中读出测微器读数 653（即 6.53 mm），故水平视线在水准标尺上的全部读数为 148.653 cm。

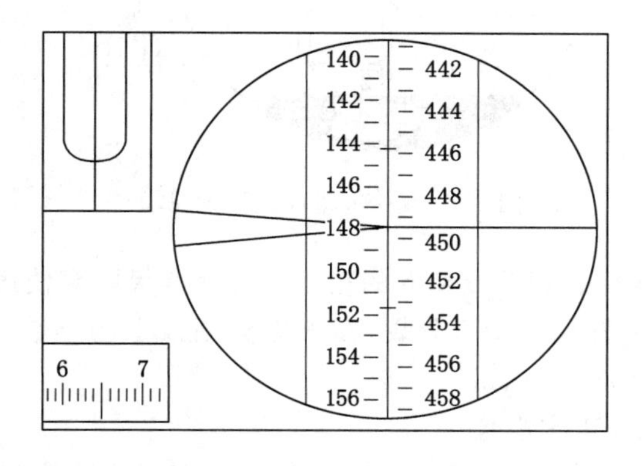

图 4-6 N3 水准仪读数方法

(2) 德国蔡司厂 Ni004

德国蔡司厂 Ni004 外形如图 4-7 所示。这种仪器的主要特点是对热的影响感应小。当外界温度变化时，水准轴与视准轴之间的交角 i 的变化很小，这是因为望远镜、管状水准器和平行玻璃板的倾斜设备等部件，都装在一个附有绝热层的金属套筒内，这样就保证了水准仪上这些部件的温度迅速达到平衡。仪器物镜的有效孔径为 56 mm，望远镜放大倍率为 44 倍，望远镜目镜视场内有左、右两组楔形丝，如图 4-8 所示。右边一组楔形丝的交角较小，在视距较远时使用；左边一组楔形丝的交角较大，在视距较近时使用。管状水准器格值为 10″/2 mm。转动测微螺旋可使水平视线在 5 mm 范围内平移，测微器的分划鼓直接与测微螺旋相连(图 4-8)，通过放大镜在测微鼓上进行读数，测微鼓上刻有 100 个分格，所以测微鼓最小格值为 0.05 mm。从望远镜目镜视场中所看到的影像如图 4-8 所示，视场下部是水准器的符合气泡影像。

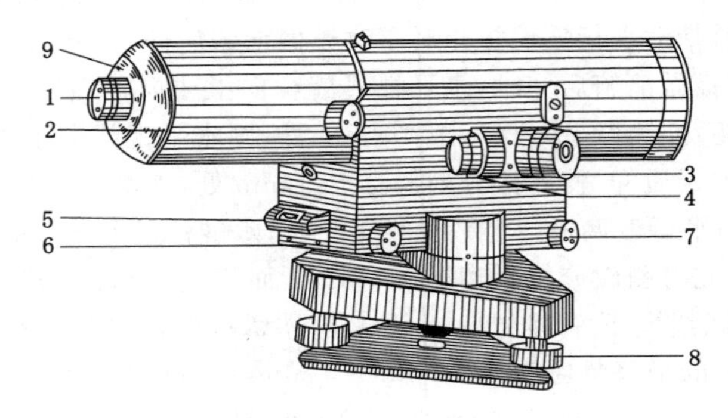

图 4-7　德国蔡司厂 Ni004 水准仪

1——望远镜目镜；2——调焦螺旋；3——测微鼓；4——测微鼓读数放大镜；5——十字水准器；6——微倾螺旋；7——微动螺旋；8——脚螺旋；9——十字丝调整环

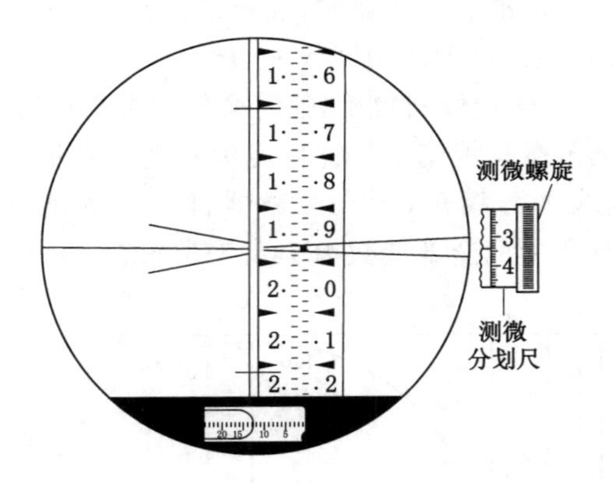

图 4-8　Ni004 望远镜目镜视场

Ni004 精密水准仪与分格值为 5 mm 的精密因瓦水准尺配套使用。在图 4-8 中，使用测微螺旋使契形丝夹准水准标尺上 197 分划，在测微分划鼓上的读数为 340，即 3.40 mm，水准标尺上的全部读数为 197.340 cm

(3) 北京测绘仪器厂 S1 水准仪

北京测绘仪器厂 S1 水准仪其外形如图 4-9 所示。仪器物镜的有效孔径为 50 mm，望远镜放大倍率为 40 倍，管状水准器格值为 10″/2 mm。转动测微螺旋可使水平视线在 5 mm 范围内做平移，测微器分划尺有 100 个分格，故测微器分划尺最小格值为 0.05 mm。

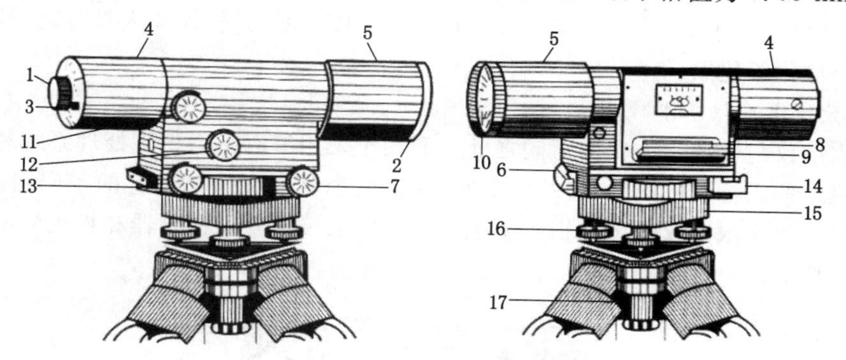

图 4-9　北京测绘仪器厂 S1 水准仪

1——望远镜目镜；2——望远镜物镜；3——测微器读数目镜；4——准星；5——缺口；6——制动螺旋；7——微动螺旋；8—符合水准器；9——水准器反光镜；10——保护玻璃；11——调焦螺旋；12，13——微倾螺旋；14——十字水准器；15——基座；16——脚螺旋；17——中心固定螺旋

望远镜目镜视场中所看到的影像如图 4-10 所示。视场左边是水准器的符合气泡影像，测微器读数显微镜在望远镜目镜的右下方。

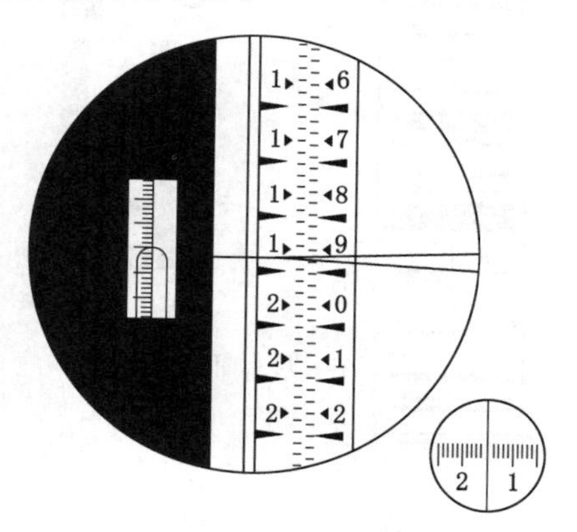

图 4-10　S1 水准仪望远镜目镜视场

北京测绘仪器厂生产的 S1 水准仪与分格值为 5 mm 的精密水准标尺配套使用。

在图 4-10 中，使用测微螺旋使楔形丝夹准 197 分划，在测微器读数显微镜中的读数为 150，即 1.50 mm，水准标尺上全部读数为 19.150 cm。

过去使用的精密水准仪，是借助于符合水准器使视准轴精密地处于水平位置，从而得到水平视线，这种水准仪读数前必须调节微倾螺旋使符合气泡精确符合，这势必会耗费时间，从而影响观测速度，延长每一测站的观测时间，最终将使观测成果的质量降低。目前使用的精密水准仪，装有一种补偿器装置，只需要圆水准器使其概略整平，通过补偿器的补偿作用，就可以得到相当于视线水平时在水准尺上正确读数，这种水准仪称为自动安平水准仪。

二、数字水准仪和条码水准尺

数字水准仪是20世纪90年代发展起来的现代测绘仪器，数字水准仪融电子技术、编码技术、图像处理技术于一体，具有速度快、精度高、操作简便、减轻作业人员劳动强度、易于实现内外业一体化等优点。

（一）数字水准仪基本原理

数字水准仪与传统水准仪的不同之处主要在于采用编码图像识别处理系统和相应的编码图像标尺。编码标尺的图像如图4-11所示，由宽窄不同和间隔不等的条码组成，所以又称条码标尺。数字水准仪的图像识别系统则由光敏二极管阵列探测器和相关的电子数字图像处理系统构成。

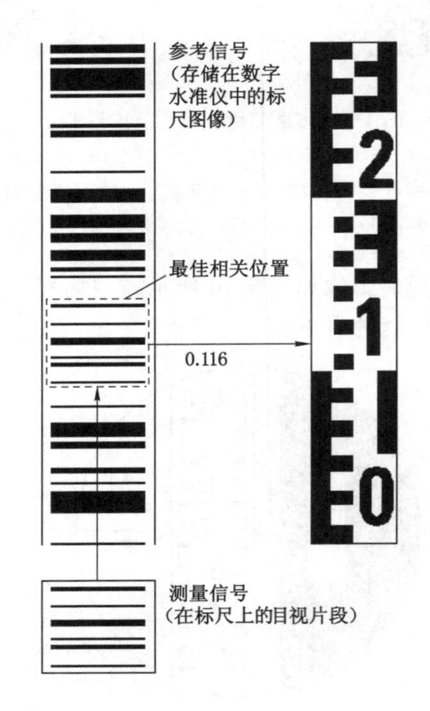

图4-11　编码标尺

当仪器置平并照准条码标尺后，视准线上、下一定范围标尺条码的像经仪器光学系统成像在光敏二极管阵列探测器上，如图4-11的虚线所围部分所示。电子数字图像处理系统将阵列探测器接收到的图像转换成数字视频信号再与仪器内预存的标准代码参考信号进行相关比对，移动测量信号与参考信号最佳符合，从而得到视线在标尺上的位置，经数字化后得到读数。比对上、下丝的视频信号及条码成像的比例，可以得到视距。当视距不同时，标尺条码在仪器内的成像大小不同，需放大或缩小视频图像至恰当的比例才能正确地进行比对。数字水准仪的基本读数原理如图4-12所示。

（二）瑞士徕卡DNA03数字水准仪简介

目前，电子水准仪品牌种类繁多，在此以瑞士徕卡DNA03为例做一简单介绍。

DNA03的外形如图4-13所示。该仪器具有如下特点：

（1）大屏幕的液晶显示屏能将所有重要的测量数据在一个界面上显示出来，并且还能

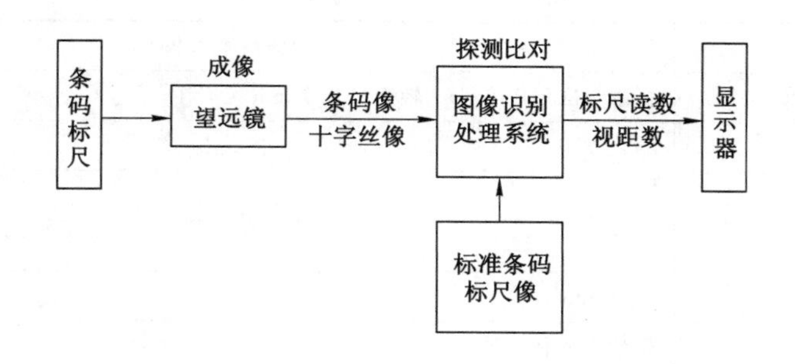

图 4-12　数字水准仪基本原理

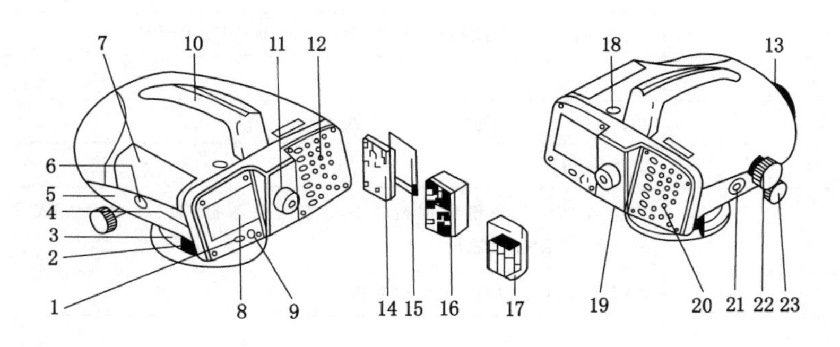

图 4-13　DNA03 的外形

1——开关；2——脚螺旋；3——水平度盘；4——电池盖操作杆；5——电池仓；6——开 PC 卡槽盖按钮；7——PC 卡槽盖；8——显示屏；9——圆水准器；10——带有粗瞄器的提把；11——目镜；12——键盘；13——物镜；14——GBE111 电池(选件)；15——PCMCIA 卡(选件)；16——GEB121 电池(选件)；17——电池适配器；18——圆水准器进光管；19——外部供电的 RS232 接口；20——键盘；21—测量按钮；22——调焦螺旋；23——无限位水平微动螺旋(水平方向)

提示下一步动作。

(2) 数据安全双重保护，自动将测量数据存储在仪器内，还能在测量完成后，把数据存储到一张 PC 卡上。

(3) 操作方便、舒适，采用字母数字式混合键盘和操作方式，操作顺手，效率高。

(4) 与传统水准仪相比，采用徕卡数字水准仪可以节省将近 50%的工作时间。

(5) 测量轻松又准确。

(6) 测量利用徕卡软件可以进行数据交换、参数设置、建立编码表以及更新仪器系统软件。

(7) 数据处理软件功能包括：线路计算、平差以及报表生成。通过数据库对数据和结果进行管理。

(8) Level-Adj 中文水准测量平差软件，可以配合徕卡 DNA03 电子水准仪使用。该软件采用 Access 数据库储存和管理数据，并使用了多文档窗口程序的模式。

DNA03 部分技术参数见表 4-2。

表 4-2　　　　徕卡 DNA03 部分技术参数

型号	技术参数
每千米往、返测高程精度	标准水准尺 1.0 mm，铟钢尺 0.3 mm
望远镜放大倍率	24x
物镜自由孔径	36 mm
孔镜角	2°
圆水准器格值	8′/2 mm
补偿器	磁性阻尼补偿器
补偿范围	±10′
补偿精度	0.3″
测量程序	测量和记录水准仪高程/距离，BF，aBF，BFFB，aBFFB
单次测量时间	3 s
显示屏	液晶，中文 8 行，每行 15 个汉字或 30 个字母
最小读数	0.01 mm
数据记录	内存 6 000 个测量数据或 1 650 组测站数据（BF）/ PCMCIA 卡（ATA-Flash/SRAM）/ RS232 输出
数据格式	GSI8/GSI16/XML/用户定义格式
因瓦标尺长	3 m
仪器尺寸	约 210 mm×240 mm×170 mm
仪器重（含 GEB111 电池）	2.85 kg
工作温度	−20～+50 ℃
贮藏温度	−40～+70 ℃
电源	NiMn 电池/适配 6 节 1.5 V(AA)电池
GEB111/GEB121 使用时间	可供操作 12 h/24 h
测量范围	标准水准尺 1.8～110 m，铟钢尺 1.8～60 m

（三）条码水准尺

条码水准尺分普通条码水准尺和精密条码水准尺。普通条码水准尺有玻璃钢条码尺和金属条码尺。玻璃钢条码尺由膨胀系数小于 10×10^{-6} 的玻璃纤维合成材料制成，其分划形式：一面为黑白相间的二进制条形码，另一面为厘米分划。条形码分划供观测时电子扫描用，厘米分划可以与其他水准仪配套使用。精密条码水准尺采用铟钢条码尺，尺长有 2 m 或 3 m 两种。

使用铟钢 RAB 码水准尺每千米往、返测标准差为±0.3～±0.4 mm。使用玻璃钢 RAB 码水准尺每千米往、返测标准差为±1.0 mm。玻璃钢水准尺反面刻画普通刻度，以方便人工读数。

由于各厂家标尺编码的条码图案各不相同，因此条码标尺一般不能互通使用。当使用传统水准标尺进行测量时，电子水准仪也可以像普通自动安平水准仪一样使用，不过这时的测量精度低于电子测量的精度，特别是精密电子水准仪，由于没有光学测微器，当成普通自动安平水准仪使用时，其精度更低。

任务实施

学习了解精密水准尺和精密水准仪的构造特点及读数原理与方法后，加强精密水准仪读数训练，熟练掌握精密水准仪的读数方法。

任务三　精密水准尺和水准仪的检验与校正

【知识要点】 精密水准尺的检验与校正；精密水准仪的检验与校正。

【技能目标】 掌握精密水准尺和精密水准仪的检验与校正的方法，能够进行常规项目的检验与校正。

任务导入

测量仪器在使用、运输过程中，由于震动、磨损等因素的影响，仪器各部件之间的正确关系可能发生变化；另外，仪器电子元件也会自然老化，导致仪器运行不良，技术指标降低，观测误差增大。为了全面掌握仪器的性能，获得合格的测量成果，在测量任务观测之前按规定对仪器进行检验和校正。

任务分析

精密水准尺的检验项目有：① 标尺的检视；② 标尺上圆水准器的检校；③ 标尺分划面弯曲差的测定；④ 标尺名义长及分划偶然中误差的测定；⑤ 标尺尺带拉力的测定；⑥ 一对水准标尺零点不等差及基辅分划读数差的测定。

精密水准仪的检验项目有：① 水准仪及其附件的检视；② 圆水准器安置正确性的检验和校正；③ 光学测微器效用正确性和分划值的测定；④ 视准轴和水准轴相互关系的检验和校正等。

相关知识

一、精密水准尺的检验与校正

（一）水准标尺各部分是否牢固无损

应检视因瓦合金带与尺身的连接是否牢固，分划面有无磨损，底板有无损坏，尺把是否灵活、可靠，圆水准器是否完好等。

（二）水准标尺上圆水准器安置正确性的检验与校正

装在标尺上的圆水准器的轴应平行于标尺的轴线，只有这样才能利用圆水准器来垂直竖立标尺。

检校方法是：在距水准仪约 50 m 处的尺桩上树立标尺，扶尺者按观测者的指挥，使标尺边缘与望远镜视场中的垂直丝重合，此时标尺圆水准器应居中，否则，用改针调整圆水准器的改正螺丝使气泡居中。再将标尺转动 90°，用同法检校。如此反复进行，直至标尺处于垂直位置时,圆气泡严格居中为止。

（三）水准标尺分划面弯曲差(矢距)的测定

精密水准标尺的分划面如果弯曲,观测标尺读数将偏大,对水准路线的高差造成系统性的误差影响。可以用弯曲差(矢距)来表示标尺分划面是否弯曲。矢距就是标尺分划面中点到分划面两端连线的距离。矢距越大表示分划面弯曲越大。

测定方法是:通过标尺两端引张一细线,由于尺身高出分划带尺,所以测定矢距时,要在标尺分划面的两端及中央分别用尺量取分划面至细线的距离。两端距离中数与中央距离值之差就是标尺分划面的矢距,精密水准标尺矢距小于 4 mm 时,可以使用;大于 4 mm 时,应更换标尺;或应对尺长加以改正。改正公式为:

$$\Delta l = -\frac{8f^2}{3l} \tag{4-1}$$

式中,f 为矢距,mm;l 为标尺长度,mm;Δl 为矢距引起的标尺长度改正数,mm。

【例 4-2】 设标尺名义长度 $l=3$ m,测得 $f=4$ mm,则整尺长改正数 $\Delta l=-0.014$ mm。影响每米分划真长 -0.005 mm。

水准作业期的前、后,以及超过 3 个月作业期的中间,均应测定标尺的矢距。

（四）一对水准标尺分划线每米间隔真长的测定

水准标尺上相距 1 m 的两个分划线之间的真实长度如果不等于它的名义长度,会使观测高差存在系统性的误差影响。高差很大的地区这种误差影响是不能忽视的。为减小这种误差影响,在水准测量作业的前、后要测定水准标尺的平均每米间隔真长误差,作业期超过 3 个月的,中间还应加测一次。每米分划间隔真长的测定,是利用检查尺与水准尺做比较来进行的。这个检查尺就是一级线纹米尺,它是由黄铜锌、铂合金制成,全长 105 cm,尺面两边有 102 cm 的分划尺,一边的分划间隔为 1 mm,另一边分划间隔为 0.2 mm,尺宽约 5 cm。尺梁上装有两个放大镜,它们可以沿尺梁滑动并可以旋转,以便于读数。尺梁中有一凹槽内装有温度计。

对标尺的左、右两排分划线(基本分划、辅助分划)均应检定,每排分划测定时要进行往、返测。每排分划的往、返测各选取标尺上的 3 个米间隔、具体数字是:

基本分划:

往测:0.25～1.25 m,0.85～1.85 m,1.45～2.45 m;

返测:2.75～1.75 m,2.15～1.15 m,1.55～0.55 m。

辅助分划:

往测:0.40～1.40 m,1.00～2.00 m,1.60～2.60 m;

返测:2.90～1.90 m,2.30～1.30 m,1.70～0.70 m。

测定的步骤是:

(1) 往测:两名观测员一左一右相距约 1 m。把检查尺放在被检水准标尺的尺身上,尺上有 0.2 mm 分划的一边放在因瓦带尺上并位于要检定的间隔。两观测员分别用两放大镜读数,读数时以该标尺间隔分划线的下边缘作指标,同时读取检查尺上的分划数,并估读至 0.02 mm。再以该两分划线的上边缘作指标,同时读取检查尺上的读数。两次左、右两端读数差的较差不应大于 0.06 mm,否则应重读。如此依次测定 3 个米间隔,每测定一个间隔,读记温度一次。

(2) 返测:两观测员互换位置,按上述方法测定另 3 个米间隔。

检定的记录及计算见表 4-3。

算出每个米间隔真长后，取左、右分划面往、返测 12 个米间隔测定结果的平均值作为一根标尺的每米间隔真长。它与名义长度之差不应超过±0.10 mm。取两根标尺的米间隔真长平均值作为一对标尺的平均米间隔真长（取至 0.01 mm）。当一对水准标尺米间隔真长的误差绝对值 $|f|>0.02$ mm 时，需在水准测量测的高差中加入尺长改正数。

表 4-3　　水准标尺分划线每米分划间隔真长的测定

标尺：线条式因瓦标尺 No.10686　　观测者：×××

检查尺：一级线纹米尺 No.1120　　记录者：×××

日期：××年××月××日　　检查者：×××

分划面	往返测	标尺分划间隔 /m	温度 /℃	检查尺读数/mm 左端	右端	右－左	中数	检查尺尺长及温度改正 /mm	分划面每米间隔的真长 /mm
基本分划	往测	0.25～1.25	24.7	1.24	1 001.22	999.98	999.97	+0.017	999.987
				4.24	1 004.20	999.96			
		0.85～1.85	24.9	0.48	1 000.46	999.98	999.99	+0.021	1 000.011
				3.48	1 003.48	1 000.00			
		1.45～2.45	24.9	2.38	1 002.40	1 000.02	1 000.02	+0.021	1 000.041
				5.36	1 005.38	1 000.02			
	返测	2.75～1.75	25.0	0.42	1 000.38	999.96	999.97	+0.022	999.992
				3.42	1 003.40	999.98			
		2.15～1.15	25.0	0.72	1 000.68	999.96	999.97	+0.022	999.992
				3.70	1 003.68	999.98			
		1.55～0.55	25.0	0.52	1 000.48	999.96	999.96	+0.022	999.982
				3.52	1 003.48	999.96			
辅助分划	往测	0.40～1.40	25.0	1.30	1 001.28	999.98	999.97	+0.022	999.992
				4.32	1 004.28	999.96			
		1.00～2.00	25.0	1.82	1 001.76	999.94	999.96	+0.022	999.982
				4.80	1 004.78	999.98			
		1.60～2.60	25.0	0.78	1 000.76	999.98	999.99	+0.022	1 000.012
				3.76	1 003.76	1 000.00			
	返测	2.90～1.90	25.0	2.30	1 002.30	1 000.00	999.99	+0.022	1 000.012
				5.26	1 005.24	999.98			
		2.30～1.30	25.0	1.56	1 001.56	1 000.00	999.99	+0.022	1 000.012
				4.54	1 004.52	999.98			
		1.70～0.70	25.0	0.64	1 000.62	999.98	999.99	+0.022	1 000.012
				3.62	1 003.62	1 000.00			
	一根标尺 1 m 间隔的平均真长								1 000.002
$L=(1\,000\ \text{mm}-0.07\ \text{mm})+18.5\ \text{mm}\times10^{-3}(t-20°)$									

(五)一对水准标尺零点差及基、辅分划读数差常数的测定

标尺基本分划的零点应与标尺的底面一致。一根标尺基本分划线的第一分米线到标尺底面的实际距离,如果不等于它的名义长度,两者的差值就称为该标尺的零点差。两根标尺零点差之差,称为一对标尺的零点差。一对标尺存在零点差时,将会使一个测站的观测高差存在零点差的影响。

标尺的基本分划与辅助分划的读数差常数应与其名义值一致,如果实际的差常数与名义值相差过大,就不能用名义值来检验标尺读数的精度。

标尺零点差和读数差常数可以同时测定,方法如下:

在距水准仪 20~30 m 处,打下 3 个木桩,桩上钉以圆帽钉,各桩间的高差约为 20 cm。将两根标尺依次整置在 3 个木桩上,每次整置后,用水准仪对基、辅两排分划照准读数 3 次,为一个测回。一测回不得改变视准轴的位置。如上法共测三测回,测回间变动仪器高。

【例 4-3】 观测记录和计算示例见表 4-4。

按每根标尺分别计算基本分划和辅助分划所有读数的中数,以及所有基、辅分划差的中数。辅助分划读数中数减去基本分划读数中数,应等于基、辅分划读数差的中数,用这个关系检核计算的正确性。

两根标尺基本分划读数中数之差,即为一对标尺的零点差。每根标尺基本分划读数的中数与辅助分划读数中数之差,即为每根标尺基、辅分划读数差常数。

两根标尺读数差常数相差不大时,取两者的平均值差常数。如果一对标尺的读数差常数与名义值之差超过±0.05 mm 时,观测中应该采用实际测得的读数差常数来检核基、辅分划的读数。

表 4-4　一对水准标尺零点差及基、辅分划读数差常数的测定

标尺:线条式因瓦标尺 No. 10686、10687　　观测者:×××

日期:××年××月××日　　记录者:×××

仪器:威特 No. 352888　　检查者:×××

测回	桩号	No. 10686 标尺读数/mm			No. 10687 标尺读数/mm		
		基本分划	辅助分划	基、辅读数差	基本分划	辅助分划	基、辅读数差
I	1	099 3.40	400 8.75	301 5.35	099 3.46	400 8.78	301 5.32
		3.45	8.75	5.30	3.44	8.72	5.28
		3.46	8.72	5.26	3.45	8.76	5.31
	2	123 0.67	424 6.08	5.41	123 0.47	424 5.87	5.40
		0.69	6.09	5.40	0.41	5.92	5.51
		0.62	6.04	5.42	0.40	5.91	5.51
	3	141 9.40	443 4.93	5.53	141 9.12	443 4.72	5.60
		9.43	4.92	5.49	9.17	4.69	5.52
		9.45	4.98	5.53	9.18	4.71	5.53
	平均	121 4.51	422 9.92	301 5.41	121 4.34	422 9.80	301 5.46

续表 4-4

测回	桩号	No. 10686 标尺读数/mm			No. 10687 标尺读数/mm		
		基本分划	辅助分划	基、辅读数差	基本分划	辅助分划	基、辅读数差
Ⅱ	1	105 4.51	406 9.92	301 5.41	105 4.80	407 0.02	301 5.22
		4.51	9.90	5.39	4.70	0.10	5.40
		4.50	9.90	5.40	4.76	0.12	5.36
	2	123 1.28	424 6.79	5.51	123 1.39	424 0.92	5.53
		1.25	6.86	5.61	1.42	6.93	5.51
		1.26	6.82	5.56	1.42	6.89	5.47
	3	142 0.10	443 5.73	5.63	142 0.33	443 5.63	5.30
		0.12	5.75	5.63	0.26	5.70	5.50
		0.12	5.79	5.67	0.27	5.69	5.42
	平均	123 5.29	425 0.83	301 5.54	123 5.48	425 0.89	301 5.41
Ⅲ	1	105 5.02	407 0.09	301 5.07	105 4.61	407 0.09	301 5.48
		5.02	0.10	5.08	4.65	0.12	5.47
		5.05	0.11	5.06	4.58	0.10	5.52
	2	123 1.31	424 6.94	5.63	123 1.25	424 7.02	5.77
		1.23	6.93	5.70	1.28	6.94	5.66
		1.31	6.91	5.60	1.28	6.95	5.67
	3	141 9.51	443 5.03	5.52	142 0.12	443 5.58	5.46
		9.53	5.01	5.48	0.13	5.57	5.44
		9.57	5.04	5.47	0.10	5.54	5.44
	平均	123 5.28	425 0.68	301 5.40	123 5.33	425 0.88	5.55
总平均		122 8.36	424 3.81	301 5.45	122 8.38	424 3.86	301 5.48

注：一对标尺基、辅分划读数差常数平均值为 3 015.46 mm，两标尺基辅分划读数差常数的差为 0.03 mm。

二、光学精密水准管式水准仪的检验和校正

(一) 水准仪及其附件的检视

检视就是对仪器及其附件细心查看。检视的内容有：

(1) 仪器外表是否良好、清洁，有无碰伤、零件密封性是否良好，等等。

(2) 光学零件表面质量和清洁情况，如有无油污、擦痕、霉点，胶合面有无脱胶，镀膜是否完整等。此外，还应检查望远镜的视场是否明亮，成像是否清晰，符合水准器成像是否良好，读数设备是否明亮，分划是否清晰、均匀等。

(3) 仪器各转动部分如垂直轴、脚螺旋、倾斜螺旋、调焦螺旋、测微螺旋等，是否灵活，制动和微动螺旋是否有效。

(4) 仪器的附件、备用件是否齐全完好，如脚架是否牢固，仪器箱、背带是否安全可靠，配件是否完备可用等。

(二) 圆水准器的检验和校正

用脚螺旋将圆水准器气泡居中，然后仪器旋转 180°，若气泡偏离中央，则用水准仪校正

螺丝改正其偏差的一半，旋转脚螺旋让气泡居中。如此反复校验，直至气泡完全居中。

（三）光学测微器效用正确性和分划值的测定

为了保证测微器的测微精度，光学测微器的构造应满足下列要求：测微鼓旋转一周的周值应等于标尺上一分格值；测微鼓各分格值相等；测微鼓效用正确，不论旋进或旋出，测微结果应相同。如果不同，应送有关检定部门进行检验。作业前应测定测微器效用的正确性和分划值。

（四）视准轴和水准轴相互关系（交叉误差与 i 角误差）的检验和校正

对于水准管式水准仪，视准轴应平行于水准器轴。由于各种原因，仪器不可能完全满足这一要求。视准轴 BB' 与水准器轴 AA' 的关系可能是既不在一平面上，也不在相互平行的两条空间直线上，如图 4-14 所示。

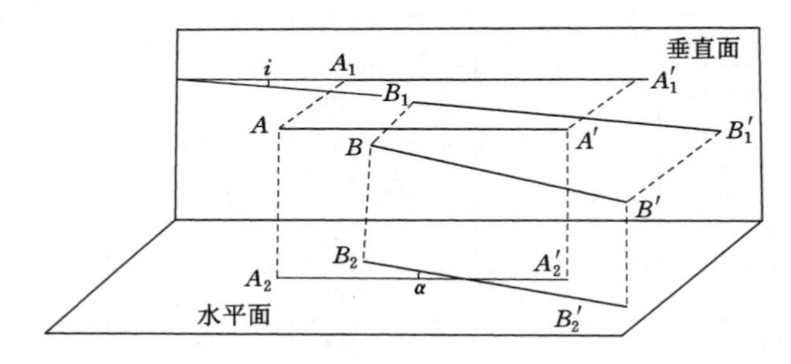

图 4-14　交叉误差与 i 角误差

它们在水平面上的投影线 $B_2B'_2$、$A_2A'_2$ 的交角 α 称为交叉误差，在垂直面上的投影线 $B_1B'_1$、$A_1A'_1$ 的交角称为 i 角误差。

对于补偿式自动安平水准仪，经补偿后得到的视准线与水平面间的夹角亦称为 i 角误差。

1. 交叉误差的检验和校正

如果仪器存在交叉误差，整置仪器后若使仪器绕视准轴分别向左、右两侧倾斜时，水准管轴发生倾斜，管水准气泡异向离开中央位置。依此原理，可以用以下方法检验交叉误差。

（1）距标尺约 50 m 处整置仪器，使仪器的一个脚螺旋位于望远镜至标尺的视准面上，如图 4-15 所示。

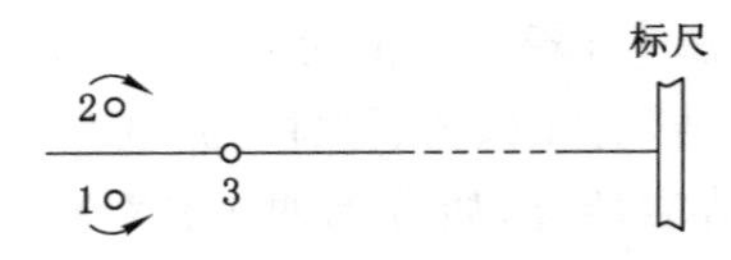

图 4-15　交叉误差的检验方法

（2）整平仪器，旋转倾斜螺旋，使符合水准器气泡两半影像精密符合。转动测微螺旋，使楔形丝夹准标尺上一个分划线，记下该分划及测微器读数。在以后的检验中，不得变动测微器读数，即测微螺旋不得改变位置。

（3）旋转视准轴右侧的脚螺旋两周使其升高，再降低左侧脚螺旋两周。升高时楔形丝不再夹准原标尺分划，降低时使楔形丝重新夹准该分划。这相当于使仪器绕视准轴向左侧倾斜，观察气泡移动的方向和移动量的大小。

（4）将左侧脚螺旋升高四周，右侧脚螺旋降低四周，使楔形丝再次夹准原标尺分划。这时仪器向右侧倾斜，观察气泡的移动情况。

根据气泡的移动情况，可以判断交叉误差是否存在。考虑到仪器可能同时存在 i 角误差，所以还要分析有 i 角误差时，仪器倾斜对气泡的影响。很明显，水准轴与视准轴之间只有 i 角误差时，仪器绕视准轴向左或向右倾斜相同角度时，气泡移动方向相同，移动量也相同。

由上述原理可以判定，当仪器分别向左、右倾斜相同量时：

（1）气泡两半影像保持重合，仪器既无交叉误差又无 i 角误差；

（2）气泡同方向移动相同距离时，无交叉误差但有 i 角误差；

（3）气泡异方向移动相同距离时，有交叉误差但无 i 角误差；

（4）气泡异向移动不同距离时，既有交叉误差又有 i 角误差，且交叉误差大于 i 角误差；

（5）气泡同向移动不同距离时，i 角误差大于交叉误差。

当异向移动量大于 2 mm 时，须校正交叉误差。校正方法是：放松水准管一侧校正螺丝，拧紧另一侧螺丝，即改变水准管的水平方向，至气泡两端半影像符合时为止。

2. i 角误差的检验和校正

（1）检验方法

如图 4-16 所示，在平坦场地上相距 61.8 m 处设测站 J_1、J_2。J_1、J_2之间分为长 $D=20.6$ m 的三段。分点 A、B 上打上木桩，钉上圆帽钉，供整置标尺用。

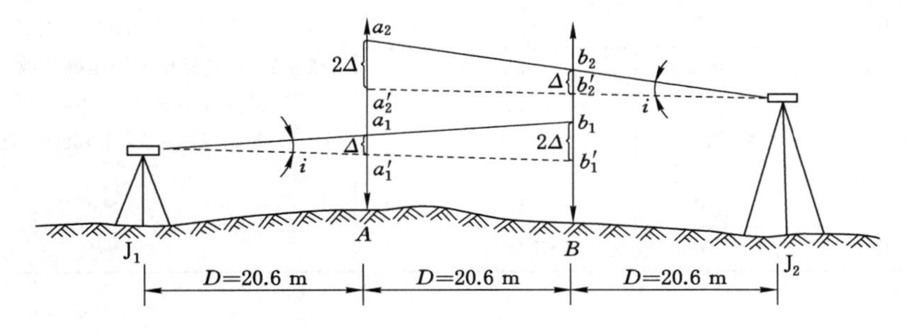

图 4-16　i 角的检验方法

先后在 J_1、J_2上整置仪器，按水准测量的方法，在两测站上对 A、B 处的标尺读数。每一测站对每根标尺均要读数四次，采用四次读数的中数来进行计算。

设 J_1测站上，A、B 标尺的读数中数分别为 a_1、b_1，其中存在 i 角的影响。设 J_1站无 i 角影响的读数为 a_1'、b_1'。J_2站相应有 a_2、b_2和 a_2'、b_2'。

由图可知，在测站 J_1、J_2所测 A、B 两点的正确高差 h_1'、h_2'为：

$$\begin{cases} h'_1 = a'_1 - b'_1 = (a_1 - \Delta) - (b_1 - 2\Delta) = a_1 - b_1 + \Delta \\ h'_2 = a'_2 - b'_2 = (a_2 - 2\Delta) - (b_2 - \Delta) = a_2 - b_2 - \Delta \end{cases}$$

因 $h'_1=h'_2$，由上式可得：

$$2\Delta=(a_2-b_2)-(a_1-b_1)$$

式中，(a_1-b_1)和(a_2-b_2)分别是在测站 J_1、J_2测得的 A、B 两点的实测高差 h_1、h_2，则有：

$$\Delta = \frac{1}{2}(h_2 - h_1) \tag{4-2}$$

由图可知：

$$\Delta = \frac{i''}{\rho''}D \tag{4-3}$$

式中，Δ 为 i 角误差影响，mm。

由式(4-3)可知：

$$i'' = \frac{\rho''}{D}\Delta = \frac{206\ 000}{20\ 600}\Delta = 10\Delta \tag{4-4}$$

【例 4-4】 检验记录示例见表 4-5，其中被检仪器为 N3 水准仪。如果检验用 5 mm 分格值标尺的仪器，在计算 i 角时，应把 h_1、h_2 化算为真实的高差。

表 4-5 **i 角误差的检验**

仪器：威特 N3 No. 52866 标尺号：1808、1809 观测者：×××

日期：××年××月××日 成像：清晰 记录者：×××

仪器站	观测次序	标尺读数/mm		高差 $a-b$ /mm	i 角误差的计算
		A 尺读数 a	B 尺读数 b		
J_1	1	139 365	145 812	−64.50	A、B 标尺间距离 $D=20.6$ m $2\Delta=(a_2-b_2)-(a_1-b_1)=-2.36$ (mm) $i''=10\Delta=-11.8''$ 校正后 A、B 标尺上的正确读数 a'_2、b'_2 为： $a'_2=a_2-2\Delta=1\ 402.88$ (mm) $b'_2{}'=b_2-\Delta=1\ 468.56$ (mm)
	2	363	813		
	3	364	816		
	4	365	815		
	中数	$a_1=139\ 364$	$b_1=145\ 814$		
J_2	1	140 052	146 740	−66.86	
	2	053	739		
	3	052	738		
	4	052	736		
	中数	$a_2=140\ 052$	$b_2=146\ 738$		

(2) 校正方法

用于一、二等水准测量的仪器，i 角不得大于 15″，三、四等水准测量仪器 i 角不得大于 20″，超过上述限值时，应予校正。方法如下：

① 在 J_2 站上，计算 A 尺的正确读数 $a'_2=a_2-2\Delta$。

② 使望远镜视线对准 A 尺的正确读数 a'_2，先用测微螺旋对好毫米及毫米以下数字，再转动倾斜螺旋，使楔形丝夹准正确读数的分划线。这时，水准气泡偏离中央位置，应用水准管上、下改正螺旋使水准管气泡重新居中。

③ 照准 B 尺，读取 B 尺读数。如果该读数 b_2(读)与计算出的 $b'_2=b_2-\Delta$ 相等或不超限，则校正完成。

B 尺读数 b_2(读)与 b'_2 之差的限值可以按以下方法算出。以 $i''\leqslant 15''$ 为例：

$$\Delta_{限} = |b'_2 - b_2(读)| = \frac{15''}{\rho''}D = \frac{15\times 20\ 600}{206\ 000} = 1.5\ (\text{mm})$$

用 5 mm 分格值的仪器时，Δ 应放大一倍。

作业期的第一星期，i 角应每天上、下午各检校一次。如 i 角稳定，则以后每 15 天检校一次。

三、电子水准仪和条码水准尺的检验和校正

电子精密水准仪和条码水准尺的检验和校正与光学精密水准仪和因瓦水准尺的检验和校正相比，有共同点，也有不同点。详看使用说明书。

任务实施

通过学习对精密水准尺和水准仪检验与校正的方法，可以对简单检验项目进行检验训练，至于对精密水准尺和水准仪的校正，要通过专门相关检定部门进行校正。

任务四 精密水准测量的主要误差来源及其影响

【知识要点】 影响精密水准测量的误差来源；减弱或消除误差影响的有效措施。
【技能目标】 掌握水准测量误差的影响规律；能够采取有效措施，减弱或消除测量误差影响。

任务导入

任何测量工作都会受到测量误差的影响，包括精密水准测量。为了确保精密水准测量的精度，必须了解影响水准测量精度的各种误差来源及其影响规律，从而采取有效措施，减弱或消除其误差影响。

任务分析

按主要误差来源，水准测量误差分为仪器误差、外界因素引起的误差和观测误差。应研究这些误差规律以便找出消除或减弱这些误差影响的方法，确定合适的测量程序，提高水准测量的精度，这也是研究精密水准测量误差的目的。

相关知识

一、仪器误差

（一）视准轴与水准轴不平行的误差

1. i 角误差的影响

水准仪存在 i 角误差，在水准管轴水平时，使前、后标尺读数产生误差。从图 4-17 可以看出，如果 i 角在一测站观测时间内是一定值，采取前、后视距相等的方法来消除其影响。在野外测量时，很难做到前、后视距严格相等，但只要把前、后视距之差限定在某一范围，并使一测段前、后视距差的累积值不要过大，就能减弱 i 角误差的影响。

由图 4-17 可知，前、后视距不等引起的测站高差误差为：

$$\delta h_i = i''(S_{后} - S_{前})\frac{1}{\rho''} \tag{4-5}$$

测段前、后视距差累积值引起的测段高差误差为：

$$\sum \delta h_i = i''\left(\sum S_{后} - \sum S_{前}\right)\frac{1}{\rho''} \tag{4-6}$$

设 $i=15''$，要求 δh_i 对高差的影响小到可以忽略不计的程度，如 $\delta h_i = 0.1\ \text{mm}$，那么前、

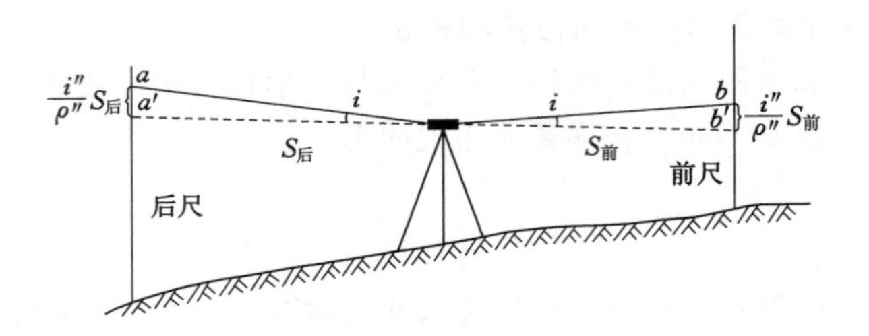

图 4-17　视准轴与水准轴不平行的误差

后视距之差的容许值可由式(4-5)算得，即：

$$(S_后 - S_前) \leqslant \frac{\delta h_i}{i''}\rho'' \approx 1.4\ (\mathrm{m})$$

《国家一、二等水准测量规范》(GB/T 12897—2006)规定，二等水准测量前、后视距差≤1 m，测段前、后视距累积差≤3 m。

2. 交叉误差的影响

仪器存在交叉误差时，如果垂直轴严格垂直，则水准轴水平，视准轴也水平，对标尺读数不产生影响。在测量中，垂直轴不可能严格垂直，导致观测读数前，要用倾斜螺旋使水准气泡居中，从而使视准轴位置变动，造成观测读数误差。为了减弱这种误差对水准观测的影响，应采取以下措施：

(1) 精确校正圆水准器，作业时要使圆水准器严格居中，以减少垂直轴的倾斜量。

(2) 对交叉误差进行检验和校正。

(3) 每测段测站数应为偶数。在连续各测站上安置脚架时，应使两脚与路线方向平行，第三脚交替置于路线的左、右两侧，如图 4-18 所示。

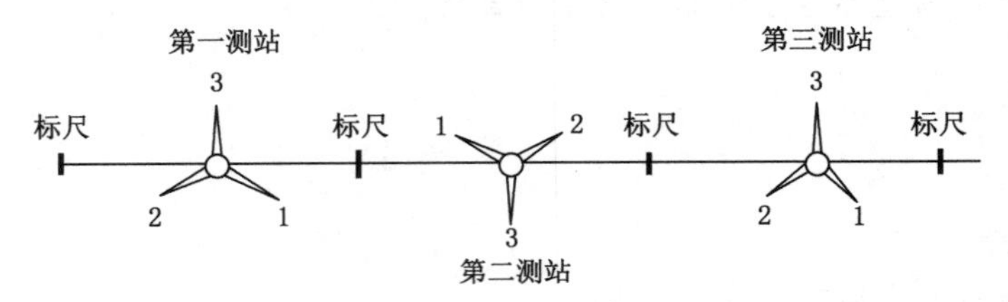

图 4-18　脚架安置方法

圆水准器经过检校后，观测中用圆水准器概略整平仪器时，仪器垂直轴的倾斜方向和倾角大小便固定。若用上述方法安置脚架，在相邻两测站观测中垂直轴就先后向左、右两侧倾斜，势必使该两站高差误差的符号相反，从而在相邻两站高差之和中得到抵偿。

(二) 水准标尺每米间隔真长误差 f 的影响

水准标尺每米间隔真长误差对测出的高差会存在系统性的误差影响。

设一对水准标尺每米间隔真长的误差为 f，则对一测站高差 h 的改正数为：

$$\delta_f = h \cdot f \tag{4-7}$$

一测段改正数为：

$$\sum \delta_f = \sum h \cdot f \tag{4-8}$$

由式(4-8)看出，由 f 引起的水准路线的测段高差误差与 f 的大小和测段高差成正比。

需要说明的是，两根标尺的 f 不等对观测高差并无影响，因为往、返测时标尺要互换位置，f 不等的误差可以抵消。所以总是取两尺的每米间隔误差的中数来计算改正数。

减弱标尺每米间隔真长误差影响的方法是：

(1) 采用合理的方法，定期精确检定标尺的每米间隔真长误差。当 $|f|>0.02$ mm 时，要在测段高差中加入改正数。

(2) 高差大的测段，避免使用 $|f|$ 大的标尺进行测量。

(3) 作业期间要正确使用和保护标尺，防止尺长发生变化。

（三）一对水准标尺零点差的影响

如图 4-19 所示，设水准测量中相邻两测站为 J_1、J_2，立尺点为 A、B、C。以 a_i、$b_i(i=1,2)$ 分别表示各站后视和前视标尺的读数，Δa、Δb 表示后视标尺和前视标尺的零点差。

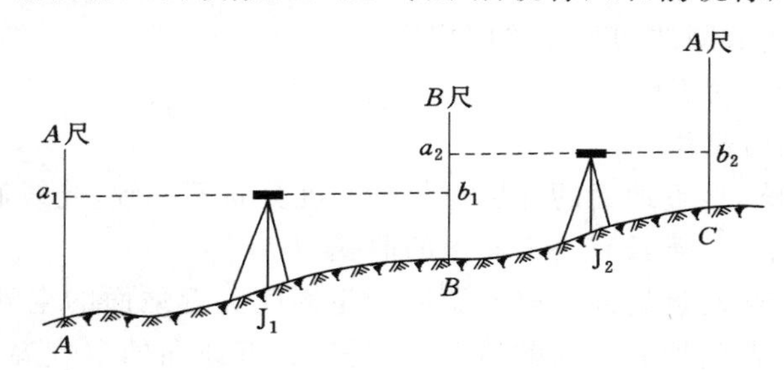

图 4-19　一对水准标尺零点差的影响

J_1 测站上测得 A、B 两点间的正确高差：

$$h'_{AB}=(a_1-\Delta a)-(b_1-\Delta b)=(a_1-b_1)+(\Delta b-\Delta a)$$

J_2 测站上测得 B、C 两点间的正确高差：

$$h'_{BC}=(a_2-\Delta b)-(b_2-\Delta a)=(a_2-b_2)+(\Delta a-\Delta b)$$

于是 AC 间的高差：

$$h'_{AC}=(a_1-b_1)+(a_2-b_2)$$

可见一对标尺零点差已经消除。推广到一测段，只要一测段测站数为偶数且相邻测站间前、后标尺互换，就可以消除一对标尺零点差的影响。

二、外界因素引起的误差

水准测量是在室外进行的，外界因素诸如土质、空气、日光、风力、日月位置、地球磁场等，都会对水准仪的各部件产生影响。

外界因素的影响主要有下面几种：

（一）温度变化对 i 角的影响

温度变化会引起 i 角的变化，据研究，当温度变化 1 ℃时，i 角的变化有可能达到 $1''$～$2''$，有时有可能发生突变。它对观测高差的影响不能用改变观测程序的办法完全消除。而且，这种误差在往、返高差闭合差中也不能完全被发现，从而使高差中数受到系统误差影响。

温度变化对 i 角的影响分为总体性的和局部性的两种。

1. 温度总体变化的影响

温度总体变化是指在某一时间内，外界温度有规律地、系统性地变化。从实验资料可知，仪器周围温度逐渐升高时，标尺读数趋向逐渐减小，周围温度降低时，则读数增大。在正常天气下，上午气温逐渐升高，读数有逐渐减小的趋势，下午气温逐渐降低，读数有逐渐增大的趋势。减小该因素的影响，应采用奇数站和偶数站观测顺序相反的操作程序进行观测，并应尽量使观测读数间隔和迁站时间大致相等。

2. 仪器单面受热的影响

外界气温变化对仪器造成局部的影响叫作仪器单面受热的影响。例如，风力、风向、云量、日照强度、太阳方向等不同因素的变化都会使仪器各面受热不均匀，从而使 i 角变化，引起观测误差。各种因素中，太阳方向和风向是主要因素。

减弱仪器 i 角受外界因素影响的措施有：

(1) 防止仪器在作业中被阳光照射和受热。例如，测量时用测伞遮阳。

(2) 各测段的往、返测分别安排在上午和下午进行。

(3) 奇数测站和偶数测站的观测顺序相反。

(二) 大气垂直折光的影响

1. 大气垂直折光的规律

由于受温度的影响，接近地面的各层空气的密度分布不一致，光线通过密度不同的各层空气时，产生折射而成为一条具有一定曲率的曲线。

地表面的吸热、散热对近地面的空气温度产生影响。近地面的空气温度变化具有一定的规律。一般情况下，夜间地表面在散热后温度较低，近地面的空气温度也较低，随着高度的增加，空气层温度增加。这时，空气层形成下面密度大、上面密度小，下面重、上面轻的稳定平衡状态。日出之后，由于地面吸热，温度升高，近地面空气温度分布是下层高、上层低，密度分布是下层稀、上层密。这种状态至中午前后达到顶点，保持稳定到第二个循环开始。

2. 大气垂直折光对水准测量的影响

由图 4-20 可知，由于空气密度的分布呈现基本平行于地面的状态，因此，在平坦地面测量时，即使有温度梯度存在，大气垂直折光的影响也很小。但在倾斜地上测量时，水平视线与各层空气的界面有一交角，视线通过不同密度的空气层后成为向上凹的曲线。由于前、后视线通过的空气层的密度不同，其折光影响也不同，这就使观测高差中存在折光误差。此外，前、后视距不等，也会使垂直折光误差影响加大。

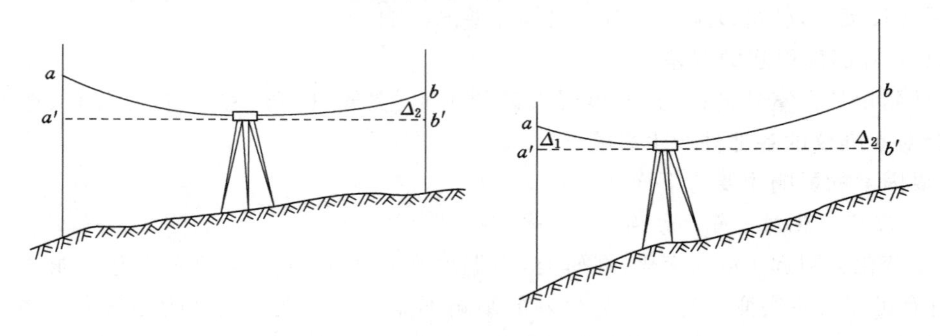

图 4-20　大气垂直折光对水准测量的影响

大气垂直折光对水准测量成果的影响是系统性的，大量研究表明，在地形起伏大的地区、较长的水准路线，可以造成数分米的高差误差。但是，某些测段中由于地形和外界条件的变化，可以使系统误差的符号发生相应的改变，抵消了一部分误差的影响。在闭合的水准环中，也会抵消一部分折光误差影响。

减弱大气垂直折光差影响的措施是：

（1）在有利的观测时间内进行水准测量。

（2）视线离地面要有一定的距离。

（3）视线不应过长，前、后视距应相等。

（4）对于精密水准测量，应研究我国不同地区的大气垂直折光情况，建立适合我国不同地区的大气垂直折光的数学模型，以便对观测成果进行折光改正。因此，在野外记录中应记录天气、云量、太阳方向、温度等有关数据，供分析研究和计算改正数时使用。

（三）仪器脚架和尺垫（尺桩）垂直位移的影响

水准仪和水准标尺在垂直方向位移所产生的误差，是精密水准测量系统误差的重要来源。

1. 脚架升降对观测高差的影响

在图 4-21 中，以二等水准测量奇数站观测顺序“后、前、前、后”为例，来说明仪器脚架垂直位移的影响。

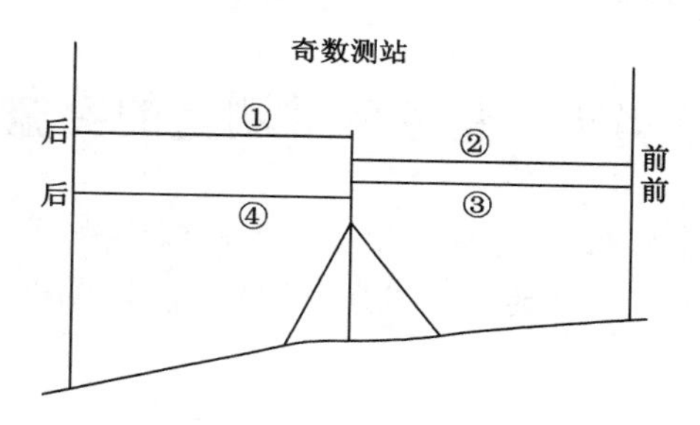

图 4-21 仪器垂直位移影响

当仪器脚架随时间逐渐下沉时，在读完后视基本分划转向前视基本分划的时间内，由于仪器的下沉，视线有所下降，使前视基本分划读数偏小；同样，由于仪器的下沉，后视辅助分划读数亦偏小。如果前视基本分划和后视辅助分划读数偏小的量相同，则采用“后、前、前、后”的观测程序所测得的高差平均值中，可以较好地消除这项误差的影响。另外，偶数站采用“前、后、后、前”的观测程序，并且每测段为偶数站，就能更好地消除这项误差的影响。

2. 尺垫（尺桩）升降对观测高差的影响

尺垫（尺桩）的垂直位移，主要是发生在迁站的过程中，由原来的前视尺转为后视尺而产生下沉，于是总是后视读数偏大，使各测站的观测高差都偏大，成为系统性的误差影响。这种误差的影响在往、返测高差的平均值中可以得到有效的抵偿，所以水准测量一般要求进行往、返测。

有时仪器脚架和尺垫（尺桩）也会发生上升现象，当用力将脚架或尺垫压入地下之后，土壤的反作用有时会使脚架或尺垫逐渐上升。这种情况正好和上述相反，采取减弱误差的方法和上述相同。

三、观测误差

观测误差是由于观测者的视觉功能限制，在观测过程中发生的误差对观测成果的影响。

观测误差主要有水准器置中误差和照准分划误差。具有符合水准(或补偿器)和测微设备的精密水准仪,这两种误差都很小。根据实验分析,这些误差对基辅分划所测高差平均值的影响不到 0.1 mm。

需要说明的是,当使用补偿式自动安平水准仪时,应考虑这种仪器的磁性感应误差。这种误差与补偿器有关,是由于磁场(包括地球磁场)的影响引起的。例如,地球磁场的影响使补偿器不是稳定在测站点的地球重力方向上,而是稳定在该点地球重力与地球磁力的合力方向上。补偿器位置不正确使标尺读数不正确。此外,补偿器处于比地球磁场强数倍的磁场内就会磁化,磁化后的补偿器稳定后的方向发生变化。由于制造上的原因,每台仪器的补偿器的磁性感应误差不相同。为减小这种误差的影响,应制造和使用不受磁性感应的补偿式水准仪。如果使用可能有磁性感应的仪器,则应测定仪器磁性感应误差的值,以便对所测的结果进行必要的改正。

任务实施

经过对本任务的学习,在精密水准测量过程中,一定按照精密水准测量的原则进行,采取各种措施,以消除或减弱各种误差的影响,提高测量精度。

任务五　精密水准测量的实施

【知识要点】 精密水准测量的规定;二等水准测量的观测方法、操作步骤。
【技能目标】 掌握精密水准观测中的一般规定;掌握二等水准测量的观测方法、操作步骤。

任务导入

国家高程水准网是全国范围内施测各种比例尺地形图的高程控制基础,并为地球科学研究提供精确的高程资料。精密水准测量一般指国家一、二等水准测量,由国家测绘总局统一规划、实施。

任务分析

本任务主要介绍精密水准测量中的一般规定、外业操作步骤、记录计算方法、观测限差要求和观测、记录注意事项。现实工作中,极少进行一等水准测量,因此,本任务主要掌握二等水准测量的观测方法、操作步骤和作业流程。

相关知识

一、精密水准测量中的一般规定

为了消除或减弱各种误差的影响,保证水准观测成果的精度,在水准观测过程中应严格遵守以下规定:

(1) 选择有利的观测时间,目的是使水准标尺分划在望远镜中的成像清晰、稳定。一般情况下,一、二等水准观测应在日出半小时后至正午两小时前和正午两个半小时后至日落半

小时前，三、四等水准观测可视情况适当放宽此限制

(2) 为避免外界温度变化的影响，应采取必要措施使水准仪免受外界温度的影响。观测前应使仪器与外界气温趋于一致，一、二等水准观测前，应将仪器放在阴凉、通风处半小时。设站观测时，为避免阳光直接照射仪器，要用白色测伞遮蔽仪器。

(3) 视线长度不能超过规定的长度，视线离地面的高度要大于规定高度，以便减弱折光差和照准标尺分划误差的影响。

(4) 每站的前、后视距应大致相等，不得超过规定。以便减弱与前、后视距差有关的误差影响，如视准轴不平行于水准轴的误差，大气垂直折光差与地球弯曲差等影响。

(5) 每站观测应依一定顺序去读取标尺读数。

(6) 在连续各站上安置水准仪的脚架时，应使两脚与水准路线方向平行，而第三脚轮换置于路线方向的左侧和右侧，以便减弱交叉误差和脚架升降误差的影响。

(7) 每一测段的单程测量测站数应为偶数，以便在测段的单程高差中，消除一对标尺零点差的影响。

(8) 一、二等水准测量应进行往、返观测，以抵消单程观测高差中同一性质、相同符号累积的误差(如尺垫升降的转点误差)对往、返测高差结果的影响。

为了减弱仪器、尺垫升降的影响，往、返测应用同一类型的仪器和同一类型的转点尺承，沿同一道路进行。

为了消除一对标尺零点差及减弱两根标尺米分划间隔误差的影响，在往测转向返测时，两根标尺要互换位置，并应重新整置仪器。

(9) 一、二等精密水准测量的往测和返测，应“分段”进行。在两个基本标石之间的区段内，划分成长度为20～30 km的2～3分段，在每一分段内先连续进行所有测段的往测，随后即连续进行该分段的返测。在观测时间上，原则上应使该分段中每一测段的往测与返测分别在上午与下午进行。在日间气温变化不大的阴天或观测条件较好时，若干里程的往、返测可同在上午或下午进行。但这种里程的测站总数，对于一等不应超过该分段总测站数的20%，二等不应超过30%，以便减弱仪器单面受热引起的i角变化的影响。

二、一、二等水准测量的操作步骤与记录计算

一、二水准测量每站观测程序及操作步骤，手簿的记录、计算，观测读数的记录和计算相同，只是使用的仪器和观测限差不同。

(一) 每站观测程序

往测时，在奇数测站：后-前-前-后；在偶数测站：前-后-后-前。

返测时，在奇数测站：前-后-后-前；在偶数测站：后-前-前-后。

(二) 每站操作步骤

【例4-5】　现以光学精密水准管式水准仪配有基本分划和辅助分划因瓦水准尺，按“后-前-前-后”为例，说明光学测微法一个测站的操作步骤。

(1) 首先用圆水准器概略整平仪器，使符合水准器气泡两端影像符合，望远镜绕垂直轴旋转时，符合水准器气泡两端影像的分离量不超过1 cm。

(2) 望远镜照准后视标尺，使符合水准器气泡两端的影像近于符合(气泡两端影像分离≤2 mm)。用上丝和下丝照准基本分划进行视距读数，在标尺上读取m、dm、cm，第四位数读取测微器的第一位数(注意四舍五入)，记入手簿的第(1)和(2)栏，见表4-6(不得用楔形

平分丝和上丝或下丝读视距)。然后使符合水准器气泡两端的影像准确符合,转动测微螺旋,用楔形平分丝精确照准标尺的基本分划并读取基本分划与测微器读数,记入手簿的第(3)栏(测数器读至整格数)。

(3) 旋转望远镜照准前视标尺,并使符合水准器气泡两端的影像准确符合,用楔形平分丝精确照准标尺的基本分划,并读取标尺基本分划与测微读数,记入手簿的第(4)栏。然后用上丝和下丝进行视距读数,记入手簿的第(5)和(6)栏。

(4) 用微动螺旋转动望远镜,照准前视的辅助分划,并使符合水准器气泡两端的影像准确符合,进行标尺辅助分划与测微器读数,记入手簿的第(7)栏。

(5) 旋转望远镜照准后视标尺的辅助分划,并使符合水准器气泡两端影像准确符合,用楔形平分丝精确照准并读取辅助分划与测微器的读数,记入手簿的第(8)栏。

没有辅助分划的标尺,观测时按二次仪器高进行,第一次仪器高按后、前的观测顺序,第二次观测按前、后顺序,依以上方法分别对标尺分划进行两次读数。

光学精密补偿式自动安平水准仪的操作程序与水准管式水准仪类似。因为这类仪器没有符合水准器,所以不需要进行与倾斜螺旋有关的操作,只要将圆水准气泡严格居中后,即可依次照准标尺分划读数。

使用电子水准仪和条码水准尺进行一、二等水准测量的观测程序和操作步骤详见使用说明书。

(三) 手簿的记录与计算

表 4-6 中,表中(1)~(8)栏是读数的记录部分,(9)~(18)栏是计算部分。

1. 视距部分

$$(9)=(1)-(2)$$
$$(10)=(5)-(6)$$
$$(11)=(9)-(10)$$
$$(12)=\text{本站}(11)+\text{前站}(12)$$

2. 高差部分

$$(13)=(4)+K(\text{尺常数})-(7)$$
$$(14)=(3)+K(\text{尺常数})-(8)$$
$$(15)=(3)-(4)$$
$$(16)=(8)-(7)$$
$$(18)=\frac{1}{2}[(16)+(17)]$$
$$(15)=(14)-(13)=(16)-(17),\text{作为检核。}$$

每一测站观测结束后即进行检核,其中(9)~(12)和(13)~(15)各栏算得的值不应超过表 4-7 和 4-8 的规定值。

3. 一测段的计算和检核

一个测段的观测全部完成后,再按下式计算测段高差,并进行检核,即:

$$\sum(3)-\sum(4)=h_{\text{基}}$$
$$\sum(8)-\sum(7)=h_{\text{辅}}$$

表 4-6

一、二等水准观测记录、计算

往测：自Ⅰ京都$_2$至Ⅰ京都$_3$　　日期：××年××月××日

时刻：始 7 时 10 分；末 18 时 20 分　　成像：清晰

温度：15.8 ℃；云量：3　　风向风速：东风 2 级

天气：晴；土质：坚实土　　太阳方向：前右

观测者：×××　　记录者：×××

测站编号	后尺 上丝 / 下丝 / 后距 / 视距差	前尺 上丝 / 下丝 / 前距 / $\sum d$	方向及尺号	标尺读数 基本分划（一次）	标尺读数 辅助分划（二次）	基＋K 减辅（一减二）
	(1)	(5)	后	(3)	(8)	(14)
	(2)	(6)	前	(4)	(7)	(13)
	(9)	(10)	后－前	(16)	(17)	(15)
	(11)	(12)	h	(18)		
1	4 241	3 379	后	391.50	998.01	－1
	3 590	2 730	前	305.46	911.95	＋1
	65.1	64.9	后－前	＋086.04	＋086.06	－2
	＋0.2	＋0.2	h	＋86.050		
2	3 545	3 789	后	309.31	915.78	＋3
	2 640	2 880	前	333.69	940.19	0
	90.5	90.9	后－前	－024.38	－024.41	＋3
	－0.4	－0.2	h	－24.395		
…			后	…	…	
			前	…	…	
			后－前	…	…	
			h			
86	3 974	3 848	后	372.25	978.78	－3
	3 471	3 343	前	359.65	966.14	＋1
	50.3	50.5	后－前	＋12.60	＋12.64	－4
	－0.2	－0.6	h	＋12.620		
往测计算	91 140	90 776	后	8 050.45	2 260.645	0
	69 860	69 490	前	8 013.32	2 256.935	－3
	2 128.0	2 128.6	后－前	＋37.13	＋37.10	＋3
	－0.6		h	＋37.115		
测段小结	$D_{往}$	2.13 km	后	$h_{往}$	＋0.185 58	
	$D_{返}$	2.14 km	前	$h_{返}$	－0.184 73	
	$D_{中}$	2.14 km		$H_{中}$	＋0.185 16	
			h	W＝＋0.85 mm＜2.63 mm		

注：使用的水准尺为 5 mm 有基本分划和辅助分划的因瓦水准尺，基、辅差为 606.50 cm。

$$h = \frac{1}{2}(h_{基} + h_{辅})$$

$$\sum[(3)+K] - \sum(8) = \sum(14)$$

$$\sum[(4)+K] - \sum(7) = \sum(13)$$

$$h_{基} - h_{辅} = \sum(14) - \sum(13) = \sum(15)$$

各等级国家水准测量使用的水准仪系列与测站观测限差见表4-7和表4-8。

表4-7　水准测量视距和视线高度的要求

等级	仪器类型	视线长度/m	前、后视距差/m	前、后视距累积差/m	视线高度(下丝读数)/m
一等	$S_{0.5}$	≤30	≤0.5	≤1.5	≥0.5
二等	$S_{0.5}$、S_1	≤50	≤1.0	≤3.0	≥0.3
三等	$S_{0.5}$、S_1	≤75	≤2.0	≤5.0	三丝能读数
	S_3	≤100			
四等	$S_{0.5}$、S_1	≤100	≤3.0	≤10.0	三丝能读数
	S_3	≤150			

表4-8　水准测量测站观测限差

等级		项目					
		基辅分划(黑红面)读数差/mm	基辅分划(黑红面)所测高差的差/mm	左、右路线转点差/mm	检查间隙点高差的差/mm	上、下丝读数平均值与中丝读数的差/mm	
						0.5 cm刻划	1.0 cm刻划
一		0.3	0.4	—	0.7	1.5	3.0
二		0.4	0.6	—	1.0	1.5	3.0
三	光学测微法	1.0	1.5	1.5	3.0	—	—
	中丝读数法	2.0	3.0	—	3.0	—	—
四(中丝读数法)		3.0	5.0	4.0	5.0	—	—

野外观测成果是推算水准点高程的原始数据，是国家长期保存、使用的重要资料，因此，必须做到记录真实，注记明确，整饰清洁美观，格式统一。

三、成果质量检核

(一) 各等水准测量的限差

水准测量中，除对每一测站、每一测段的成果进行检核外，还要对每一测段的往、返测高差不符值、路线和环线闭合差、检测已测测段高差限差及左、右路线高差不符值进行检核。限差规定见表 4-9。

外业观测每进行到一定阶段，要及时计算不符值、闭合差、限差，及时重测。

（二）单程双转点法和间歇点设置

水准测量也可以采用单程双转点法观测，即在每一转点处，各有左、右相距 0.5 m 以上的两个尺垫作为转点，相应于左、右两条水准路线。每一测站上，按规定观测方法的操作程序，首先完成右路线的观测，再进行左路线的观测。左、右路线高差不符值应符合表 4-9 的规定。

表 4-9　　各等水准测量的限差

等级	水准路线最大长度/km	每千米高差中数全中误差/mm	检测已测测段高差的差/mm	路线、区段、测段、往返高差不符值/mm	左、右路线高差不符值/mm	附合路线闭合差/mm	环线闭合差/mm
一	—	—	$\pm 3\sqrt{R}$	$\pm 1.8\sqrt{K}$	—	—	$\pm 2\sqrt{F}$
二	400	2	$\pm 6\sqrt{R}$	$\pm 4\sqrt{K}$	—	$\pm 4\sqrt{L}$	$\pm 4\sqrt{F}$
三	45	6	$\pm 20\sqrt{R}$	$\pm 12\sqrt{K}$	$\pm 8\sqrt{K}$	平原：$\pm 12\sqrt{L}$ 山区：$\pm 15\sqrt{L}$	—
四	15	10	$\pm 30\sqrt{R}$	$\pm 20\sqrt{K}$	$\pm 14\sqrt{K}$	平原：$\pm 20\sqrt{L}$ 山区：$\pm 25\sqrt{L}$	—

注：1. 表中的 R、L、F 分别为测段、路线、环线长度，K 为路线或区段、测段长度，km。

2. 水准环由不同等级路线构成时，环闭合差的限差应按各等级路线分别计数，然后取其平方和的平方根为限差。

3. 表中"检测已测测段高差之差"的限差对单程和双程（往、返）检测均适合。

4. 当一测段长度小于 1 km 时，往、返高差不符值的限差计算时的测段长度按 1 km 计算。

工作间歇时，最好能在水准点上结束观测。否则，应选择两个坚稳可靠、光滑突出、便于放置标尺的固定点作为间歇点，并应在其上做出标记。间歇后，应进行检测，若两间歇点的检测高差与原测高差符合限差要求（表 4-8），即可从前视标尺的间歇点起测。若只能选到一个固定点作为间歇点，间歇后应仔细检视是否发生位移。如无稳固的固定点，则应对间歇前最后两站的转点尺桩做妥善的安置，间歇后进行检测。检测时比较任两尺桩（木桩）间歇前、后所测的高差，若合乎限差，即可由此起测。否则须从前一水准点起测。

任务实施

根据二等水准测量的技术要求，进行二等水准测量外业工作，重点训练二等水准测量的观测方法、操作步骤和作业流程。

任务六　正常水准面不平行性及其高程系统

【知识要点】 正常水准面不平行性及影响，正高系统，正常高系统。

【技能目标】 能够把水准观测高差归化为正常高高差。

任务导入

水准测量的实质是测两点之间的高差，两点之间的高差是这两点所在水准面之间的高差，这时假定各水准面相互平行。但实际上各水准面是不相互平行的，导致经过不同的路线，测量两点之间的高差不一样(没有任何误差的情况下)，这与点的高程唯一性相矛盾，为了解决该矛盾，必须合理选择高程系统。

任务分析

水准面之间不平行性，可以从每一个水准面是一个重力等位面进行分析解释。在小区域进行水准测量时，认为水准面相互平行，所求得的高程一般为绝对高程，即正高高程，正高高程不能精确求定，而正常高是可以精确求得的。本任务主要学习正常水准面不平行性及对观测高程的影响，正高系统和正常高系统。

相关知识

一、水准面的不平行性及其对观测高差的影响

(一) 水准面的不平行性

水准面是一个重力等位面，即同一水准面上所有单位质点的重力位能都相等。如图4-22所示，设有 P_1、P_2 两个相邻的水准面，P_1 水准面上有通过纬度不同的 A、B 两点，两点处相邻水准面的高差分别为 Δh_A、Δh_B，A、B 两点处的重力加速度分别为 g_A、g_B。显然，A、B 两点处两水准面间的单位质点重力位能差应相等，即：

$$g_A \Delta h_A = g_B \Delta h_B \tag{4-9}$$

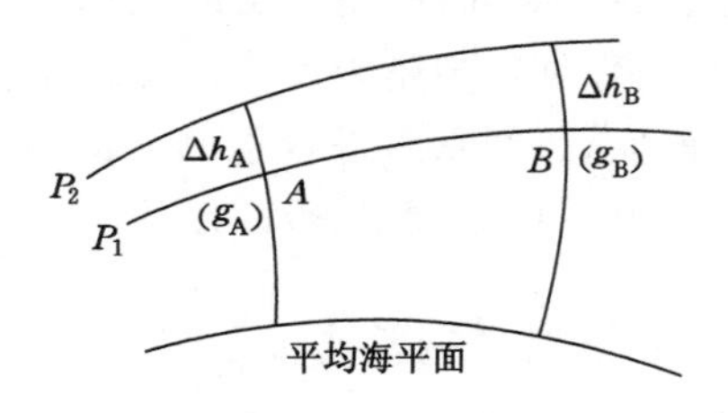

图 4-22　水准面的不平行性

A、B 作为地球上不同的两点，它们的重力加速度是不相等的，也就是说：

$$g_A \neq g_B$$

故

$$\Delta h_A \neq \Delta h_B$$

由此可见，水准面彼此是不平行的，这种特性称为水准面的不平行性，而且从赤道向两极逐渐收敛。

（二）水准面不平行性对观测高差的影响

几何水准测量原理，是建立在水准面相互平行的基础上，既然水准面彼此不平行，势必对观测高差或高程带来影响，这种影响虽然对短的水准路线比较小，但在长的水准路线上则比较显著。

如图 4-23 所示，设想从起始水准点 O 出发，沿着 OBA 和 $OB'A$ 两条不同的长水准路线进行水准测量，由于各相邻水准面不平行，两条路线的观测高差 $\sum \mathrm{d}h_i$ 和 $\sum \mathrm{d}h'_i$，即使没有观测误差也不会相等。也就是说，用水准测量测得两点间高差的结果随测量水准路线的不同而有差异。这种观测高差的多值性，表现在大的闭合水准环 $OBAB'O$ 上，其环线闭合差并不等于零，而有一个所谓理论闭合差，即：

$$W_{\text{理论}} = \sum \mathrm{d}h_i - \sum \mathrm{d}h'_i$$

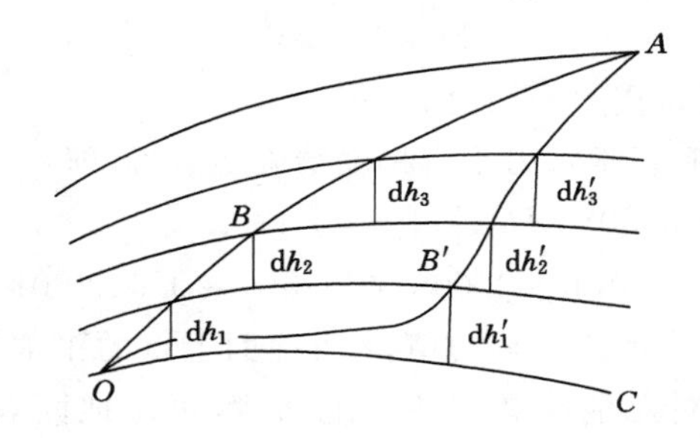

图 4-23　水准面不平行性对观测高差的影响

二、高程系

由于水准面的不平行性，使得两定点间的高差沿不同的测量路线所测得的结果不一致，为了使点的高程有唯一确定的数值，有必要合理地定义高程系。

（一）正高高程系

正高高程系是以大地水准面为高程基准面，地面上任一点的正高高程是该点沿铅垂线方向至大地水准面的距离。如图 4-24 所示，设从水准零点 O 出发，沿着地面上的 OBA 路线，施测几何水准到地面点 A，这时 A 点的正高为：

$$H_{\text{正}}^{\mathrm{A}} = AC = \int_{\mathrm{CA}} \mathrm{d}H = \frac{1}{g_{\mathrm{m}}^{\mathrm{A}}}\int_{OBA} g\,\mathrm{d}h \tag{4-10}$$

式中，$g_{\mathrm{m}}^{\mathrm{A}}$ 为 A 点铅垂线上 AC 线段间的重力平均值；g 为水准测量各标尺点的重力值。

$\mathrm{d}h$ 和 g 可分别由水准测量和重力测量测得，由于地球内部物质密度分布情况不能确切知道，因而 $g_{\mathrm{m}}^{\mathrm{A}}$ 也无法精确计算出来，正高就不能精确求定。所以严格说来，地面一点的正高高程不能精确求得。

（二）正常高高程系

1. 正常高和似大地水准面

用正常重力平均值 $\gamma_{\mathrm{m}}^{\mathrm{A}}$ 代替实际重力平均值 $g_{\mathrm{m}}^{\mathrm{A}}$ 进行计算，可以得到 A 点的正常高，即：

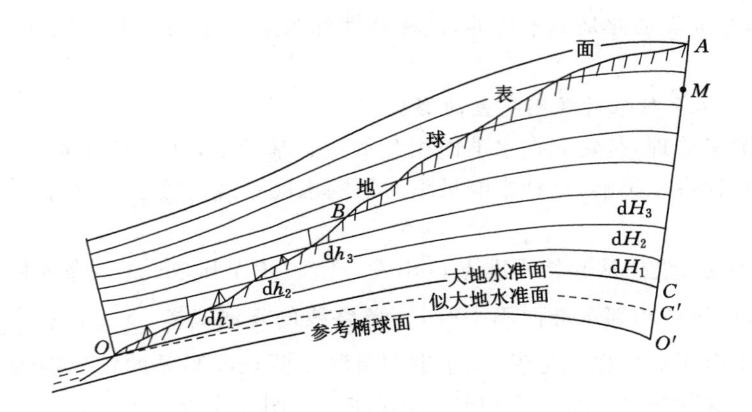

图 4-24 高程系统

$$H_{正常}^{A}=\frac{1}{\gamma_{m}^{A}}\int_{OBA}g\,dh \tag{4-11}$$

式中，γ_m^A 为 AC 线段上的正常重力平均值。

γ_m^A 可按正常重力公式和正常重力垂直梯度精确地求得，即：

$$\begin{cases}\gamma=\gamma_0-0.308\ 6H\\ \gamma_0=978.030(1+0.005\ 302\sin^2\varphi-0.000\ 007\ \sin^2 2\varphi)\end{cases} \tag{4-12}$$

式中，γ_0 为总地球椭球面上点的正常重力值；γ 为地面上点的正常重力值；H 为地面点高出椭球的大地高；φ 为地面点对总地球椭球的大地纬度，可用地面点对参考椭球的大地纬度代替。

这时，用正常重力平均值 γ_m^A 求得的高程，不再是 A 点的正高 AC，而是相应于某一基准面的 A 点高程 AC'，因为这个高程是用正常重力值求定的，所以称为 A 点的正常高。

由式(4-11)、式(4-12)知，γ_m^A 仅决定于地面点 A 的大地纬度和大地高。其次，在不同的水准路线上，相同两个水准面间各处的重力位能差又相等。因此，不论水准观测路线如何选择，正常高的数值是唯一的，不会存在多值性的矛盾，正常高高程可以精确求得。因此，我国规定采用正常高高程系统作为我国的统一系统。

今在 AO' 线上截取 $AC'=H_{正常}^{A}$，这时有：

$$H_{正常}^{A}=AC'=\frac{1}{\gamma_{m}^{A}}\int_{OBA}g\,dh \tag{4-13}$$

正常高的基准面可以这样确定：按地面各点的正常高，沿着正常重力线向下截取一系列的点(比如 C' 点)，把它们连接成一个连续的曲面，这个曲面就是正常高的基准面。据研究，这个基准面与大地水准面的差距，在山区最多为 2 m，在平原地区只有几厘米，在海洋为零，两面重合，因而这个基准面也通过水准零点。由于这个水准面很接近大地水准面，所以称为似大地水准面，似大地水准面是正常高的基准面。

2. 正常高系统

以似大地水准面作为基准面来表示地面点高程，这个高程系统称为正常高系统。在这个系统中，它的高程，是地面点沿着正常重力线方向到似大地水准面的距离，称为正常高，如图 4-24 中的 AC'，是地面点 A 的正常高。两地面点正常高之差，称为正常高高差，如图 4-24

中的 B 点对 A 点的正常高高差为 $H_{正常}^{B}-H_{正常}^{A}$。

3. 水准观测高差归化为正常高高差

若有地面 A、B 两点，则由 A、B 两点的观测高差求这两点的正常高差的公式为：

$$H_{正常}^{B}-H_{正常}^{A}=H_{测}^{B}-H_{测}^{A}+\varepsilon+\lambda \tag{4-14}$$

式中，ε 为正常水准面不平行改正；λ 为重力异常 $(g-\gamma)$ 引起的改正，称为重力异常改正。

正常水准面不平行改正数公式为：

$$\varepsilon=-A\sum_{A}^{B}H(\Delta\varphi)' \tag{4-15}$$

从式(4-15)可以看出，当水准路线自南向北时，纬度差 $\Delta\varphi$ 为正，改正数为负值，说明纬度越高，水准面之间越加靠近；反之，路线向南时，$\Delta\varphi$ 为负，改正数为正值，说明水准面之间越来越分离。

在式(4-15)中：

$$A=0.000\ 001\ 537\ 1\sin 2\varphi_{m} \tag{4-16}$$

高差 $\sum_{A}^{B}H$ 以平均高程 H_{m} 代替，得：

$$\varepsilon=-AH_{m}(\Delta\varphi)' \tag{4-17}$$

加入正常水准面不平行改正后，得到的点的高程是近似正高高程，它可以作为概略高程供测图和水准网平差之用。

应该知道，近似正高高程完全没有考虑地球表面和地壳内部物质密度分布不均匀的因素，若以这个高程作为长距离的高程传送，将与实际高程产生较大的差异。在我国西部山区和重力异常较大的地区，差异将很大。为此，在外业计算的基础上进行内业水准网平差时，还要加入重力异常改正。实际重力 g 可分为两部分：一部分是正常重力值，它是因地面点离开地心的距离不同而引起的；一部分是重力异常 $(g-\gamma)$，它是因地表面和地壳内部物质密度分布不均匀而引起的。重力异常改正的意义就是把点的近似正高高程改算为顾及地球物质密度分布不均匀的、以似大地水准面为基准的正常高高程。重力异常改正数的计算要利用天文、重力及水准的观测成果，在外业不必计算。

重力异常改正的公式为：

$$\lambda=(g-\gamma)_{m}\Delta H\times 10^{-6}(1+\Delta\gamma\times 10^{-6}) \tag{4-18}$$

计算时 $(g-\gamma)_{m}$ 以毫伽(mGal)为单位，取至 0.1 mGal。ΔH 是 A、B 两点间的高差，取整米，$\Delta\gamma=\gamma_{0}^{B}-\gamma_{0}^{A}$。

这就是说，水准测量的测段观测高差，加入正常水准面不平行改正和重力异常改正后，便归化为相应的正常高高差。

任务实施

加深对正常水准面不平行性和正高高程系以及正常高高程系的进一步理解，掌握将外业水准测量的测段观测高差转化为正常高高差。

任务七　水准测量概算

【知识要点】 高差的各项改正数计算；水准点概略高程的计算；每千米往、返测高差中数的偶然中误差的计算。

【技能目标】 能够进行水准测量概算；能够对外业观测数据进行精度评定。

任务导入

精密水准测量外业结束后，获得了大量的外业观测数据，接下来就需要对这些数据进行内业处理，以期获得测图控制、工程控制及水准网平差的基本数据，并求得各水准点的正常高高程。

任务分析

水准测量概算是水准测量平差前必须进行的准备工作。在概算前必须对水准测量的外业观测资料进行全面检核，检查外业观测数据是否符合质量要求，确认无误后，方可进行概算工作。概算的主要内容有：外业手簿的检查和计算，高差的各项改正数计算和水准点概略高程计算以及对外业观测数据进行精度评定。

相关知识

水准测量概算的目的是：按测段高差计算各种改正数，计算出水准点的概略高程，并评定外业观测质量。

一、外业手簿的检查和计算

外业观测手簿是水准测量的原始数据，概算前应对有关项目进行认真检查，以确保其准确无误。

各等水准测量概算的单位及数字的取位见表 4-10。

表 4-10　各等水准测量概算的单位及数字的取位

等级	往（返）测距总和/km	测段距离中数/km	各测站高差/mm	往（返）测高差总和/mm	测段高差中数/mm	水准点高程/mm
一	0.01	0.1	0.01	0.01	0.1	1
二	0.01	0.1	0.01	0.01	0.1	1
三	0.01	0.1	0.1	0.01	1.0	1
四	0.01	0.1	0.1	0.01	1.0	1

二、高差的各项改正数计算

(一) 水准标尺每米间隔真长的改正

水准标尺每米长度误差对高差的影响是系统性质的。根据规定，当一对水准标尺每米间隔平均真长的误差$|f|>0.02$ mm，就要对高差进行改正。

改正时应按测段往、返观测高差分别进行改正，改正公式为：

$$\delta_i = fh_i \tag{4-19}$$

式中，f 为一对水准标尺每米间隔平均真长与名义长度之差，mm；h 为第 i 测段的往测或返测高差，m；δ_i 为第 i 测段的往测或返测的每米间隔真长误差改正数，mm。

由于往、返测观测高差的符号相反，所以往、返观测高差的改正数也将有不同的正负号。

【例 4-6】　标尺 No. 25 和标尺 No. 26 测得的每米间隔真长平均值见表 4-11。

表 4-11　　每米间隔真长平均值

标尺号数	标尺分划面每米间隔的平均真长/mm		
	基本分划	辅助分划	中数
No. 25	999.96	999.95	999.955
No. 26	999.97	999.98	999.975
中数	999.965	999.965	999.965

这对标尺总平均每米间隔真长为 999.96 mm，其误差为：

$$f=999.96-1\ 000.00=-0.04\ (\text{mm})$$

由表 4-12 可知，I 柳宝$_{35基}$—Ⅱ宜柳$_1$测段的往、返测高差为± 20.345 m，其相应的改正数 δ_1 为：

$$\delta_1=-0.04\times(\pm 20.345)=\pm 0.81\ (\text{mm})$$

计算结果填写在二等水准测量外业高差与概略高程表 4-12 第 17、18 栏中。

(二) 正常水准面不平行的改正数计算

由式(4-17)有：

$$\varepsilon_i = -AH_i\Delta\varphi$$

式中，ε_i 为水准测量路线中第 i 测段的正常水准面不平行改正数；A 为常系数，当水准测量路线的纬度差不大时，A 可按水准测量路线纬度的中数 φ_m 在系数表中查取；H_i 为第 i 测段始末点的近似高程平均值，m；$\Delta\varphi$ 为始末点的纬度差，(′)。

由表 4-13 可知，按水准路线平均纬度 $\varphi_m=24°18'$，在表 4-14 中查得常系数 $A=1\ 153\times 10^{-9}$。第一测段，即 I 柳宝$_{35基}$到Ⅱ宜柳$_1$ 水准测量路线始末点近似高程平均值 $H=(425+445)/2=435$ (m)，纬度差 $\Delta\varphi=3'$，则第一测段的正常水准面不平行改正数 ε_i 为：

$$\varepsilon_i=-1\ 153\times 10^{-9}\times 435\times(-3)=+1.5\ (\text{mm})$$

表 4-13 中 ε_i 全部转抄于表 4-12 第 21 栏。

表 4-12 二等水准测量外业

路线名称：Ⅱ宜柳线自宜河至柳城　　仪器：S1 71002　　施测年份：2003 年

标石类型 水准点编号	水准点位置（至重要地物的方向与距离）	纬度 φ	测段编号	侧段距离 /km	距起算点距离 /km	往测方向	土质（土、砂与植被等）	天气（阴晴和风力）	
								往测	返测
1	2	3	4	5	6	7	8	9	10
基本 Ⅰ柳宝$_{35基}$	宜州县第二学院内	25°28′	1	5.8	0.0	东南	坚实黏土	阴 无风	阴晴不定 2 级风
普通 Ⅱ宜柳$_{1}$	宜州县太平公社良川村 2 号电线杆北 20 m 处	25	2	5.6	5.8	东南	坚实土	阴 1～2 级风	晴 无风
普通 Ⅱ宜柳$_{2}$	宜州县太平公社春秀村 13 号公里碑西 50 m	22	3	5.0	11.4	东南	坚实土	阴 2～3 级风	阴 无风
普通 Ⅱ宜柳$_{3}$	宜州县太平公社东河村北约 200 m 处	19	4	6.0	16.4	东南	带沙实土	阴晴不定 无风	阴 1～2 级风
普通 Ⅱ宜柳$_{4}$	沂城县欧同公社新象村小学北 100 m 处	16	5	5.4	22.4	南	坚实土	阴晴不定 1～2 级风	阴 2～3 级风
普通 Ⅱ宜柳$_{5}$	沂城县欧同公社龙门村西南 55 m 处	14	6	5.7	27.8	南	坚实土	阴 无风	晴 2 级风
普通 Ⅱ宜柳$_{6}$	沂城县欧同公社中学北 58 m 处	11	7	5.9	33.5	东南	坚实土	阴 3 级风	阴 1～2 级风
普通 Ⅱ宜柳$_{7}$	沂城县小塘公社明江村 33 号公路碑西 50 m 处	9	8	4.9	39.4	东南	坚实土	晴 1～2 级风	阴 2 级风
普通 Ⅱ宜柳$_{8}$	沂城县小塘公社青龙观村南 50 m 处	8	9	5.3	44.3	东	实土	阴晴不定 无风	阴 1～2 级风
普通 Ⅱ宜柳$_{9}$	沂城县里高公社双桥村东南 50 m 处	9	10	4.8	49.6	东	带沙实土	阴 1～2 级风	晴 无风
普通 Ⅱ宜柳$_{10}$	沂城县里高公社光明村南 40 m 处	10	11	5.6	54.4	东	带沙实土	阴 无风	阴 3 级风
普通 Ⅱ宜柳$_{11}$	柳河县三都公社平阳村小学西北 140 m 处	11	12	5.2	60.0	东北	坚实土	阴晴不定 2～3 级风	阴晴不定 1～2 级风
普通 Ⅱ宜柳$_{12}$	柳河县三都公社粮食仓库院内	13	13	4.7	65.2	东北	坚实土	阴 无风	晴 1 级风
普通 Ⅱ宜柳$_{13}$	柳河县汽车站东南 400 m 处	15	14	5.9	69.9	东北	实土	阴 1～2 级风	阴 无风
普通 Ⅱ宜柳$_{14}$	柳河县北关公社小学南 40 m 处	17	15	5.1	75.8	东北	坚实土	晴 2 级风	阴 1～2 级风
基本 Ⅰ柳南$_{1基}$	柳城公安局院内	20			80.9				

注：“*”为已知高程，计算时应用红色填写。

高差与概略高程表

观测者：××××　　校算者：××××　　编算者：××××　　检查者：××××

往测			返测			观测高差/m		往返测高差不符值 Δ /mm	不符值累积 /mm	加δ后往返测高差中数 h' 正常水准面不平行改正 ε 闭合差改正 υ/mm	概略高程 $H=H_0+\sum h'+\sum \varepsilon+\sum \upsilon$ /mm	备注
施测月日	测站数		施测月日	测站数		标尺长度改正数 δ						
	上午	下午		上午	下午	往测	返测					
11	12	13	14	15	16	17	18	19	20	21	22	23
7.2 3	60	38	7.28 29	38	58	+20.344 42 — 81	−20.346 28 + 81	−1.86	0.00	+20 344.5 + 1.5 — 0.7	424 876*	
3 4	40	60	26 27	60	38	+77.304 18 — 3.09	−77.302 85 + 309	+1.33	−1.86	+77 300.4 + 1.7 — 0.7	445 221	
5	34	40	24	40	32	+55.576 08 — 222	−55.577 65 + 222	−1.57	−0.53	+55 574.6 + 1.9 — 0.6	522 523	
6 7	58	40	22 23	38	58	+73.450 18 — 294	−73.451 80 + 294	−1.62	−2.10	+73 448.0 + 2.1 — 0.7	578 099	
7 8	38	56	20 21	54	40	+17.094 70 — 68	−17.084 10 + 68	+0.60	−3.72	+17 093.7 + 1.5 — 0.6	651 548	
10	40	42	19	40	40	+32.770 58 — 131	−32.772 95 + 131	−2.37	−3.12	+32 770.5 + 2.4 — 0.7	668 643	
11 12	56	38	17 18	38	54	+80.548 52 — 322	−80.547 05 + 322	+1.47	−5.49	+80 544.6 + 1.7 — 0.7	701 415	
12 13	34	60	16 17	62	32	+11.745 28 — 47	−11.745 02 + 47	+0.26	−4.02	+11 744.7 + 0.9 — 0.6	781 960	f= −0.04 mm
8.3	38	40	8.22	38	38	−18.074 48 + 72	+18.071 82 — 72	−2.66	−3.76	−18 072.4 — 0.9 — 0.6	793 705	
4	40	40	21	36	38	−10.145 55 + 41	+10.146 12 — 41	+0.57	−6.42	−10 145.4 — 0.9 — 0.6	775 632	
5 6	60	42	19 20	40	53	−101.097 35 + 404	+101.099 32 — 404	+1.97	−5.85	−101 094.3 — 0.8 — 0.7	765 485	
6 7	38	58	18 19	58	38	−61.959 32 + 248	+61.959 85 — 248	+0.53	−3.88	−61 957.1 — 1.5 — 0.6	664 389	
8	36	38	17	36	36	−54.996 60 + 220	+54.996 18 — 220	−0.42	−3.35	−54 994.2 — 1.3 — 0.6	602 430	
10 11	62	40	14 15	38	60	+10.050 25 — 40	−10.051 68 + 40	−1.43	−3.77	+10 050.6 — 1.3 + 0.7	547 434	
11 12	32	54	13 14	52	30	+15.648 22 — 63	−15.649 72 + 63	−1.50	−5.20	+15 648.3 — 2.0 — 0.6	557 482	
									−6.70		573 128*	

表 4-13 正常水准面不平行改正计算

水准点编号	纬度 $\varphi/(°\ ')$	观测高差 h/m	近似高程/m	平均高程 H/m	纬差 $\Delta\varphi/(\ ')$	$H\Delta\varphi$	$\varepsilon=-AH\Delta\varphi$ /mm
1	2	3	4	5	6	7	8
Ⅰ柳宝$_{35基}$	24 28		425				
		+20.346		435	−3	−1 305	+1.5
Ⅱ宜柳$_1$	25		445				
		+77.304		484	−3	−1 452	+1.7
Ⅱ宜柳$_2$	22		523				
		+55.577		550	−3	−1 650	+1.9
Ⅱ宜柳$_3$	19		578				
		+73.451		615	−3	−1 845	+2.1
Ⅱ宜柳$_4$	16		652				
		+17.094		660	−2	−1 320	+1.5
Ⅱ宜柳$_5$	14		669				
		+32.772		686	−3	−2 058	+2.4
Ⅱ宜柳$_6$	11		702				
		+80.548		742	−2	−1 484	+1.7
Ⅱ宜柳$_7$	9		732				
		+11.745		788	−1	−788	+0.9
Ⅱ宜柳$_8$	8		794				
		−18.073		785	+1	785	−0.9
Ⅱ宜柳$_9$	9		776				
		−10.146		771	+1	771	−0.9
Ⅱ宜柳$_{10}$	10		766				
		−101.098		716	+1	716	−0.8
Ⅱ宜柳$_{11}$	11		665				
		−61.096		634	+2	1 268	−1.5
Ⅱ宜柳$_{12}$	13		603				
		−54.996		576	+2	1 152	−1.3
Ⅱ宜柳$_{13}$	15		548				
		+10.051		553	+2	1 106	−1.3
Ⅱ宜柳$_{14}$	17		558				
		+15.649		566	+3	1 698	−2.0
Ⅰ柳南$_{1基}$	20		573				
	$\varphi_m=24°18'$						$\sum\varepsilon=+5.0$

表 4-14 正常水准面不平行改正的系数 A 表

$A=0.000\,001\,537\,1\sin 2\varphi_m$

$\varphi/(°)$	0′	10′	20′	30′	40′	50′
0	000×10^{-9}	009×10^{-9}	018×10^{-9}	027×10^{-9}	036×10^{-9}	045×10^{-9}
1	054	063	072	080	089	098
2	107	116	125	134	143	152
3	161	170	178	187	196	205
4	214	223	232	240	249	258
5	267	276	285	293	302	311
6	320	328	337	346	354	363
7	372	381	389	398	406	415
8	424	432	441	449	458	466
9	475	483	492	500	509	517
10	526	534	542	551	559	567
11	576	584	592	601	609	617
12	625	633	641	650	658	666
13	674	682	690	698	706	714

续表 4-14

φ/(°)	0′	10′	20′	30′	40′	50′
14	722	729	737	745	753	760
15	769	776	784	792	799	807
16	815	822	830	837	845	852
17	860	867	874	882	889	896
18	903	911	918	925	932	939
19	946	953	960	967	974	981
20	988	995	1 002	1 008	1 015	1 022
21	1 029	1 035	1 042	1 048	1 055	1 061
22	1 068	1 074	1 081	1 087	1 093	1 098
23	1 106	1 112	1 118	1 124	1 130	1 136
24	1 142	1 148	1 154	1 160	1 166	1 172
25	1 177	1 183	1 189	1 195	1 200	1 206
26	1 211	1 217	1 222	1 228	1 233	1 238
27	1 244	1 249	1 254	1 259	1 264	1 269
28	1 274	1 279	1 284	1 289	1 200	1 299
29	1 304	1 308	1 313	1 318	1 322	1 327
30	1 331	1 336	1 340	1 344	1 349	1 353
31	1 357	1 361	1 365	1 370	1 374	1 378
32	1 382	1 385	1 389	1 393	1 397	1 401
33	1 404	1 408	1 411	1 415	1 418	1 422
34	1 425	1 429	1 432	1 435	1 438	1 441

注：本例的平均纬度为 24°18′，A 查表为 $1\,153\times10^{-9}$。

（三）水准路线（或环线）闭合差的改正

计算尺长改正和正常水准面不平行改正之后，计算环线或路线闭合差 W。

$$W=(H_0-H_n)+\sum h'_i+\sum \varepsilon_i \tag{4-20}$$

式中，H_0、H_n 为水准路线起点和终点的已知高程，m；$\sum h'_i$ 为经过尺长改正后高差中数之和，m；$\sum \varepsilon_i$ 为正常水准面不平行改正数之和，mm。

$$W=(424.876\ \text{m}-573.128\ \text{m})+148.256\,5\ \text{m}+5.0\ \text{mm}=9.5\ (\text{mm})$$

闭合差限差为：

$$W_{限}=\pm 4\sqrt{L}=\pm 4\sqrt{80.9}=\pm 35.98\ (\text{mm})$$

水准测量路线中每个测段的高差改正数为：

$$\nu_i=-\frac{R_i}{\sum R_i}W \tag{4-21}$$

水准测量路线闭合差 W 按与测段长度 R 成正比、反符号配赋予各测段的高差中。

在表 4-12 中，水准测量路线的全长 $\sum R=80.9$ km，第一测段的长度 $R=5.8$ km，则第一测段的高差改正数为：

$$\nu_1 = -\frac{5.8}{80.9}\times 9.5 = -0.7\ (\text{mm})$$

其余各段可类推。填入表 4-12 第 21 列。

三、各水准点概略高程的计算

概略高程的计算公式为：

$$H_i = H_0 + \sum_1^i h' + \sum_1^i \varepsilon + \sum_1^i \nu \tag{4-22}$$

上例中Ⅱ宜柳$_1$ 水准点概略高程为：

$$H_1 = 424.876 + 20.3445 + 0.0015 - 0.0007 = 445.221\ (\text{m})$$

其余各段可类推。填入表 4-12 第 22 列。

四、往返测高差不符值及每千米往返测高差中数的偶然中误差的计算

水准路线观测结束后，还应计算往、返测高差不符值及每千米高差中数的偶然中误差 M_Δ，以评定野外观测的精度。

M_Δ 的计算公式为：

$$M_\Delta = \pm\sqrt{\frac{1}{4n}\left[\frac{\Delta\Delta}{R}\right]} \tag{4-23}$$

式中，Δ 为各测段的往、返测高差不符值，mm；R 为各测段长度，km；n 为测段数。

【例 4-7】 计算示例见表 4-15。

表 4-15　　往返测高差不符值表

仪器：北京光学 S1 71002　　路线名称：Ⅱ宜河—柳城　　日期：2003 年 3 月

测段编号	R/km	$\sum R$/km	Δ/mm	$\sum\Delta$/mm	Δ^2	$\frac{\Delta^2}{R}$	备注
1	5.8	5.8	−1.86	−1.86	3.459 6	0.5965	
2	5.6	11.4	+1.33	−0.53	1.768 9	0.3159	
3	5.0	16.4	−1.57	−2.10	2.464 9	0.4930	
4	6.0	22.4	−1.62	−3.72	2.624 4	0.4374	
5	5.4	27.8	+0.60	−3.12	0.360 0	0.0667	
6	5.7	33.5	−2.37	−5.49	5.616 9	0.9854	
7	5.9	39.4	+1.47	−4.02	2.160 9	0.3663	$M_\Delta=\pm\sqrt{\frac{1}{4n}\left[\frac{\Delta\Delta}{R}\right]}$
8	4.9	44.3	+0.26	−3.76	0.067 6	0.0138	$=\pm\sqrt{\frac{1\times 6.2500}{4\times 15}}$
9	5.3	49.6	−2.26	−6.42	7.075 6	1.3350	$=\pm 0.32$ (mm)
10	4.8	54.4	+0.57	−5.85	0.324 9	0.0677	
11	5.6	60.0	+1.97	−3.88	3.880 9	0.6930	
12	5.2	65.2	+0.53	−3.35	0.280 9	0.0540	
13	4.7	69.9	−0.42	−3.77	0.176 4	0.0375	
14	5.9	75.8	−1.43	−5.20	2.044 9	0.3466	
15	5.1	80.9	−1.50	−6.70	2.250 0	0.4412	
$\sum$						6.250 0	

若水准路线构成水准网，而且其环数超过 20 个时，还要按环闭合差计算每千米水准测量的全中误差（即偶然误差和系统误差的综合影响）。

M_W的计算公式为：

$$M_W=\pm\sqrt{\frac{1}{N}\left[\frac{WW}{F}\right]} \tag{4-24}$$

式中，W 为水准路线经过水准面不平行改正计算的水准环闭合差，mm；F 为水准环线周长，km；N 为水准环数。

这两项指标的限值见表 4-16。

表 4-16　　偶然中误差和全中误差限差

等级	一等	二等	三等	四等
M_Δ	0.5	1.0	3.0	5.0
M_W	1.0	2.0	6.0	10.0

任务实施

根据二等水准测量外业工作所获得的数据，按照水准测量概算的程序进行二等水准测量的概算。

任务八　三角高程测量

【知识要点】　三角高程测量的原理；三角高程测量高差计算公式；确定大气折光系数的方法；三角高程测量的精度和检核。

【技能目标】　能够掌握三角高程测量外业操作方法和技能；能够进行三角高程测量高差内业计算；能够掌握三角高程测量精度的计算方法。

任务导入

在平坦地区，可用水准测量的方法精确测定控制点的高程。但对于地面高低起伏较大的地区，用水准测量测定高程，外业工作量大，工作效率低，有时甚至非常困难或无法实施，这时可以采用三角高程测量的方法来测定控制点高程，既可保证一定精度，又可提高工作效率。

任务分析

在地形测量中利用三角高程测量的方法来测定控制点高程，测绘区域较小，距离较短，可以把水平面作为基准面进行高差计算。在控制测量中，测区范围大，距离较长，需要以椭球面为基准面来推导三角高程测量的计算公式。此时不仅需要顾及地球曲率的影响，同时还需要顾及大气垂直折光对高差计算的影响。

相关知识

一、三角高程测量原理

（一）三角高程测量的计算公式

如图 4-25 所示，S_0 为 A、B 两点间的实地水平距离，仪器置于 A 点，i_1 为仪器高，ν_2 为 B 点觇标高，R 为 AB 方向上的椭球曲率半径。

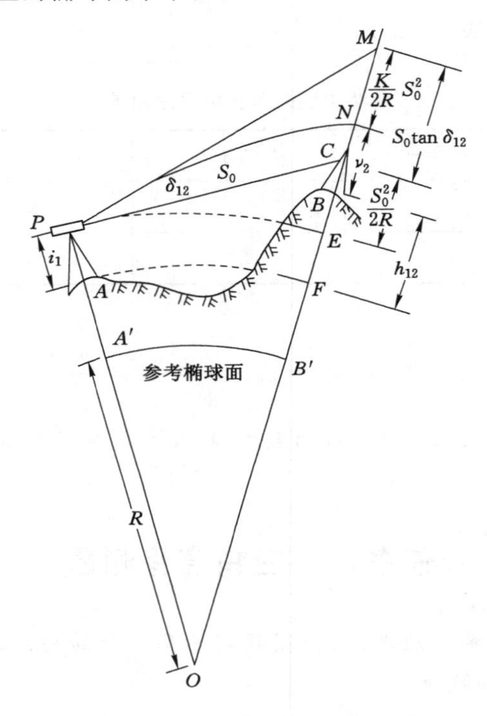

图 4-25　三角高程测量原理

在 A 点处的望远镜 P 照准 B 点处的觇标 N 时，由于地面大气垂直折光的影响，视线的行程为一弧线 PN。而望远镜的照准方向为此弧线之切线 PM，测得的垂直角为 δ_{12}，它包含了大气垂直折光的影响，MN 即为大气垂直折光差。

其次，设 PE 为过 P 点的水准面，而垂直角 δ_{12} 是以水平切线 PC 为基准的，使得 C、E 两点间出现差距，CE 就是地球曲率对计算高差的影响，称为地球弯曲差。

若 AF 弧为过 A 点的水准面，顾及地球曲率和大气垂直折光影响后，B 点相对于 A 点之间的高差为：

$$h_{12} = BF = MC + CE + EF - MN - NB \tag{4-25}$$

式中，EF 为仪器高 i_1；NB 为照准点觇标高 ν_2；CE 为地球曲率影响；MN 为大气折光影响。

地球曲率影响：$CE=\dfrac{S_0^2}{2R}$；大气折光影响：$MN=K\dfrac{S_0^2}{2R}$，K 为大气折光系数。由于水平距离 S_0 与 R 相比非常小，可认为$\angle PCM\approx 90°$，则有 $MC=S_0\tan\delta_{12}$。

于是式(4-25)可变为：

$$h_{12}=S_0\tan\delta_{12}+(1-K)\frac{S_0^2}{2R}+i_1-\nu_2 \tag{4-26}$$

令 $C=\dfrac{1-K}{2R}$，则式(4-26)可变为：

$$h_{12}=S_0\tan\delta_{12}+CS_0^2+i_1-\nu_2 \tag{4-27}$$

式中，C 为球气差系数。

式(4-27)就是单向观测计算高差的基本公式。

(二) 电磁波测距三角高程测量的高差计算公式

目前全站仪的使用非常方便，测角、测距精度也比较高。因此，在高差较大而不便用水准测量传递高程，以及进行跨越山谷、河流的高程测量和实现陆地与岛屿或岛屿与岛屿之间的高程联测时，可采用全站仪进行三角高程测量。当测距和测角的精度达到必要的精度，并采取必要的观测措施，用全站仪进行三角高程测量的精度可达到四等甚至三等水准测量的精度要求。

全站仪三角高程按斜距计算的高差公式为：

$$h=S\sin\delta+(1-K)\frac{S^2}{2R}\cos^2\delta+i-\nu \tag{4-28}$$

或

$$h=S\sin\delta+CS^2\cos^2\delta+i-\nu \tag{4-29}$$

式中，δ 为垂直角；S 为经气象改正后的斜距，m。

二、仪器高和觇标高的量取

量取仪器高和觇标高是三角高程测量的重要工序之一，它们的误差大小将直接对高差结果产生影响。为此，应用钢卷尺以不同尺段量取两次，两次结果之差不得大于 1 cm。

三、垂直角观测

为了计算三角高程，使用光学经纬仪、电子经纬仪、测距仪必须测垂直角观测。使用全站仪，高差可直接显示，垂直角可不测。但为了检核，垂直角还是测上为好。

垂直角观测方法有中丝法和三丝法。

(一) 中丝法

中丝法也称单丝法，是利用仪器的十字丝的水平中丝照准目标的方法，如图 4-26 所示，一测回观测程序为：

(1) 在测站上整平、对中。

(2) 盘左位置，用十字丝中丝精确瞄准第一目标，读取垂直度盘读数 L。同理，读取其他目标的读数。

(3) 盘右位置，用十字丝中丝精确瞄准最后目标，读盘右读数 R。同理，读取其他目标的读数。

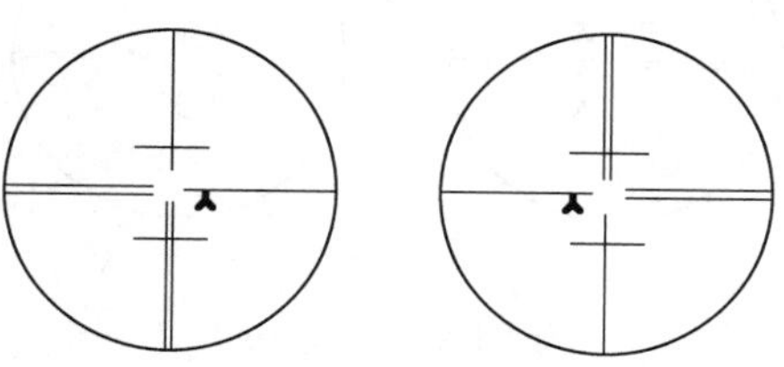

图 4-26　中丝法

记录和计算格式见表4-17。指标差的计算、垂直角计算公式，详见本项目任务二。

表4-17　　中丝法记录和计算

点名：通云山　　等级：三

天气：晴　　日期：2013年5月1日

成像：清晰稳定　　开始：10时20分

仪器至标石面高：1.57　　结束：10时35分

照准点名	盘左		盘右		指标差	垂直角
照准部位	° ′	″	° ′	″	′ ″	° ′ ″
麻油坊圆筒上沿	90 04	31	269 55	46	+0 08	−0 04 22
	90 04	28	269 55	43	+0 06	−0 04 22
	90 04	28	269 55	45	+0 06	−0 04 22
	90 04	30	269 55	48	+0 09	−0 04 21
	中数					−0 04 22
姚家村圆筒上沿	90 07	17	269 53	04	+0 10	−0 07 07
	90 07	22	269 53	06	+0 14	−0 07 08
	90 07	22	269 53	00	+0 12	−0 07 11
	90 07	24	269 53	02	+0 13	−0 07 11
	中数					−0 07 09

（二）三丝法

三丝法就是以上、中、下三条水平丝依次照准目标的方法，如图4-27所示，一测回观测程序为：

（1）盘左位置，依次用上、中、下三根水平丝照准某组的1方向的目标。各丝精确照准目标后，用垂直度盘水准器微动螺旋，使水准气泡精确居中（有补偿器的经纬仪不需此步操作），并读取垂直度盘读数（测微器读取两次重合读数）。同法依次照准同组的2，…，n方向的目标并读数。

（2）倒转望远镜，在盘右位置上，依次用上、中、下三根水平丝（从望远镜视场上看）照准第n方向的目标，按以上方法读数。同法依次照准$n-1$，…，1方向的目标并读数。

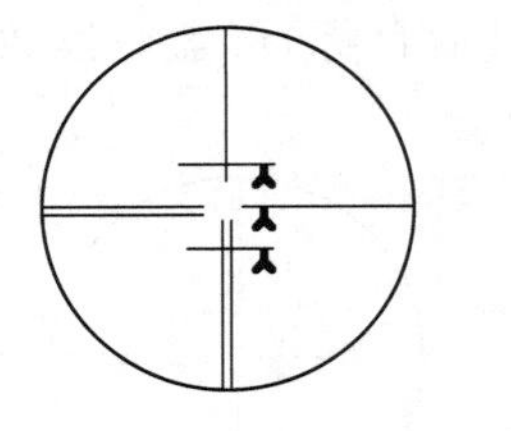
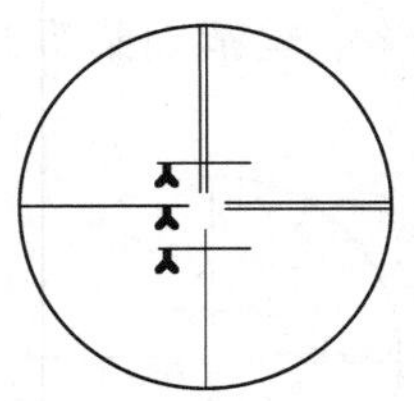

图4-27　三丝法

记录和计算格式见表 4-18。

表 4-18 三丝法记录和计算

点名:南坪头　　等级:三

天气:晴　　日期:2013 年 5 月 10 日

成像:清晰稳定　　开始:10 时 20 分

仪器至标石面高:1.48　　结束:10 时 35 分

照准点名	盘左		盘右		指标差	垂直角
照准部位	° ′ ″	″	° ′ ″	″	′ ″	° ′ ″
黑陀村圆筒上沿	89 37 54	54	269 47 36	36	−17 15	+0 04 51
	53		35			
	89 55 07	07	270 04 44	44	−00 04	+0 04 48
	07		44			
	90 12 16	16	270 22 04	04	+17 10	+0 04 54
	16		04			
	中数					+0 04 51
黑陀村圆筒上沿	89 37 48	48	269 47 39	39	−17 16	+0 04 56
	48		39			
	89 55 01	00	270 04 46	45	−00 08	+0 04 52
	00		44			
	90 12 08	08	270 22 02	02	+17 05	+0 04 57
	09		01			
	中数					+0 04 55

(三) 垂直角观测时的注意事项

(1) 垂直角观测,宜在 10 时至 15 时内、目标成像清晰稳定的条件下进行。

(2) 若周围观测垂直角的方向较多,可将观测方向分成若干组,每组包括 2～4 个方向,分组进行观测。若通视条件不佳,也可分别对每一方向进行连续观测。

观测时,最好用水平丝切照准觇标的圆筒上边沿或标心柱顶部或反光镜中心,并按不同符号记入手簿中。盘左、盘右两位置时的目标成像,应位于垂直丝左、右附近的对称位置。观测过程中,若发现指标差绝对值大于 30″时,应进行校正。

(3) 用三丝法观测时,从望远镜视场上看,盘左、盘右均按上、中、下丝的顺序去照准。而实际上盘左、盘右的照准顺序是上、中、下,下、中、上。这样,使盘左、盘右三根丝观测时间对中央时刻呈对称。

(4) 每次读数之前,应确保垂直度盘气泡精确居中。

（四）垂直角观测的测回数、限差规定与重测

垂直角观测的测回数、限差规定见表 4-19。垂直度盘测微器两次重合读数的差，J_2 型仪器≤3″，J_{07}、J_1 型仪器≤0.5 格。垂直角互差≤10″，垂直角互差的比较方法是：以同一方向各测回各丝所测的全部垂直角结果互相比较。指标差互差≤15″，指标差互差的比较方法是：分组观测时，仅在同组同一测回内各方向按同一根水平丝所计算的结果进行互相比较，即将同组、同测回、同丝的结果互相比较，单独方向连续观测时，按同方向各测回同一根水平丝所计算的结果互相比较。

表 4-19　　垂直角观测的测回数与限差规定

等级 / 项目	二、三等		四等，一、二级小三角		一、二、三级导线	
	J_1	J_2	J_2	J_6	J_2	J_6
中丝法测回数	4		2	4	1	2
三丝法测回数	2		1	2	—	1
垂直角测回差/(″)	10	15	15	25	15	25
指标差互差/(″)	10	15	15	25	15	25

凡垂直角互差或指标差互差超限的成果必须重测。重测时，不论采用三丝法或中丝法观测，若有一根水平丝所测的某一方向的结果超限，则此方向须用中丝法重测一测回。用三丝法观测时，若同方向一测回中有两根水平丝所测的结果超限，则该方向须用三丝法重测一测回，或用中丝法重测两测回。

四、球气差系数 *C* 值和大气折光系数 *K* 值的确定

在实际作业中，往往不是直接测定 K 值，而是设法确定 C 值，因为 $C=\frac{1-K}{2R}$。而平均曲率半径及对一个不测区来说是一个常数，所以确定了 C 值，K 值也就知道了。由于 K 值是小于 1 的数值，故 C 值永为正。

（一）经验 K 值

大气垂直折光系数 K，是随地区、气候、季节、地面覆盖物和视线超出地面高度等条件不同而变化的，所以大气垂直折光影响十分复杂，要准确测定某一观测时间视线所经空间的折光系数是难以做到的。但是，可以通过实践掌握大气折光性质及其系数变化的规律，根据我国中部、西北部、西南部 13 个测区 707 条边实测资料的统计，自然条件不同的地区的 K 值见表 4-20。

表 4-20　　不同地区的 K 值

地区种类	平原与山地	水网与湖泊	森林	沼泽	沙漠
统计边数	405	132	30	49	91
K 的平均值	+0.115	+0.157	+0.143	+0.148	+0.095

根据测区的自然条件，查表 4-20，获取 K 值。对于短边导线测量来说，采用经验 K 值是很常用的方法。

（二）水准测量与三角高程测量相比较确定 C 值

在已经由水准测量测得高差的两点之间，用三角高程测量再测高差。从理论上讲，水准测量和三角高程两种方法测定的高差应该相等，即：

$$\Delta H_{12} = S_0 \tan \delta_{12} + CS_0^2 + i_1 - \nu_2$$

由上式可以计算：

$$C = \frac{\Delta H_{12} - (S_0 \tan \delta_{12} + i_1 - \nu_2)}{S_0^2} \tag{4-30}$$

为实用方便，上式分子以米(m)计，分母以千米(km)计，C 的单位是 m/km²。该方法工作量较大，实际工作中较少采用。

（三）利用对向观测高差确定 C 值

由于是同时对向观测，可以认为对向观测时的 C 值相等，于是：

$$\begin{cases} h_{12} = S_0 \tan \delta_{12} + CS_0^2 + i_1 - \nu_2 \\ h_{21} = S_0 \tan \delta_{21} + CS_0^2 + i_2 - \nu_1 \end{cases}$$

因为

$$h_{12} = -h_{21}$$

并令 $h'_{12} = S_0 \tan \delta_{12} + i_1 - \nu_2$；$h'_{21} = S_0 \tan \delta_{21} + i_2 - \nu_1$，则有：

$$C = -\frac{h'_{12} + h'_{21}}{2S_0^2} \tag{4-31}$$

必须指出的是，无论用哪种方法测定测区的平均折光系数，都不能只根据一两次的结果，而应该从较多的具有代表性的一些边中推求，最后取中数作为本测区的平均 C 值。一般说来，用第二种方法时，应有 5 条以上观测边；用第三种方法时，应有 20 条以上的观测边参与计算。现在的短边导线测量，也较少使用该方法。

五、三角高程测量计算

外业观测结束以后，应对其成果及时进行检查、整理和计算。

【例 4-8】 根据式(4-27)计算每一条边往、返单向高差值，若互差不超限，取二者中数为观测高差。

1. 抄录数据

首先从观测手簿上将观测数据抄录下来，并确保无误，具体见表 4-21。

表 4-21 **A—B 三角高程测量观测数据**

点名	A	B
斜距边长 S/m	2 480.020	2 480.026
竖直角 δ	+1°48′53″	−1°50′10″
仪器高 i/m	1.491	1.605
觇标高 ν/m	1.625	1.467

2. 高差计算

目前通常采用计算机软件计算三角高程，手工计算见表 4-22。

表 4-22　　三角高程计算

边名	A—B		备注
测向	往测	返测	
斜距边长 S/m	2 480.020	2 480.026	$C=6.906\ 8\times10^{-8}$ $K=0.12$ $R=6\ 370\ 520$ m
竖直角 δ	$+1°48'53''$	$-1°50'10''$	
仪器高 i/m	1.491	1.605	
觇标高 ν/m	1.625	1.467	
$h'=S\sin\delta+i-\nu$/m	78.372	−79.324	
$E=CS^2\cos^2\delta$/m	0.424	0.424	
$h=h'+E$/m	78.826	−78.900	
往、返测不符值/m	−0.074		
高差中数/m	78.863		

六、观测成果的精度计算

（一）一测回垂直角观测值中误差 M_δ 的计算

每一个测区，应计算一测回垂直角观测值中误差 M_δ，以检核垂直角观测成果的质量，四等高程导线要求 $M_\delta\leqslant\pm1.5''$。

设每组各测回垂直角观测值为 δ_i，每组观测垂直角的测回数为 m，整个测区观测垂直角的总组数为 N，则有：

$$M_\delta=\pm\sqrt{\frac{[VV]}{N(m-1)}} \tag{4-32}$$

其中：

$$V=\delta_i-\frac{[\delta_i]}{m}$$

（二）每千米高差中数的偶然中误差 M_Δ 的计算

当测区用每点设站法测量边数的 2 倍和隔点设站法的测站数之和大于等于 20 时，应计算每千米高差中数的偶然中误差 M_Δ，并检核是否符合相应等级水准测量 M_Δ 的要求。

在每点设站法中，设各测站两组高差之差为 Δ(mm)，往、返测边长为 S(km)，往、返测的边数为 N，则有：

$$M_\Delta=\pm\frac{1}{4}\sqrt{\frac{1}{N}\left[\frac{\Delta\Delta}{S}\right]} \tag{4-33}$$

在隔点设站法中，设各测站两组高差之差为 Δ(mm)，各测站前、后视距离之和为 L(km)，测站数为 N，则有：

$$M_\Delta=\pm\sqrt{\frac{1}{4N}\left[\frac{\Delta\Delta}{L}\right]} \tag{4-34}$$

（三）每千米高差中数的全中误差 M_W 的计算

当测区高程导线网的环线和附合路线数之和大于等于 20 时，应计算每千米高差中数的全中误差 M_W，并检核是否符合相应等级水准测量 M_W 的要求。

设各环线或附合路线的高差闭合差为 W(mm)，各环线或附合路线的长度为 F(km)，测区环线或附合路线数之和为 N，则有：

$$M_W = \pm\sqrt{\frac{1}{N}\left[\frac{WW}{F}\right]} \tag{4-35}$$

任务实施

用全站仪进行四等三角高程导线测量，并利用式(4-29)进行三角高程导线内业计算。

思考与练习

1. 什么叫大地水准面，什么叫大地体？
2. 我国的高程基准有哪几种？
3. 什么叫水准原点？
4. 精密水准仪、水准尺构造特点分别有哪些？
5. 什么叫基辅差？
6. 数字电子水准仪与光学水准仪比较有哪些优点？
7. 精密水准尺的检验项目有哪些？
8. 精密水准仪的检验项目有哪些？
9. 什么叫一根水准标尺的零点差？什么叫一对水准标尺的零点差？
10. 什么叫基辅差？
11. 什么叫交叉误差？什么叫 i 角误差？
12. 简述水准仪 i 角检校的步骤和方法。
13. 影响精密水准测量的误差来源有哪些？
14. 在精密水准测量中，应采取哪些措施来消除或减弱各种误差的影响？
15. 精密水准测量有哪些规定？
16. 简述精密水准测量按“后-前-前-后”顺序，采用光学测微法进行一个测站的操作步骤、记录和计算方法。
17. 如何理解正常水准面的不平行性？
18. 什么叫正高、正常高？
19. 如何将水准测量的测段观测高差转化为正常高高差？
20. 水准测量概算的目的是什么？
21. 水准测量概算的主要内容有哪些？
22. 根据表 4-12 提供的水准测量外业数据，对水准测量概算过程进行检验计算。
23. 球气差系数 C 值或大气折光系数 K 值的确定方法有哪些？
24. 对表 4-21、表 4-22 进行三角高程测量检验计算。
25. 三角高程测量观测高差质量如何检核？

项目五　GNSS控制测量

任务一　GNSS定位基本原理

【知识要点】 GNSS概念;GNSS定位方式;GNSS定位基本原理。

【技能目标】 理解GNSS的含义;理解GNSS的定位方式;了解GNSS定位基本原理。

任务导入

随着测绘科学技术的发展,测绘仪器和手段也发生了新的变化。目前,GNSS测量已经成为控制测量的主要手段。

任务分析

GNSS是Global Navigation Satellite System(全球卫星导航系统)的简称,是所有在轨工作的卫星导航定位系统的总称。目前,全球有四家全球卫星导航系统:美国的GPS、俄罗斯的GLONASS、欧盟的GALILEO和中国的BDS,这几大导航系统统称为GNSS。本任务主要了解GNSS的概念及其定位基本原理。

相关知识

一、四家全球卫星导航系统

1. 美国的GPS

GPS是Global Positioning System的简称,即全球定位系统。GPS全球定位系统是20世纪70年代由美国陆海空三军联合研制的新一代空间卫星导航系统。经过20余年的研究实验,耗资300亿美元,到1994年3月布设完成。该系统具有全能性、全球性、全天候、连续性和实时性的导航、定位和定时功能,能为用户提供精密的三维坐标、速度和时间。

目前,GPS在轨工作卫星31颗,轨道高度20 200 km。GPS全球定位系统采用WGS-84坐标系统。

2. 俄罗斯的GLONASS

GLONASS是俄文GLObalnaya NAvigatsionnaya Sputnikovaya Sistema的字母缩写。该系统是由苏联国防部独立研制和控制的第二代军用卫星导航系统,是继GPS后的第二个全球卫星导航系统。GLONASS系统由卫星、地面测控站和用户设备三部分组成,系统标准配置为24颗卫星,包括21颗工作星和3颗备份星,分布于3个圆形轨道面上,这3个轨道平面两两相隔 120°，同平面内的卫星之间相隔 45°。轨道高度 19 100 km，倾角 64.8°，运行周期 11 小时 15 分。目前在轨运行的卫星已达 30 余颗。

3. 欧盟的 GALILEO

伽利略卫星导航系统(Galileo Satellite Navigation System)，简称 GALILEO，是由欧盟研制和建立的全球卫星导航定位系统，该计划于 1999 年 2 月由欧洲委员会公布，并与欧空局共同负责。系统由轨道高度为 23 616 km 的 30 颗卫星组成，其中 27 颗工作星，3 颗备份星，位于 3 个倾角为 56°的轨道平面内。截至 2016 年 12 月，已经发射了 18 颗工作卫星，具备了早期操作能力，并计划在 2019 年具备完全操作能力。全部 30 颗卫星(调整为 24 颗工作卫星，6 颗备份卫星)计划于 2020 年发射完毕。

4. 中国的 BDS

中国北斗卫星导航系统(BeiDou Navigation Satellite System)，简称 BDS，是中国自行研制的全球卫星导航系统。

北斗卫星导航试验系统又称为北斗一号，是中国的第一代卫星导航系统，即有源区域卫星定位系统，1994 年正式立项，2000 年发射 2 颗卫星后即能够工作，2003 年又发射了 1 颗备份卫星，试验系统完成组建，该系统服务范围为东经 70°～140°，北纬 5°～55°。该系统目前已停止工作。

正式的北斗卫星导航系统也被称为北斗二号，是中国的第二代卫星导航系统，英文简称 BDS，曾用名 COMPASS，“北斗卫星导航系统”一词一般用来特指第二代系统。此卫星导航系统的发展目标是对全球提供无源定位，与全球定位系统相似。

北斗卫星导航系统的建设于 2004 年启动，2011 年开始对中国和周边提供测试服务，2012 年 12 月 27 日起正式提供卫星导航服务，服务范围涵盖亚太大部分地区，南纬 55°到北纬 55°、东经 55°到东经 180°为一般服务范围。该导航系统提供两种服务方式，即开放服务和授权服务。

在 2017 年 9 月深圳举办的第六届中国卫星导航与位置服务年会暨首届卫星应用国际博览会上了解到，我国北斗三号全球定位系统正式启动建设，计划 2017 年年底发射 4 颗全球组网卫星，到 2020 年将实现 35 颗北斗卫星全球组网，具备服务全球的能力。

北斗卫星导航系统由空间段、地面段和用户段三部分组成，可在全球范围内全天候、全天时为各类用户提供高精度、高可靠定位、导航、授时服务，并具短报文通信能力，已经初步具备区域导航、定位和授时能力，定位精度 10 m，测速精度 0.2 m/s，授时精度 10 ns。

北斗卫星导航系统空间段由 5 颗静止轨道卫星和 30 颗非静止轨道卫星组成。5 颗静止轨道卫星(GEO)轨道高度为 35 786 km。30 颗非静止轨道卫星由 27 颗中圆轨道地球卫星(MEO，轨道高度为 21 528 km)和 3 颗倾斜地球同步卫星(IGSO，轨道高度为 35 786 km)组成。

正在建设的北斗三号系统，它除了全球覆盖以外，系统性能的可靠性会有很大的提高。从定位精度来讲，比现有系统提高 1～2 倍。

按照规划，我国北斗正在按从国内覆盖到亚太区域覆盖，再到全球覆盖“三步走”的规划稳步推进。北斗一号国内覆盖，北斗二号 2012 年已覆盖亚太地区，北斗三号将于 2018 年率先覆盖“一带一路”国家，2020 年覆盖全球。

二、全球卫星定位系统简介

由于目前 GPS 比较成熟，而且应用极为广泛，下面以 GPS 为例进行说明。

GPS 全球定位系统由三部分组成：空间部分——GPS 星座；地面控制部分——地面监控系统；用户设备部分——GPS 信号接收机，如图 5-1 所示。

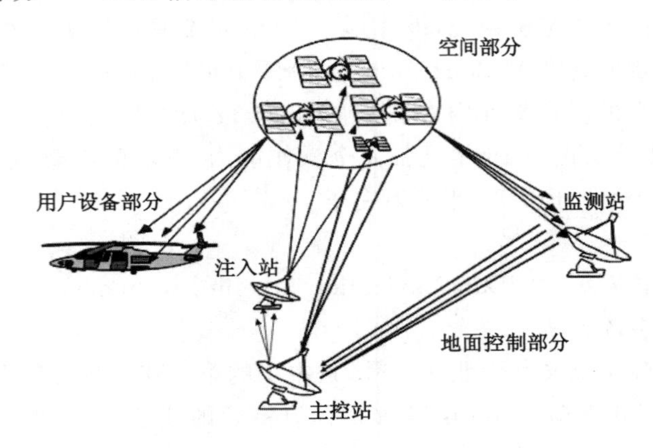

图 5-1　GPS 全球定位系统的组成

（一）空间部分

GPS 系统的空间部分（图 5-2）是指 GPS 工作卫星星座，刚布设完成时，由 24 颗卫星组成，其中 21 颗工作卫星，3 颗备用卫星，均匀分布在 6 个轨道上。卫星轨道平面与地球赤道面倾角为 55°，轨道平均高度为 20 200 km，卫星运行周期为 11 小时 58 分（恒星时）。卫星的分布使得在全球任何地方、任何时间都可观测到 4 颗以上的卫星，并能保持良好定位解算精度的几何图像，提供了在时间上连续的全球导航能力。

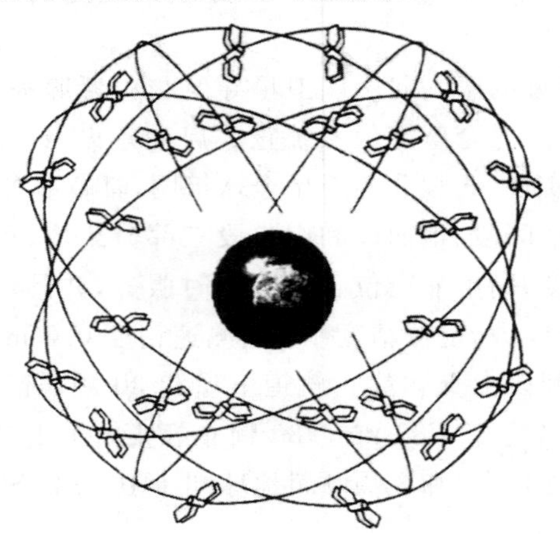

图 5-2　GPS 卫星星座分布图

GPS 卫星的主体呈圆柱形，直径约为 1.5 m，重约 774 kg，两侧各安装两块双叶太阳能电池板，能自动对日定向，以保证卫星正常工作用电。每颗卫星带有 4 台高精度原子钟，其中 2 台为铷钟，2 台为铯钟。

GPS 卫星上设有微处理机，可以进行必要的数据处理工作，它主要的三个基本功能为：

(1) 根据地面监控指令接收和储存由地面监控站发来的导航信息，调整卫星姿态、启动备用卫星。

(2) 向 GPS 用户播送导航电文，提供导航和定位信息。

(3) 通过高精度卫星钟向用户提供精密的时间标准。

GPS 卫星产生两组电码，一组称为 C/A 码(Coarse/Acquisition Code 11 023 MHz)，又称为粗捕获码；一组称为 P 码(Procise Code 10 123 MHz)，又称为精码，P 码因频率较高，不易受干扰，定位精度高，因此受美国军方管制，并设有密码，一般民间无法解读，主要为美国军方服务。C/A 码人为采取措施而刻意降低精度后，主要开放给民间使用。

目前，GPS 共有在轨工作卫星 31 颗，其中 GPS-2A 卫星 10 颗，GPS-2R 卫星 12 颗，经现代化改进的带 M 码信号的 GPS-2R-M 和 GPS-2F 卫星共 9 颗。

(二) 地面控制部分

GPS 的地面监控系统包括 1 个主控站、3 个注入站和 5 个监测站，分别位于美国的科罗拉多(Colorado)、夏威夷 (Hawaii)及南大西洋的阿松森群岛(Ascension)、印度洋的迭哥伽西亚(Diego Garcia)和南太平洋的卡瓦加兰(Kwajalein)，如图 5-3 所示。

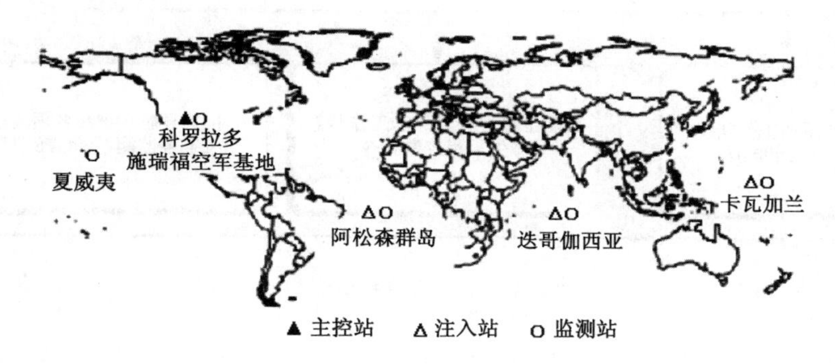

图 5-3　GPS 地面监控站分布图

1. 主控站

主控站只有一个，设在美国科罗拉多(Colorado)的施瑞福空军基地。它是整个 GPS 系统的“中枢神经”，如图 5-4 所示。其主要作用包括：

(1) 根据本站和其他监测站的所有观测数据，推算各卫星的星历、卫星钟差、大气改正等参数，并把这些数据传送到注入站。

(2) 提供全球定位系统的时间基准。校准各监测站和 GPS 卫星的原子钟，所得误差编入导航电文再送到注入站。

(3) 甄别偏离轨道的 GPS 卫星，发出指令使其沿预定轨道运行。

(4) 判断卫星工作状态，启用备用卫星代替失效的卫星。

2. 注入站

注入站有 3 个，位于南大西洋的阿松森群岛(Ascension)、印度洋的迭哥伽西亚(Diego Garcia)和南太平洋的卡瓦加兰(Kwajalein)等地。注入站的主要设备包括一个大型天线、一台 C 波段发射机和计算机。它的主要作用就是将主控站推算的卫星星历、导航电文、钟差和其他控制指令，以一定的格式注入相应卫星的存储系统，并监测注入信息的准确性，如图 5-4 所示。

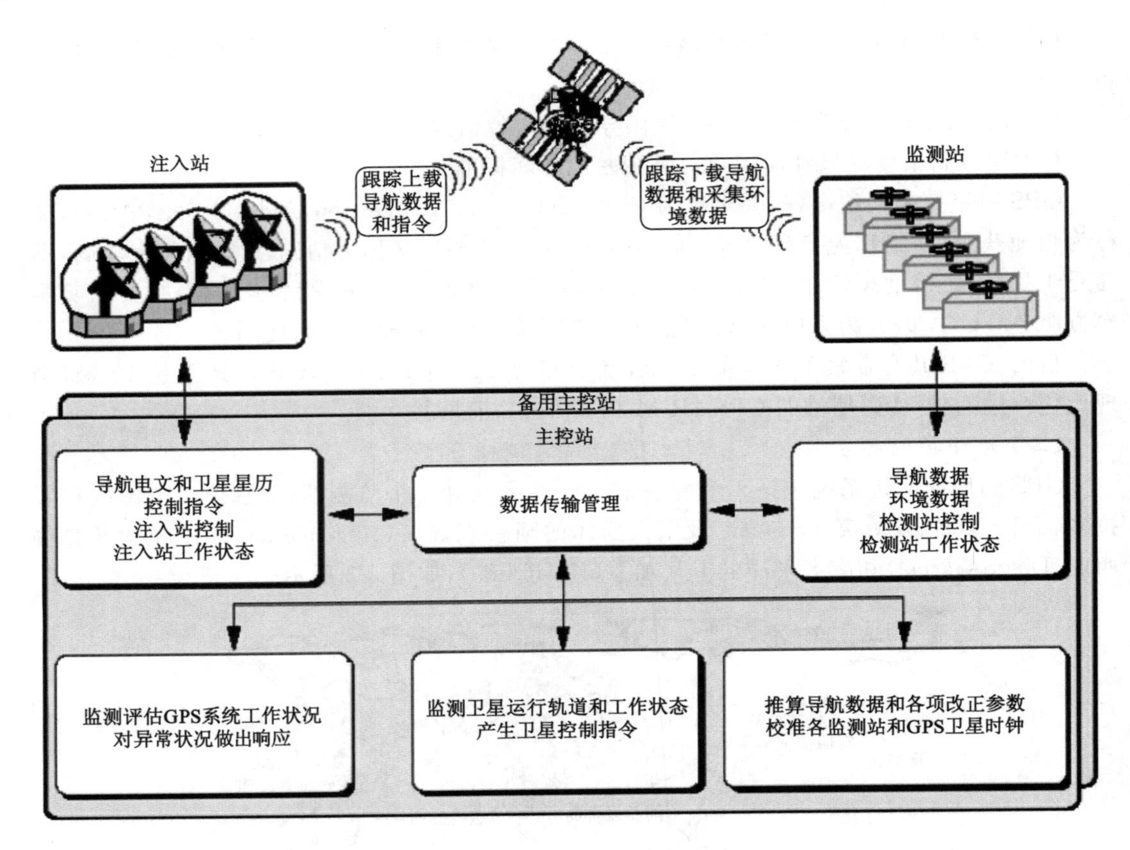

图 5-4 地面监控系统运作

3. 监测站

所有地面站都有监测站的功能，它们是主控站控制下的数据自动采集中心。其主要作用就是对 GPS 卫星数据和当地的环境数据进行采集、存储并传送给主控站。站内配备有 GPS 双频接收机、高精度原子钟、计算机和若干环境参数传感器。接收机用来采集 GPS 卫星数据、监测卫星工作状况。原子钟提供时间标准。环境参数传感器则收集当地有关的气象数据。所有数据经计算机初步处理后存储并传送给主控站，再由主控站做进一步的数据处理，如图 5-4 所示。

GPS 系统地面监控部分的大部分工作都是在原子钟和计算机的控制下自动完成的，其中监测站和注入站均可做到 24 小时无人值守。各站点间数据通信都是利用了专用网络实现，具有很高的效率和自动化程度。

（三）用户设备部分

用户设备部分即 GPS 信号接收机。主要由接收机硬件、数据处理软件、微处理机及其终端设备组成。GPS 接收机的硬件，一般包括主机、天线和电源，是用户设备的核心部分，主要功能是接收 GPS 卫星发射的信号，以获得必要的导航和定位信息及观测量，并经简单数据处理而实现实时导航和定位；GPS 软件部分是指各种后处理软件包，其主要作用是对观测数据进行精加工，以便获得精密定位结果。

根据 GPS 用户的不同要求，所需的接收设备各异，一般可分为导航型、测量型和授时型三种。随着GPS定位技术的迅速发展和应用领域的日益扩大，许多国家都在积极研制、开发适用于不同要求的GPS接收机及相应的数据处理软件。目前，世界上GPS接收机的生产厂家约有数百家，型号超过数千种，而且接收机体积越来越小，重量越来越轻，便于野外观测使用。

三、GPS定位原理概述

（一）GPS定位原理

GPS定位的基本原理是根据高速运动的卫星瞬间位置以及卫星与地面点的距离作为已知的起算数据，采用空间距离后方交会的方法，确定待测点的位置。简言之，GPS定位原理是一种空间的距离交会，即空间后方交会定位。

设想在地面待定位置 P 上安置GPS接收机，同一时刻接收4颗以上GPS卫星发射的信号。通过一定的方法测定这4颗以上卫星在此瞬间的位置以及它们分别至该接收机的距离，据此利用距离交会法解算出测站 P 的位置及接收机钟差 δt。

如图5-5所示，设时刻 t_i 在测站点 P 用GPS接收机同时测得 P 点至4颗GPS卫星 S_1、S_2、S_3、S_4 的距离 ρ_1、ρ_2、ρ_3、ρ_4，通过GPS电文解译出4颗GPS卫星的三维坐标 (X^j,Y^j,Z^j)，$j=1$、2、3、4，用距离交会的方法求解 P 点的三维坐标 (X,Y,Z) 的观测方程为：

$$\begin{cases}\rho_1^2=(X-X^1)^2+(Y-Y^1)^2+(Z-Z^1)^2+c\delta t\\ \rho_2^2=(X-X^2)^2+(Y-Y^2)^2+(Z-Z^2)^2+c\delta t\\ \rho_3^2=(X-X^3)^2+(Y-Y^3)^2+(Z-Z^3)^2+c\delta t\\ \rho_4^2=(X-X^4)^2+(Y-Y^4)^2+(Z-Z^4)^2+c\delta t\end{cases} \tag{5-1}$$

式中，c 为光速；δt 为接收机钟差。

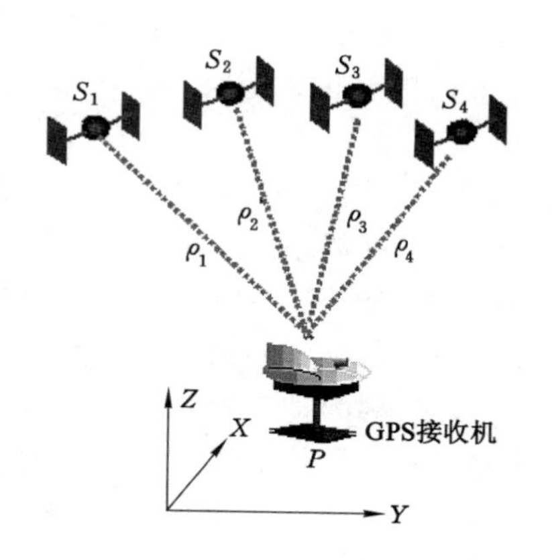

图5-5 GPS定位原理

由此可见，GPS定位中要解决的问题就是两个：

一是观测瞬间GPS卫星的位置。GPS卫星发射的导航电文中含有GPS卫星星历，可以实时地确定卫星地位置信息。

二是观测瞬间测站点至GPS卫星之间的距离。观测站与卫星之间的距离是通过测定GPS卫星信号在卫星和测站点之间的传播时间来确定的。

（二）GPS定位方法分类

1. 根据参考点的位置分类

（1）绝对定位

在协议地球坐标系中，利用一台接收机来测定该点相对于协议地球质心的位置，称为绝对定位，也叫单点定位。GPS定位所采用的协议地球坐标系为WGS-84坐标系。因此，绝对定位的坐标最初成果为WGS-84坐标。

（2）相对定位

在协议地球坐标系中，利用两台以上的接收机测定观测点至某一地面参考点（已知点）之间的相对位置，也就是测定地面参考点到未知点的坐标增量，称为相对定位。由于星历误差和大气折射误差有相关性，通过观测量求差可消除这些误差，因此相对定位的精度远高于绝对定位的精度。

2. 根据用户接收机运动状态分类

（1）静态定位

在定位过程中，将接收机安置在测站点上并固定不动。严格说来，这种静止状态只是相对的，通常指接收机相对与其周围点位没有发生变化。

（2）动态定位

在定位过程中，接收机处于运动状态。

GPS绝对定位和相对定位中，又都包含静态和动态两种方式。即动态绝对定位和静态绝对定位、动态相对定位和静态相对定位。

若依照测距的原理不同，又可分为测码伪距法定位、测相伪距法定位、差分定位等。

（三）GPS绝对定位原理

GPS绝对定位是以GPS卫星和用户接收机之间的距离观测值为基础，并根据卫星星历确定的卫星瞬时坐标，直接确定用户接收机天线在WGS-84坐标系中相对于坐标原点（地球质心）的绝对位置。

根据用户接收机天线所处的状态不同，绝对定位又可分为静态绝对定位和动态绝对定位。接收机天线处于静止状态下，确定观测站坐标的方法，称为静态绝对定位。这时，接收机可以连续地在不同历元同步观测不同的卫星，测定卫星至观测站的伪距，获得充分的观测量，通过测后数据处理求得测站的绝对坐标。将接收机安装在载体上，并处于运动状态下，确定载体的瞬时绝对位置的定位方法，称为动态绝对定位。

因为受到卫星轨道误差、钟差以及信号传播误差等因素的影响，静态绝对定位的精度约为米级，而动态绝对定位的精度约为10～40 m。因此，静态绝对定位主要用于大地测量，而动态绝对定位只能用于一般性的导航定位中。

（四）GPS相对定位原理

在绝对定位中，由于卫星星历误差、接收机钟与卫星钟同步差、大气折射误差等各种误差的影响，导致其定位精度较低。虽然这些误差已做了一定的处理，但是实践证明绝对定位的精度仍不能满足精密定位测量的需要。为了进一步消除或减弱各种误差的影响，提高定位精度，一般采用相对定位法。

相对定位是用两台GPS接收机，分别安置在基线的两端，同步观测相同的卫星，通过两测站同步采集GPS数据，经过数据处理以确定基线两端点的相对位置或基线向量，如图5-6

所示。这种方法可以推广到多台 GPS 接收机安置在若干条基线的端点，通过同步观测相同的 GPS 卫星，以确定多条基线向量。相对定位中，需要多个测站中至少一个测站的坐标值作为基准，利用观测出的基线向量，去求解出其他各站点的坐标值。

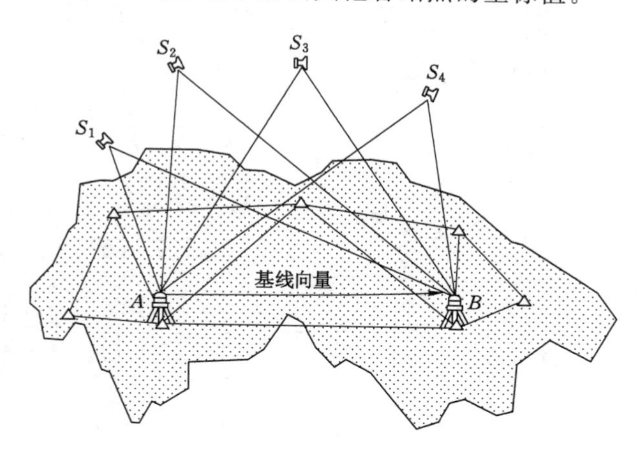

图 5-6 相对定位原理

在相对定位中，两个或多个观测站同步观测同组卫星的情况下，卫星的轨道误差、卫星钟差、接收机钟差以及大气层延迟误差，对观测量的影响具有一定的相关性。利用这些观测量的不同组合，按照测站、卫星、历元三种要素来求差，可以大大削弱有关误差的影响，从而提高相对定位精度。因此，相对定位有时也称为差分 GPS 定位。

根据定位过程中接收机所处的状态不同，相对定位可分为静态相对定位和动态相对定位。

1. 静态相对定位原理

设置在基线两端点的接收机相对于周围的参照物固定不动，通过连续观测获得充分的多余观测数据，解算基线向量，称为静态相对定位。

静态相对定位，一般均采用测相伪距观测值作为基本观测量。测相伪距静态相对定位是当前 GPS 定位中精度最高的一种方法。在测相伪距观测的数据处理中，为了可靠地确定载波相位的整周未知数，静态相对定位一般需要较长的观测时间（1～3 h），称为经典静态相对定位。

可见，经典静态相对定位方法的测量效率较低，如何缩短观测时间，以提高作业效率便成为广大 GPS 用户普遍关注的问题。理论与实践证明，在伪距观测中，首要问题是如何快速而精确地确定整周未知数。在整周未知数确定的情况下，随着观测时间的延长，相对定位的精度不会显著提高。因此，提高定位效率的关键是快速而可靠地确定整周未知数。

2. 动态相对定位原理

动态相对定位是将一台接收机安置在一个固定的观测站（或称基准站）上，而另一台接收机安置在运动的载体上，并保持在运动中与基准站的接收机进行同步观测相对卫星，以确定运动载体相对基准站的瞬时位置，如图 5-7 所示。

按照采取的观测量性质的不同，动态相对定位分为测码伪距动态相对定位和测相伪距

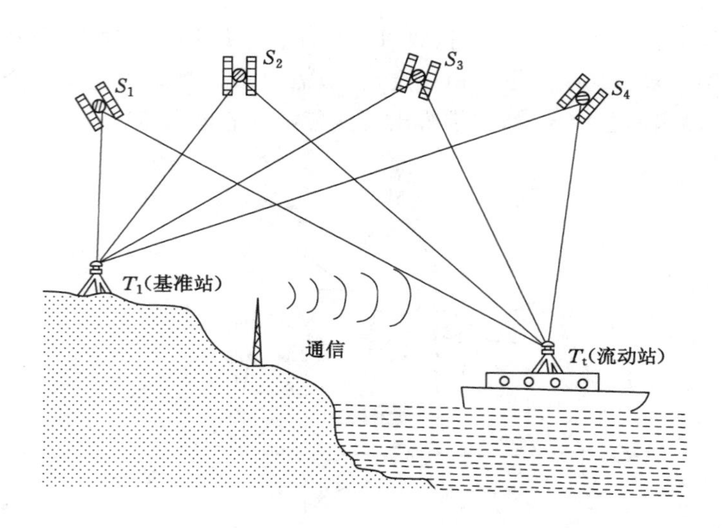

图 5-7 动态相对定位原理

动态相对定位。目前,测码伪距动态相对定位的实时定位精度可达米级。测相伪距动态相对定位是以预先初始化或动态解算载波相位整周未知数为基础的一种高精度动态相对定位法,目前在较小范围内(如<20 km)的定位精度可达 1~2 cm。

任务实施

本任务主要是了解四家全球定位系统、全球定位系统的组成及基本情况,理解 GPS 定位的基本原理。

任务二 GNSS 控制测量技术设计

【知识要点】 GNSS 测量技术设计依据;技术设计方法。

【技能目标】 能够编制 GNSS 控制测量的技术设计书,能够完成控制网布设。

任务导入

为保证测绘成果(或产品)符合技术标准和满足顾客要求,并获得最佳社会效益和经济效益,在进行 GNSS 控制测量之前,要进行 GNSS 测量的技术设计,制定切实可行的技术方案。

任务分析

GNSS 控制测量技术设计是根据国家现行的 GNSS 测量规范、规程,针对 GNSS 控制测量的用途及用户要求,进行 GNSS 测量精度和密度设计、基准设计等工作,并编写相应的技术设计书,用于指导 GNSS 的外业观测和数据处理。

相关知识

一、GNSS 控制测量技术设计的依据

GNSS 控制测量技术设计的主要依据是测量规范、规程和测量任务书。

（一）GNSS 测量规范

GNSS 测量规范是国家测绘管理部门或行业部门制定的技术法规，目前 GNSS 控制测量设计依据的规范有：

(1)《全球定位系统(GPS)测量规范》(GB/T 18314—2009)；

(2)《卫星定位城市测量技术规范》(CJJ/T 73—2010)；

(3) 各部委根据本部门 GNSS 工作的实际情况制定的其他 GNSS 测量规程或细则。

（二）测量任务书

测量任务书或测量合同是测量施工单位上级主管部门或合同甲方下达的技术要求文件。这种技术文件是指令的，它规定了测量任务的范围、目的、精度和密度，提交成果资料的项目和时间，完成任务的经济指标等。

GNSS 方案设计时，一般首先依据测量任务书提出的 GNSS 网的精度、密度和经济指标，再结合规范规定并现场踏勘后，具体确定布网方案和观测方案。

二、GNSS 测量精度和密度设计

（一）GNSS 测量精度标准及分类

应用 GNSS 定位技术建立的测量控制网称为 GNSS 控制网，简称 GNSS 网，其控制点称为 GNSS 点。GNSS 控制网可分为两大类：一类是国家或区域性的高精度 GNSS 控制网；另一类是局部性的 GNSS 控制网，主要是城市及各类工程控制网。

对于各类 GNSS 网的精度设计主要取决于 GNSS 控制网的用途。

GNSS 的精度指标通常用 GNSS 网相邻点间弦长中误差来表示：

$$\sigma = \sqrt{a^2 + (bd)^2} \tag{5-2}$$

式中，σ 为 GNSS 基线向量的弦长中误差，mm，亦即等效距离中误差；a 为 GNSS 接收机标称精度中的固定误差，mm；b 为 GNSS 接收机标称精度中的比例误差系数，1×10^{-6} mm/km；d 为 GNSS 网中相邻点间的距离，km。

根据《全球定位系统(GPS)测量规范》(GB/T 18314—2009)，将 GPS 控制网按精度划分为 AA、A、B、C、D、E 六个级别，见表 5-1。

表 5-1　　国标(GB)规定的 GPS 控制网精度分级

级别	固定误差 a/mm	比例误差 $b/1\times10^{-6}$	相邻点之间的平均距离/km
AA	≤3	≤0.01	100
A	≤5	≤0.1	300
B	≤8	≤1	70
C	≤10	≤5	10～15
D	≤10	≤10	5～10
E	≤10	≤20	0.2～5

其中,AA级主要用于全球性的动力学研究、地壳形变测量和精密定轨;A级主要用于区域性的地球动力学研究和地壳形变测量;B级主要用于局部变形监测和各种精密工程测量;C级主要用于大、中城市工程测量的基本控制网;D、E级主要用于中、小城市控制测量。AA、A级是建立地心参考框架的基础,同时也是建立国家空间大地测量控制网的基础。

为了进行城市测量,2010年住房和城乡建设部发布的行业标准《卫星定位城市测量技术规范》(CJJ/T 73—2010)将GNSS控制网按精度划分为二等、三等、四等和一级、二级,具体见表5-2。GNSS网可以逐级布网、越级布网或布设同级全面网。适用于城市各等级控制网测量、工程控制网测量、变形监测控制网测量以及城市各种工程测量、地形测量和地籍测量。

表5-2　GNSS控制网主要技术要求

等级	平均距离/km	固定误差 a/mm	比例误差 $b/1\times10^{-6}$	最弱边相对中误差
二	9	≤5	≤2	1/120 000
三	5	≤5	≤2	1/80 000
四	2	≤10	≤5	1/45 000
一级	1	≤10	≤5	1/20 000
二级	<1	≤15	≤5	1/10 000

注:当边长小于200 m时,边长中误差应小于±20 mm。

(二) GNSS点的密度标准

不同任务的要求和服务对象,对GNSS点密度分布有不同要求。例如,特级(AA级)基准点主要用于全球性的动力学研究、地壳形变测量和精密定轨,平均距离达几百千米。而一般工程测量所需要的网点则应满足测图和工程放样需要,平均距离就几千米或几百米之内。

因此,《国家规范》对GNSS网中两相邻点间距离做出规定:各级GNSS相邻点间平均距离应符合表5-1、表5-2中的要求。二、三、四等网中相邻点间最小距离不应小于平均距离的1/2,最大距离不应大于平均距离的2倍。一、二级网的距离可在上述基础上放宽1倍。

三、GNSS网的基准设计

GNSS测量获得的是GNSS基线向量,它属于WGS-84坐标系的三维坐标差,而实际需要的是国家坐标系或地方独立坐标系的坐标。所以GNSS网的技术设计时,必须明确GNSS成果所采用的坐标系统和起算数据,即明确GNSS网所采用的基准。这项工作被称为GNSS网的基准设计。

GNSS网的基准包括位置基准、方位基准和尺度基准。方位基准一般由给定的起算方位角值确定,也可以由GNSS基线向量的方位作为方位基准。尺度基准一般由地面的电磁波测距边确定,也可由两个以上的起算点间的距离确定,同时也可以由GNSS基线的距离确定。GNSS网的位置基准,一般都是由给定的起算点坐标确定。因此,GNSS网的基准设计实质上主要是指确定网的位置基准问题。

四、GNSS 测量的外业准备及技术设计书的编写

在进行 GNSS 外业工作之前，必须做好实施前的测区踏勘、资料收集、器材筹备、观测计划拟定、GNSS 仪器检校及设计书编写等工作。

（一）测区踏勘

接受下达任务或签订 GNSS 测量合同后，就可依据施工设计图踏勘、调查测区。主要调查下列情况，为技术设计书编写、施工设计、成本预算提供依据。

（1）交通情况：公路、铁路、乡村便道的分布及通行情况。

（2）水系分布情况：江河、湖泊、池塘、水渠的分布，桥梁、码头及水路交通情况。

（3）植被情况：森林、草原、农作物的分布及面积。

（4）控制点分布情况：三角点、水准点、GNSS 点、多普勒点、导线点的等级、坐标、高程系统，点位的数量及分布，点位标志的保存状况等。

（5）居民点分布情况：测区内城镇、乡村居民点的分布，食宿及供电情况。

（6）当地风俗民情：民族的分布，习俗及地方方言、习惯及社会治安情况。

（二）资料收集

根据踏勘测区掌握的情况，收集下列资料：

（1）各类图件：1∶10 000～1∶100 000 比例尺地形图，大地水准面起伏图，交通图。

（2）各类控制点成果：三角点、水准点、GNSS 点、多普勒点、导线点及各控制点坐标系统、技术总结等有关资料。

（3）测区有关的地质、气象、交通、通信等方面的资料。

（4）城市及乡、村行政区划表。

（三）设备、器材筹备及人员组织

设备、器材筹备及人员组织包括以下内容：

（1）筹备仪器、计算机及配套设备。

（2）筹备机动设备及通信设备。

（3）筹备施工器材，计划油料、材料等消耗品。

（4）组建施工队伍，拟定施工人员名单及岗位。

（5）进行详细的投资预算。

（四）拟定外业观测计划

观测工作是 GNSS 测量的主要外业工作。观测开始之前，外业观测计划的拟定对于顺利完成数据采集任务，保证测量精度，提高工作效率都是极为重要的。拟定观测计划的主要依据是：GNSS 网的规模大小、点位精度要求、GNSS 卫星星座几何图形强度、参加作业的接收机数量以及交通、通信和后勤保障（食宿、供电）等。

（五）设计 GNSS 网与地面网的联测方案

GNSS 网与地面网的联测，可根据测区地形变化和地面控制点的分布而定。一般在 GNSS 网中至少要重合三个以上的地面控制点作为约束点。

（六）GNSS 接收机选型及检验

GNSS 接收机是完成测量任务的关键设备，其性能、型号、精度、数量与测量的精度有关。

观测中所选用的接收机，必须对其性能与可靠性进行检验，合格后方可参加作业。对新

购和经修理后的接收机，应按规定进行全面的检验。

（七）技术设计书的编写

资料准备完毕后，编写技术设计书，主要编写内容如下：

1. 任务来源及工作量

包括 GNSS 项目的来源、用途及意义；GNSS 测量点的数量（包括新定点数、约束点数、水准点数、检查点数）；GNSS 点的精度指标及坐标、高程系统。

2. 测区概况

测区隶属的行政管辖、测区范围的地理坐标，控制面积；测区的交通状况和人文地理；测区的地形及气候状况；测区控制点的分布及对控制点的分析、利用和评价。

3. 布网方案

GNSS 网点的图形及基本连接方法，GNSS 网结构特征的测算、点位布设图的绘制。

4. 选点与埋石

GNSS 点位的基本要求，点位标志的选用及埋设方法，点位的编号等。

5. 观测

对观测工作的基本要求，观测纲要的制定，对数据采集提出的注意问题。

6. 数据处理

数据处理的基本方法及使用的软件，起算点坐标选择，闭合差检验及点位精度的评定指标。

7. 完成任务的措施

要求措施具体，方法可靠，能在实际工作中贯彻执行。

8. 验收与资料提交

GNSS 测量工作结束后，需按要求编写技术总结报告。验收并提交相应的成果资料。

任务实施

进行测区踏勘与资料收集。外业观测前，根据 GNSS 网的布设方案、规模大小、精度要求、GNSS 卫星星座、接收机数量及后勤保障条件，制订观测计划。按照相关规范及测量任务书的要求进行技术设计，编写技术设计书，并提交相关资料。

任务三 GNSS 静态控制测量

【知识要点】 GNSS 控制点的选择与标石埋设；GNSS 外业观测；GNSS 数据处理。

【技能目标】 能够进行 GNSS 控制测量外业观测，能够进行 GNSS 数据处理。

任务导入

传统的控制测量方法一般是三角测量或导线测量，测量速度慢，费用高，相邻控制点必须相互通视，受环境因素影响比较大。而 GNSS 控制测量具有精度高、速度快、费用低、全天候、操作简便以及不受控制点通视与否和距离的限制等优点，因此，GNSS 测量技术被越来越多地应用于测绘和工程控制测量之中。

任务分析

GNSS 静态控制测量，一般是工程或测图的首级控制，主要包括：GNSS 点位的选择、标志的埋设、观测数据的采集、数据传输以及数据处理等工作。

相关知识

一、GNSS 控制点的选择与标石埋设

（一）GNSS 控制点的选择

GNSS 控制点的正确选择对观测工作的顺利进行和测量结果的可靠性非常重要。在选点工作开始之前，必须收集测区的有关资料，并充分了解测区概况及原有控制点的完好状况。除此之外，选点还应遵循以下原则：

（1）点位应选在便于仪器安置和操作、视野开阔的地方。被测卫星的地平高度角应大于 15°，避免 GNSS 信号被遮挡。

（2）点位应远离大功率无线电发射源（如电视台、微波站等），其距离不得小于 200 m，并应远离高压输电线，其距离不得小于 50 m，避免电磁场对 GNSS 信号的干扰。

（3）点位附近不应有强烈反射卫星信号的物体（如大型建筑物、大面积水域等），以减弱多路径效应的影响。

（4）点位应选在交通方便，有利于其他观测手段扩展与联测的地方。

（5）点位的基础应稳定坚固，易于长期保存。

（6）选点人员应按技术设计踏勘，在实地按要求选定点位。

（7）当所选点位需要进行水准联测时，选点人员应实地踏勘水准路线，提出有关建议。

（8）应充分利用符合要求的旧有控制点。

（二）GNSS 控制点标石的埋设

GNSS 控制点一般应埋设具有标志的标石，具体埋设不再叙述。每个点位标石埋设结束后，应做点之记，并提交以下资料：

（1）点之记；

（2）GNSS 网的选点网图；

（3）土地占用批准文件与测量标志委托保管书；

（4）选点埋石工作总结。

点名一般取村名、山名、地名、单位名，应向当地部门或群众进行调查后确认。利用原有旧点时，点名不易更改，点名编排（码）应便于计算机计算。

二、GNSS 外业观测

GNSS 外业观测的主要任务是捕获 GNSS 卫星信号，并对其进行跟踪、处理和测量，以获得所需要的定位信息和观测数据。

GNSS 观测与常规测量在技术要求上有很大区别，各级测量基本技术要求按表 5-3 规定执行，对城市及工程 GNSS 控制测量在作业中按表 5-4 有关技术要求执行。

表 5-3　GNSS 测量基本技术要求

项目 \ 等级		AA	A	B	C	D	E
卫星截止高度角/(°)		10	10	15	15	15	15
同时观测有效卫星数		≥4	≥4	≥4	≥4	≥4	≥4
有效观测卫星总数		≥20	≥20	≥9	≥6	≥4	≥4
观测时段数		≥10	≥6	≥4	≥2	≥1.6	≥1.6
时段长度/min	静态	≥720	≥540	≥240	≥60	≥45	≥40
	快速静态	—	—	—	≥10	≥5	≥2
	双频+P(Y)码双频全波	—	—	—	≥15	≥10	≥10
	单频或双频半波	—	—	—	≥30	≥20	≥15
采样间隔/s	静态	30	30	30	10～30	10～30	10～30
	快速静态	—	—	—	5～15	5～15	5～15
时段中任一卫星有效观测时间/min	静态	≥15	≥15	≥15	≥15	≥15	≥15
	快速静态	—	—	—	≥1	≥1	≥1
	双频+P(Y)码双频全波	—	—	—	≥3	≥3	≥3
	单频或双频半波	—	—	—	≥5	≥5	≥5

注：1. 在各时段中观测，观测时间符合规定的卫星为有效观测卫星；
2. 计算有效观测卫星总数时，应将时段的有效观测卫星总数扣除其间的重复卫星数；
3. 观测时段长度，应为开始记录数据到结束记录的时间段；
4. 观测时段数≥1.6，指每站观测一时段，至少60%测站再观测一时段。

表 5-4　各级 GNSS 测量作业的基本技术要求

项目	观测方法 \ 等级	二	三	四	一级	二级
卫星截止高度角/(°)	静态	≥15	≥15	≥15	≥15	≥15
有效观测同类卫星数	静态	≥4	≥4	≥4	≥4	≥4
平均重复设站数	静态	≥2.0	≥2.0	≥1.6	≥1.6	≥1.6
时段长度/min	静态	≥90	≥60	≥45	≥45	≥45
数据采样间隔/s	静态	10～30	10～30	10～30	10～30	10～30
PDOP 值	静态	<6	<6	<6	<6	<6

在外业观测过程中，所有信息资料和观测数据都要妥善记录。

三、GNSS 数据处理

GNSS 数据处理是从原始的观测值出发到最终的测量定位成果，数据处理过程大致分为数据传输、数据预处理、基线解算和 GNSS 网与地面网联合平差等几个阶段，如图 5-8 所示。

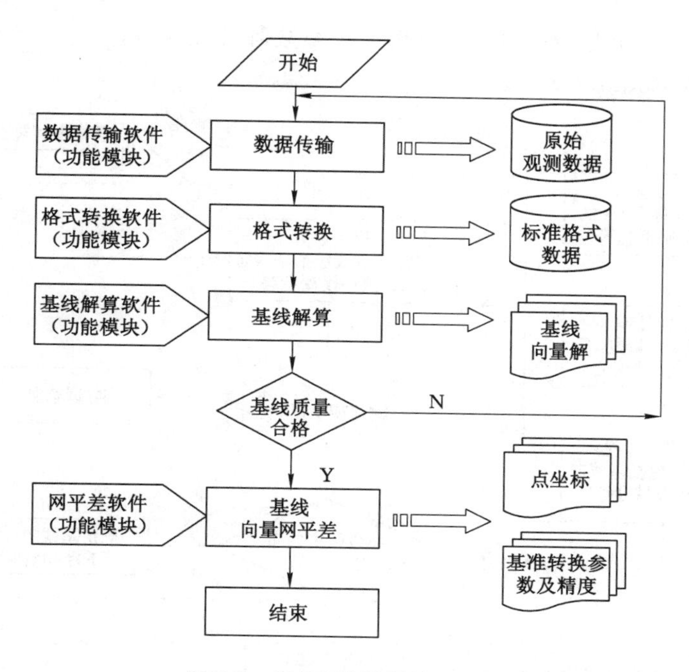

图 5-8 GNSS 数据预处理流程

(一) GNSS 数据传输

GNSS 接收机采集的数据可以记录在专用盒式磁带上或接收机的内存模块内。目前，大多数 GNSS 接收机采集的数据都是记录在内存模块内，以方便外业观测。

数据传输主要有以下步骤：

(1) 在计算机上安装数据下载软件；

(2) 用数据线连接接收机至计算机主机；

(3) 打开下载软件，配置通信参数；

(4) 连接成功后，对照外业观测，添加测站信息；

(5) 设置下载路径及数据格式；

(6) 导出数据。

(二) 数据预处理

对 GNSS 数据进行预处理，是对原始观测数据进行平滑滤波检验，剔除粗差，删除无效、无用数据，统一数据文件格式，并将各类文件加工成标准化文件，为下一步的平差计算做准备。

(三) 基线解算

基线解算的过程实际上是一个平差的过程，平差所用的观测值主要是双差观测值。基线解算分为三个阶段：

(1) 第一阶段，进行初始平差，解算出整周模糊度参数(实数)和基线向量的实数解(浮动解)。

(2) 第二阶段，将整周未知数固定成整数。

(3) 第三阶段，将确定了的整周模糊度作为已知值，仅将待定的观测坐标作为未知数，再进行平差计算，解算出基线向量的最终解——整数解（固定解）。

基线解算流程如图 5-9 所示。

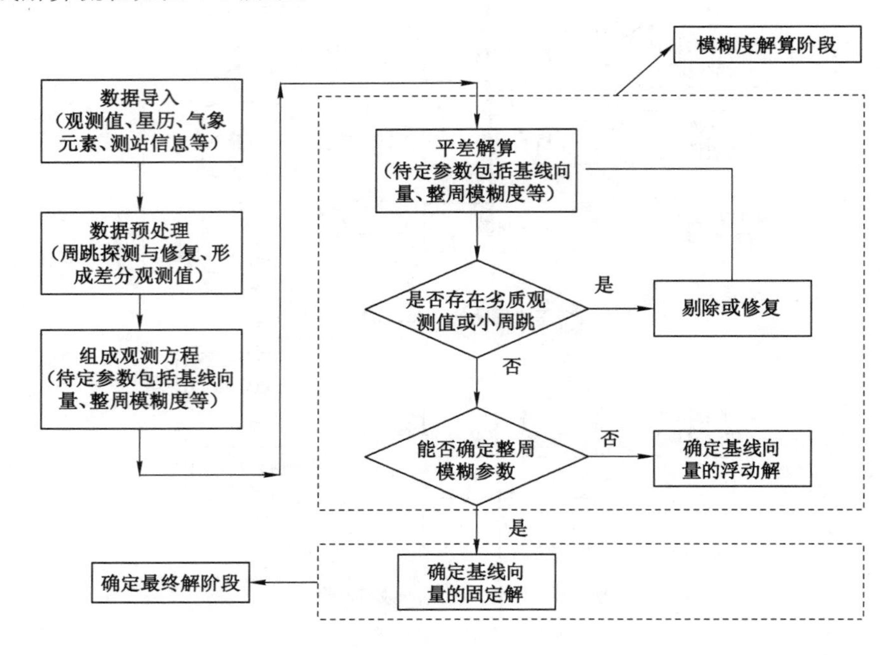

图 5-9 基线解算流程

（四）GNSS 网平差

GNSS 控制网是由相对定位所求得的基线向量而构成的空间基线向量网。在 GNSS 网的数据处理过程中，基线解算所得到的基线向量仅能确定 GNSS 网的几何图形，但却无法提供确定网中点的绝对坐标所必需的绝对位置基准。而用户布设 GNSS 网的主要目的是确定网中各 GNSS 点在高斯平面坐标系或某城市坐标系中的坐标值，这就需要在平差时输入该坐标系中的起算数据来实现。

根据平差所进行的坐标空间，GNSS 网平差可分为三维平差和二维平差；根据平差时所采用的观测值和待定坐标系中起算数据的数量与类型，可分为无约束平差和约束平差。

1. 三维无约束平差

GNSS 网的三维无约束平差，是指平差在 WGS-84 三维空间直角坐标系下进行，平差时不引入使 GNSS 网产生由非观测量所引起变形的外部约束条件。其主要作用有：

（1）评定 GNSS 网的内部符合精度，发现和剔除 GNSS 观测值中可能存在的粗差。

（2）得到 GNSS 网中各个点在 WGS-84 坐标系下经过平差处理的三维空间直角坐标。

（3）为将来可能进行的高程拟合，提供经过平差处理的大地高数据。

用 GNSS 水准替代常规水准测量获取各点的正高或正常高，是目前 GNSS 应用中的一个较新领域，现在采用的是利用公共点进行高程拟合的方法。在进行高程拟合之前，必须获得经过平差的大地高数据，三维无约束平差可以提供这些数据。

2. 三维约束平差

GNSS 网的三维约束平差，就是以国家大地坐标系或地方坐标系中某些点的固定坐标、固定边长及固定方位为网的基准，将其作为平差中的约束条件，并在平差计算中考虑 GNSS 网与地面网之间的转换参数。GNSS 网的三维约束平差主要作用是：在国家大地坐标系或指定参照系，经过平差处理，最后可得到 GNSS 网中平差处理的国家大地坐标或地方坐标系坐标。

国家大地坐标系或地方坐标系约束基准数据的数量和质量以及在网中的分布，都会对平差精度结果产生影响。一般平差前必须选择满足要求的基准数据。三维约束平差可以提供这些经过平差的大地高数据。

GNSS 网平差的流程如图 5-10 所示。

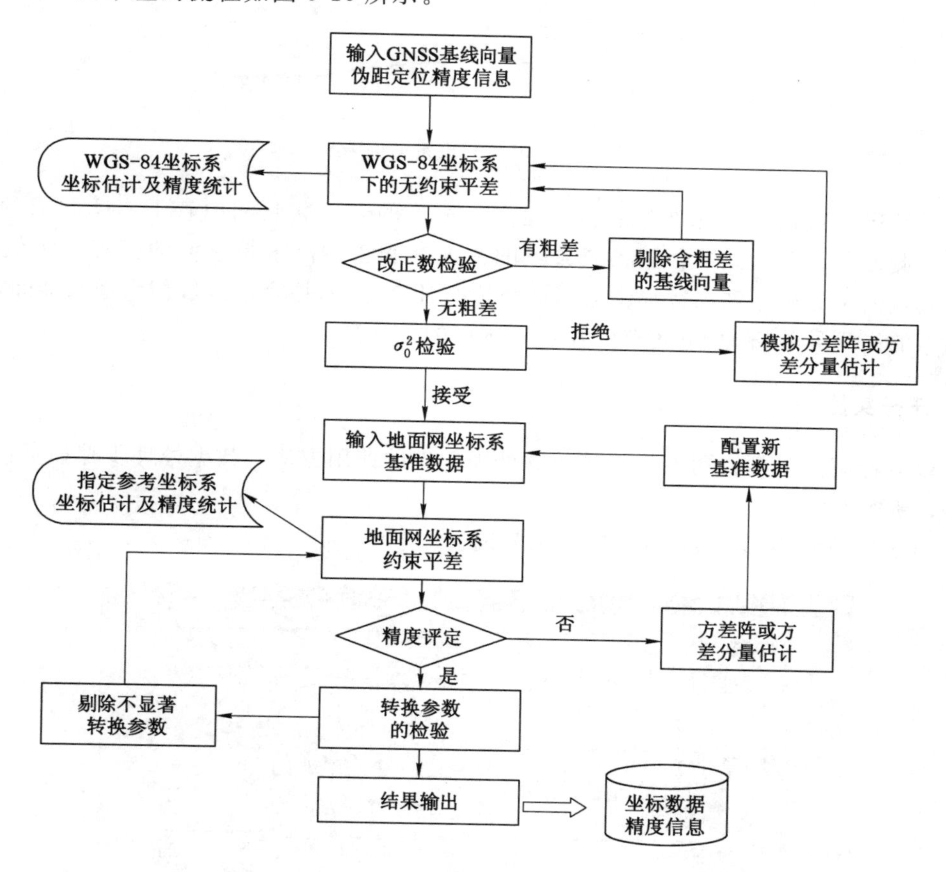

图 5-10　GNSS 网平差流程

（五）GNSS 高程

由 GNSS 相对定位得到的三维基线向量，通过 GNSS 网平差计算，可以得到高精度的大地高差。如果网中有一点或多点具有一定精度的 WGS-84 大地坐标系的大地高程，则在 GNSS 网平差后，可以求得 GNSS 点的 WGS-84 大地高 H_{84}。

实际应用中，地面点的高程采用正常高系统。地面点的正常高 H_{τ} 是地面点沿铅垂线至似大地水准面的距离。如图 5-11 所示为大地高和正常高的关系，其中 ξ 表示似大地水准面与椭球面的高差，叫作高程异常。大地高和正常高的关系式为：

$$H_{\tau} = H_{84} - \xi \tag{5-3}$$

或

$$\xi = H_{84} - H_{\tau} \tag{5-4}$$

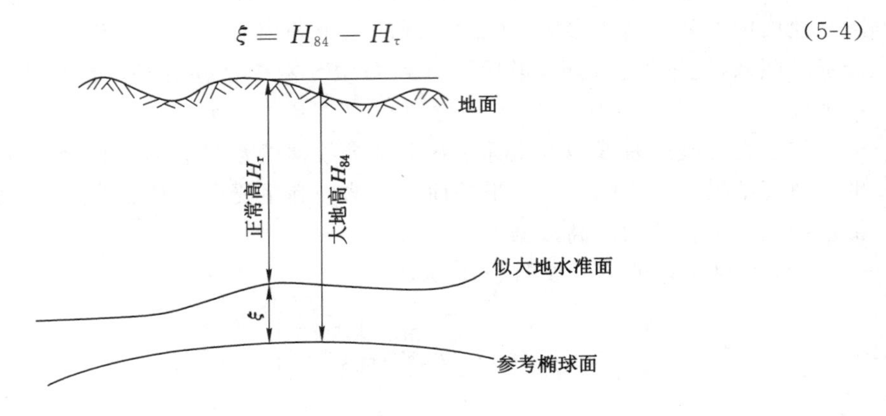

图 5-11 大地高和正常高的关系

在 GNSS 控制网中用水准测量和三角高程测量的方法联测网中若干 GNSS 点的正常高 H_{τ}(联测点称为公共点),根据各公共点的大地高和正常高求得它们的高程异常值 ξ,然后由公共点的平面坐标和高程异常采用数值拟合计算方法,拟合出区域似大地水准面,即可求出各点的高程异常值,并由此求出各 GNSS 点的正常高。

任务实施

现以某控制网为例说明南方静态数据处理软件的使用方法。数据处理步骤如下:

一、新建工程

如图 5-12 所示建立项目,并填写相关资料。

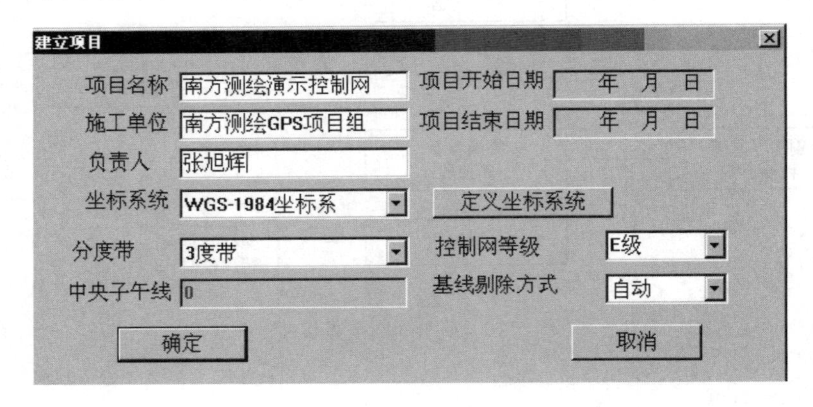

图 5-12 建立项目

建立项目时根据要求完成各个项目的填写并点击“确认”按钮确认。在选择坐标系时,若是自定义坐标系,点击“定义坐标系统”按钮,弹出对话框(图 5-13),根据“系统参数”中的配置完成自定义坐标系。

注:以前版本的基线处理软件要求在定义坐标系时输入中央子午线经度,而新软件自动默认 3°带或 6°带中央子午线经度,不必再输入中央子午线经度。若是地方中央子午线,可用自定义坐标系,中央子午线经度在对话框中输入。

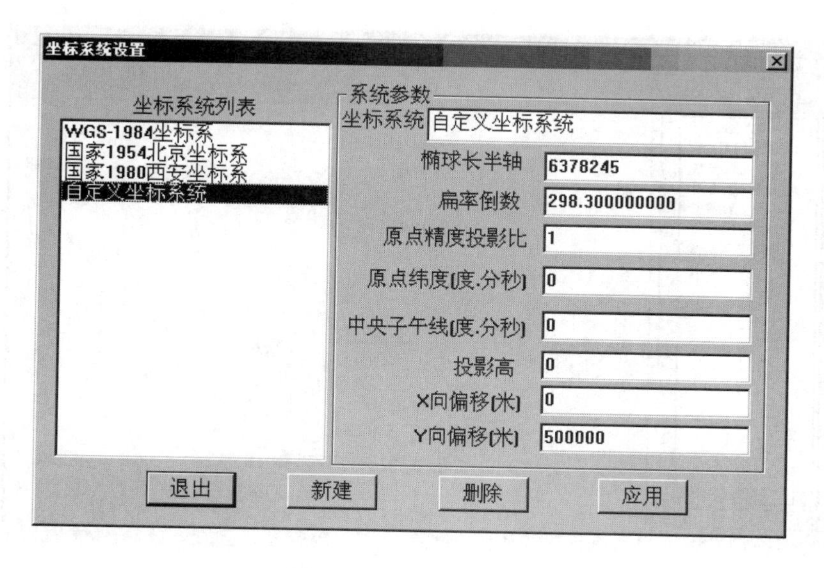

图 5-13　坐标系统设置

二、增加观测数据

将野外采集数据调入软件，可以用鼠标左键点击文件，一个个单选，也可全选所有文件，如图 5-14 所示。

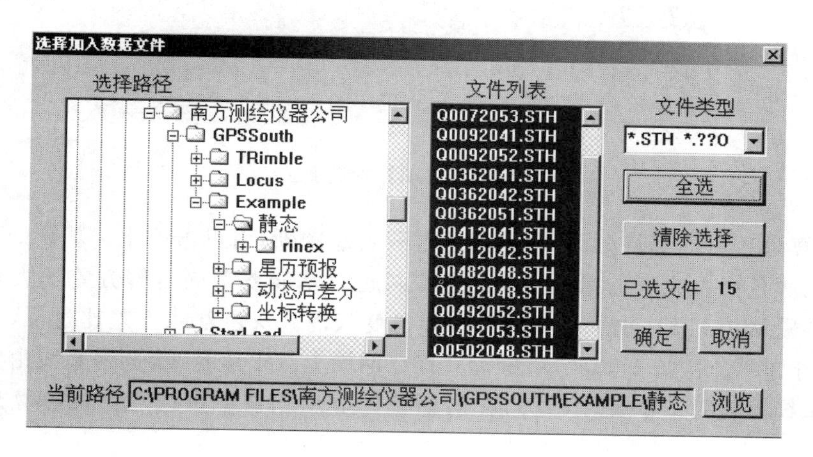

图 5-14　数据文件录入菜单

点击“确定”按钮，弹出数据录入进度条，如图 5-15 所示。

图 5-15　数据录入进度条

然后稍等片刻，调入完毕后，演示网图如图 5-16 所示。

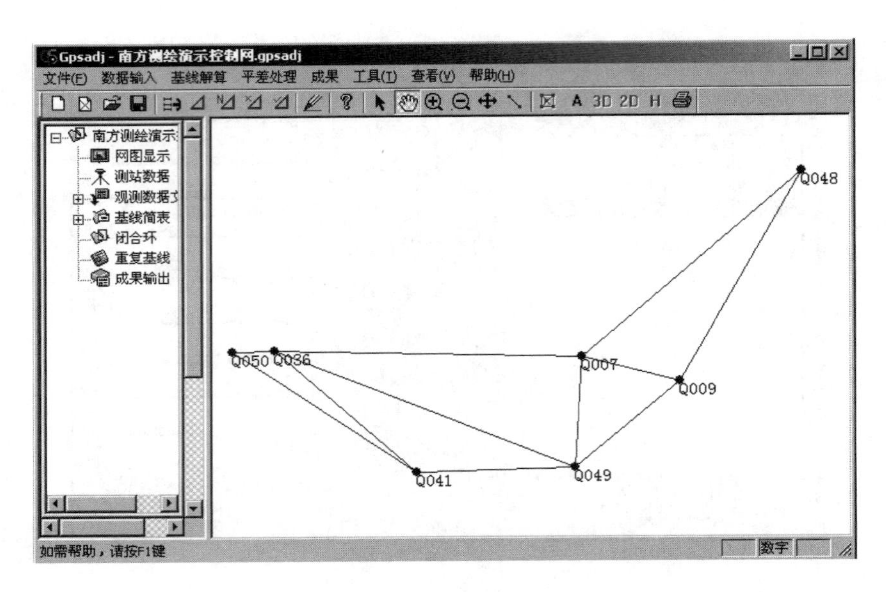

图 5-16　演示网图

三、解算基线

选择解算全部基线，有自动计算进度条显示，如图 5-17 所示。

图 5-17　自动计算进度条

这一解算过程可能等待时间较长，处理过程若想中断，请点击停止。基线处理完全结束后，演示网图颜色已由原来的绿色变成红色或灰色。基线双差固定解方差比大于 2.5 的基线变红（软件默认值 2.5），小于 2.5 的基线颜色变灰色。灰色基线方差比过低，可以进行重解。例如对于基线“Q009-Q007”，用鼠标直接在网图上双击该基线，选中基线由实线变成虚线后，弹出基线解算对话框（图 5-18），在对话框的显示项目中可以对基线解算进行必要的设置。

基线解算对话框各项设置的意义和使用说明如下：

“Q0092041-Q0072041”：显示当前处理的基线。当基线“Q009-Q007”中存在重复基线，可点击右端的小三角框选择要修改的重复基线，如图 5-19 所示。

注：文件“Q0092041”中“Q009”表示点名，“204”表示测量日期是 1 年 365 天中的第 204 天，“1”表示时段数。

“禁用　新增基线　自动剔除　选中基线”：在白色小方框中单击鼠标左键后小方框中出现小勾，表示此功能已经被选中。“禁用”表示禁用当前的基线；“新增基线”表示当前基线为新增基线；“选中基线”表示当前基线为正在处理的选中基线。

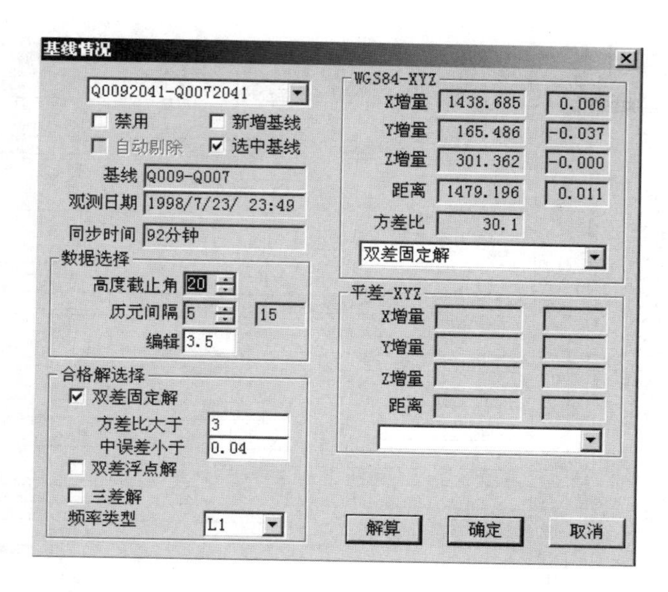

图 5-18　基线情况

图 5-19　选择重复基线

“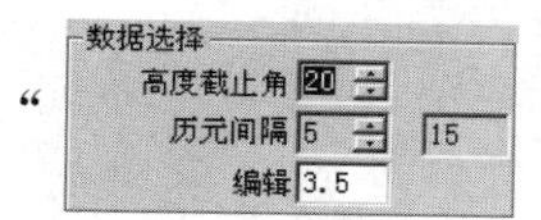

”:数据选择系列中的条件是对基线进行重解的重要条件。可以对高度截止角和历元间隔进行组合设置,完成基线的重新解算,以提高基线的方差比。历元间隔中的左边第一个数字历元项为解算历元,第二项为数据采集历元。当解算历元小于采集历元时,软件解算采用采集历元,反之则选用设置的解算历元。“编辑”中的数字表示误差放大系数。

“合格解选择”为设置基线解的方法,分别有双差固定解、双差浮点解、三差解三种,默认设置为双差固定解。

在反复组合高度截止角和历元间隔进行解算仍不合格的情况下,可点状态栏基线简表查看该条基线详情。点击左边状态栏中“基线简表”,点击基线“Q0092041-Q0072041”,显示栏中会显示基线详情,如图 5-20 所示。

图 5-20 中详细列出了每条基线的测站、星历情况,以及基线解算处理中周跳、剔除、精度分析等处理情况。在基线简表窗口中将显示基线处理的情况,先解算三差解,最后解算出双差解,点击该基线可查看三差解、双差浮动解、双差固定解的详细情况。若无效历元过多,可在左边状态栏中观测数据文件下剔除,如在 Q0072041.STH 数据上双击弹出数据编辑框(图 5-21),点中 ,然后按住鼠标左键拖拉圈住图中有历元中断的地方,即可剔除无效历元,点中 可恢复剔除历元。在删除了无效历元后重解基线,若基线仍不合格,就应该考虑对不合格基线进行重测了。

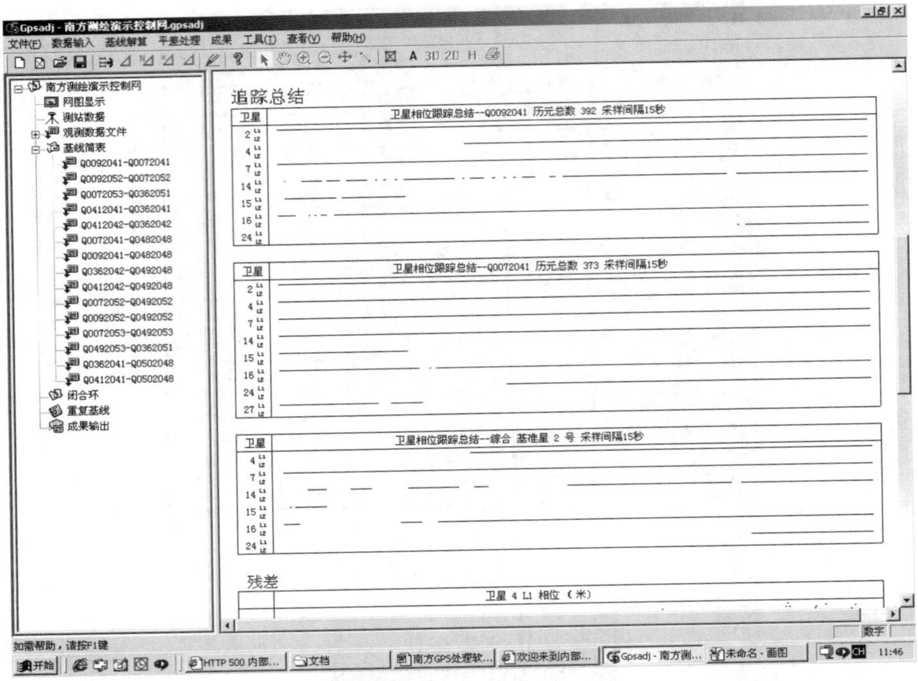

图 5-20 基线详解

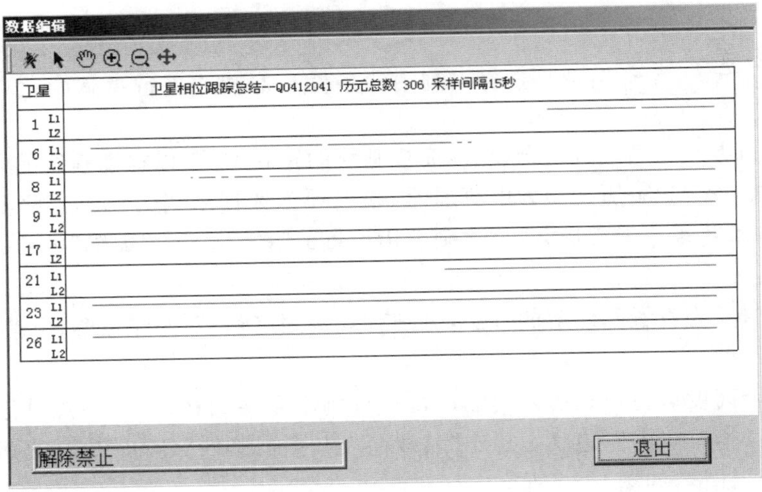

图 5-21 数据编辑

四、检查闭合环和重复基线

待基线解算合格后(少数几条解算基线不合格可让其不参与平差),在"闭合环"窗口中进行闭合差计算。首先,对同步时段任一三边同步环的坐标分量闭合差和全长相对闭合差,按独立环闭合差要求进行同步环检核,然后计算异步环。程序将自动搜索所有的同步、异步闭合环。

有关同步、异步闭合环及重复基线的要求参照有关国家规范。搜索闭合环点左边状态栏中闭合环，在图5-22中显示闭合差。

环号	环形	...	环中基线	观测...	环总长	X闭合...	Y闭合...	Z闭合...	边长闭...	相对误差
1	同步环		Q0092041-Q0482048	1998...	9390.93(	2.228	3.928	2.197	5.022	0.5Ppm
			Q0072041-Q0482048	1998...						
			Q0092041-Q0072041	1998...						
4	同步环		Q0092052-Q0492052	1998...	5165.15!	1.181	-4.515	1.032	4.780	0.9Ppm
			Q0072052-Q0492052	1998...						
			Q0092052-Q0072052	1998...						
10	同步环		Q0072053-Q0492053	1998...	1091...	-0.539	0.250	-0.199	0.627	0.1Ppm
			Q0492053-Q0362051	1998...						
			Q0072053-Q0362051	1998...						
12	同步环		Q0412042-Q0492048	1998...	9829.64(	0.622	-1.529	0.118	1.655	0.2Ppm
			Q0362042-Q0492048	1998...						
			Q0412042-Q0362042	1998...						
15	同步环		Q0412041-Q0502048	1998...	6628.16!	0.029	0.345	0.078	0.355	0.1Ppm
			Q0362041-Q0502048	1998...						
			Q0412041-Q0362041	1998...						
2	异步环		Q0092041-Q0482048	1998...	9390.93	9.759	-14.175	-5.194	17.977	1.9Ppm
			Q0072041-Q0482048	1998...						
			Q0092052-Q0072052	1998...						
3	异步环		Q0092052-Q0492052	1998...	5165.15!	-6.350	13.588	8.423	17.202	3.3Ppm
			Q0072052-Q0492052	1998...						
			Q0092041-Q0072041	1998...						

图5-22 闭合环

从图5-22中可以看出，此网所有的同步闭合环均<10 ppm，小于四等网(≤10 ppm)的要求。

如果闭合差超限，那么必须剔除粗差基线(基线选择的原则方法请查看使用提示)。点击“基线简表”状态栏重新解算。根据基线解算以及闭合差计算的具体情况，对一些基线进行重新解算，具有多次观测基线的情况下可以不使用或者删除该基线。当出现孤点(即该点仅有一条合格基线相连)时，必须野外重测该基线或者闭合环。

五、网平差及高程拟合

(一) 数据录入

输入已知点坐标，给定约束条件。

本例控制网中Q007、Q049为已知约束点，点击“数据输入”菜单中的“坐标数据录入”弹出对话框，如图5-23所示。在“请选择”中选中“Q007”，单击“Q007”对应的“北向X”的空白框后，空白框就被激活，此时可录入坐标。通过以上操作最终完成已知数据的录入。

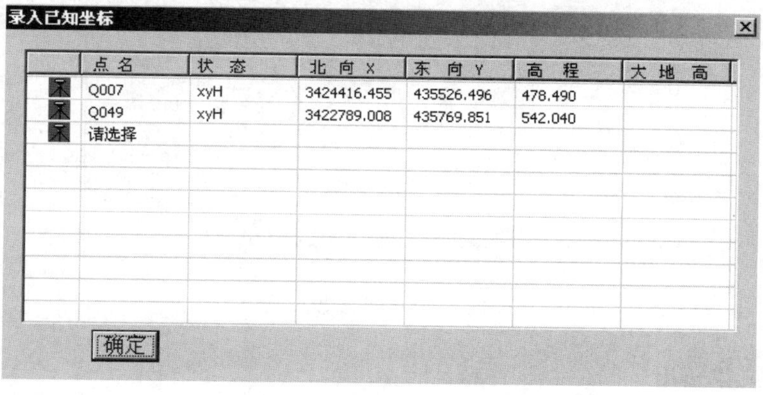

点名	状态	北向X	东向Y	高程	大地高
Q007	xyH	3424416.455	435526.496	478.490	
Q049	xyH	3422789.008	435769.851	542.040	
请选择					

图5-23 录入已知数据

(二) 平差处理

进行整网无约束平差和已知点联合平差,根据以下步骤依次处理:

(1) 自动处理:基线处理完后点此菜单,软件将会自动选择合格基线组网,进行环闭合差。

(2) 三维平差:进行 WGS-84 坐标系下的自由网平差。

(3) 二维平差:把已知点坐标代入网中进行整网约束二维平差。但要注意的是,当已知点的点位误差太大时,软件会弹出错误提示窗口,如图 5-24 所示。在此时点击“二维平差”是不能进行计算的。用户需要对已知数据进行检合。

图 5-24 点位误差提示

(三) 高程拟合

根据“平差参数设置”中的高程拟合方案对观测点进行高程计算。

本项设置为选择已知点坐标与坐标系匹配的检查和高程拟合方案。在图 5-25 中的“二维平差选择”中做了选择后,在进行平差计算时,若输入的已知点坐标和概略坐标差距过大,软件将不进行平差;反之,没有选择,软件对平差已知点不作任何限制。无论输入怎样的已知点坐标,都能计算平差结果。高程拟合按选取适当的已知水准点来拟合 GNSS 高程控制网,最大限度减少高程异常带来的误差或错误。

南方网平差软件采用二次曲面拟合求取各点的高程异常 ξ 来对 GNSS 高程进行改正。

注:“网平差计算”的功能可以一次实现以上几个步骤,如图 5-26 所示。

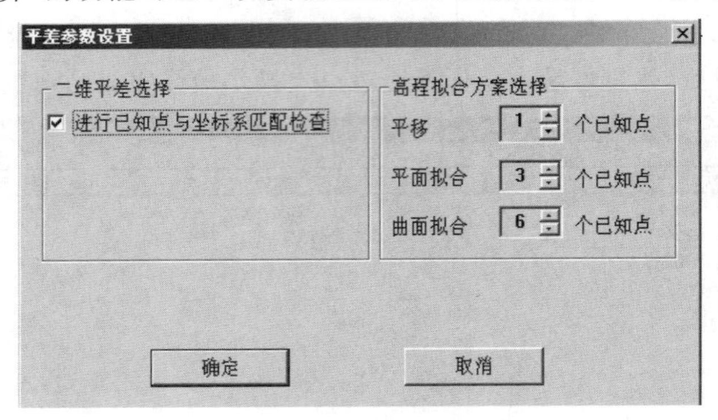

图 5-25 平差参数设置

六、平差成果输出

“成果”菜单如图 5-27 所示。

“基线解输出”:南方测绘基线解算结果在此菜单项下以文本形式输出,输出结果可用其

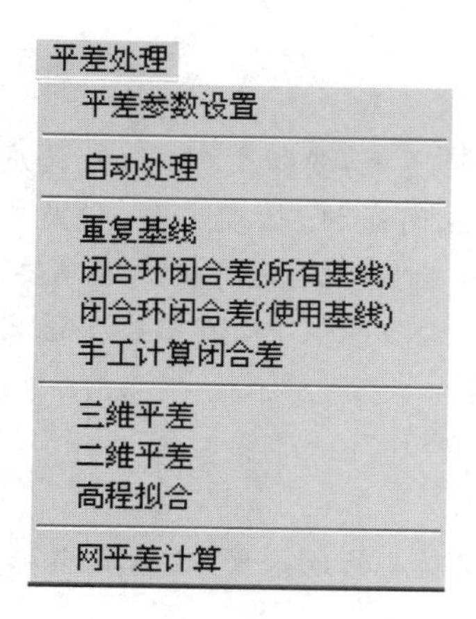

图 5-26　平差菜单

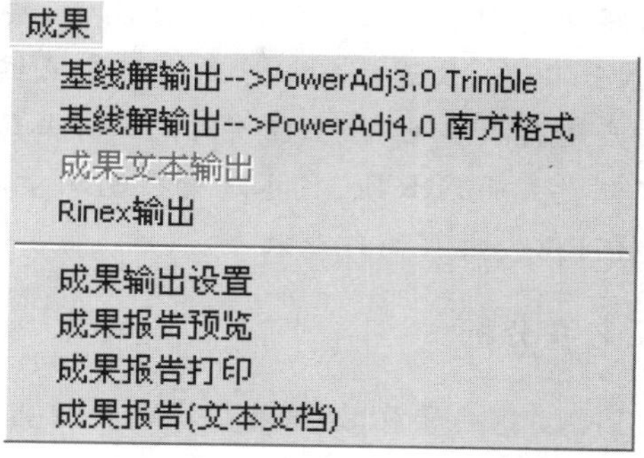

成果
基线解输出-->PowerAdj3.0 Trimble
基线解输出-->PowerAdj4.0 南方格式
成果文本输出
Rinex输出
成果输出设置
成果报告预览
成果报告打印
成果报告(文本文档)

图 5-27　成果菜单

他平差软件进行平差计算。

“成果文本输出”:将平差成果和基线详解成果文本输出,直接在记事本可以打开文件。

“Rinex 输出”:将采集的 GNSS 静态数据换成标准 Rinex 格式文本输出。

“成果输出设置”:执行本命令后,出现图 5-28 所示界面,用户可根据需要自行设定所需设置。

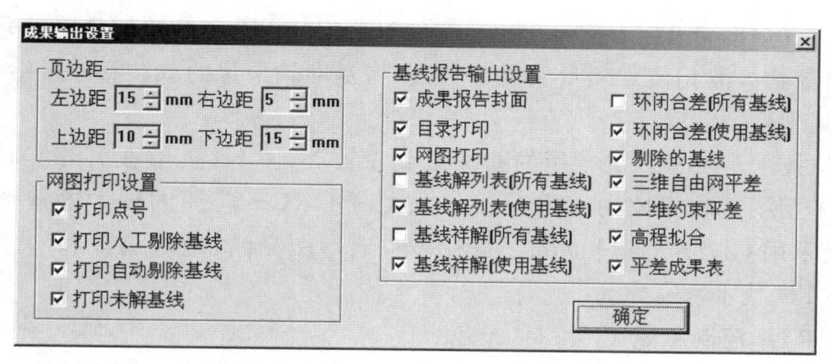

图 5-28　成果输出设置

“成果报告预览”:打印前预览报告。

“成果报告打印”:打印报告。

“成果报告”:以 Word 文档形式输出成果报告。

为了将软件处理后的基线结果和平差结果输出文本,输出后文件自动保存在软件安装路径下。

任务四　GNSS 动态控制测量

【知识要点】　常规 RTK 控制测量;网络 RTK 控制测量。

【技能目标】　能够进行常规 RTK 测量作业;能够进行网络 RTK 测量作业。

任务导入

常规控制测量如三角测量、导线测量，要求相邻两点间通视，费工费时，而且精度不均匀；GNSS静态、快速静态相对定位测量虽然无须相邻两点间通视，精度均匀，但是它们都需要事后进行数据处理，不能实时定位并知道定位精度，内业处理后发现精度不合要求，必须返工测量。而用RTK技术进行控制测量既能实时知道定位结果，又能实时知道定位精度，这样可以大大提高作业效率。

任务分析

RTK控制测量前，应根据任务需要收集测区高等级控制点的地心坐标、参心坐标、坐标系统转换参数和高程成果等，进行技术设计。

RTK控制测量技术设计完成后，需实地选点埋石，并在遵循基准站和流动站测量技术要求的前提下，进行基准站和流动站的设置启动，然后执行新建工程、坐标转换和高程拟合，最后进行平面和高程控制测量，并对控制点测量成果进行质量控制与检查。

相关知识

实时动态定位(Real-Time Kinematic)简称RTK。RTK定位技术是实时处理基准站和流动站两个测量站载波相位观测量的差分方法，将基准站采集的载波相位发给用户接收机，进行求差，解算坐标。

RTK定位技术是一种新的常用的GNSS测量方法，RTK能够在野外实时得到厘米级定位精度，它采用了载波相位动态实时差分方法，是GNSS应用的重大里程碑。除高精度的控制测量仍采用GNSS静态相对定位技术外，地形图测绘、地籍测量和房产测量中的控制测量可用RTK技术来完成。

一、常规RTK控制测量

RTK系统主要由GNSS接收机、数据处理系统(简称连接链)和RTK测量软件组成。

RTK系统GNSS接收机至少包含两台，其中一台安置在基准站上，另一台或若干台安置在不同的用户流动站上。基准站同用户流动站的联系靠数据处理系统来实现。RTK测量软件主要功能是对GNSS接收机的采集数据进行处理。

目前，常规RTK测量作业模式有快速静态测量、准动态测量和动态测量。快速静态测量模式可用于城市、矿山等区域的控制测量、工程测量和地籍测量等；准动态测量模式通常用于地籍测量、碎步测量、路线测量和工程放样等；动态测量模式主要应用于航空摄影测量、航道测量、道路中线测量以及运动目标的精密导航等。它们的定位精度均可达到厘米级。

(一) RTK控制测量等级划分与技术要求

1. RTK平面控制测量

RTK平面控制测量按精度划分为一级、二级、三级，布设的RTK平面控制点应满足扩展的需要。技术要求应符合表5-5的规定。

表 5-5 **RTK 平面控制点测量主要技术要求**

等级	相邻点间平均边长/m	点位中误差/cm	边长相对中误差	与基准站的距离/km	观测次数	起算点等级
一级	≥500	≤±5	≤1/20 000	≤5	≥4	四等以上
二级	≥300	≤±5	≤1/10 000	≤5	≥3	一级以上
三级	≥200	≤±5	≤1/6 000	≤5	≥2	二级以上

注:1. 点位中误差指控制点相对于起算点的误差;
2. 采用单基准站 RTK 测量,一级控制点需要更换基准站进行测量,每站观测次数不少于 2 次;
3. 采用网络 RTK 测量,各等级平面控制点可不受流动站到基准站距离的限制,但应在网络有效服务范围内;
4. 相邻点距离不应小于该等级平均边长的 1/2。

RTK 测量布设控制点应符合下列规定:

(1) 同一地区应布设 3 个以上或 2 对以上的 RTK 控制点。

(2) 应采用三角支架方式架设天线进行作业,测量过程中仪器的圆气泡应严格稳定居中。

(3) 平面控制点应进行 100%外业校核,校核可按图形校核或进行同精度导线串测,测量技术要求符合表 5-6 的规定。

表 5-6 **RTK 平面控制点检测精度要求**

等级	边长校核		角度校核		坐标校核
	测距中误差/mm	边长较差的相对误差	角度中误差/(″)	角度较差限差/(″)	坐标较差中误差/cm
一级	≤±15	≤1/14 000	≤±5	14	≤±5
二级	≤±15	≤1/7 000	≤±8	20	≤±5
三级	≤±15	≤1/4 500	≤±12	30	≤±5

2. RTK 高程控制测量

RTK 高程控制测量按精度划分为五等高程点,RTK 高程控制点测量的主要技术要求应符合表 5-7 的规定。

表 5-7 **RTK 高程控制点测量主要技术要求**

等级	高程中误差/cm	与基准站的距离/km	观测次数	起算点等级
五等	≤±3	≤5	≥3	四等水准以上

RTK 高程控制点检测精度要求应符合表 5-8 的规定。

表 5-8 **RTK 高程控制点检测精度要求**

等级	检核高差/mm
五等	$\leqslant 40\sqrt{D}$

注:D 为检测线路长度,以 km 为单位。

3. RTK 图根控制测量

RTK 图根控制测量主要技术要求应符合表 5-9 的规定。

表 5-9　　**RTK 图根控制点测量主要技术要求**

等级	图上点位中误差/mm	高程中误差	与基准站的距离/km	观测次数	起算点等级
图根点	≤±0.1	1/10 等高距	≤7	≥2	平面三级、高程等外以上
碎部点	≤±0.3	符合相应比例尺成图要求	≤10	≥1	平面图根、高程图根以上

注：1. 点位中误差指控制点相对于起算点的误差；
2. 采用网络 RTK 测量可不受流动站到基准站距离的限制，但应在网络有效服务范围内。

RTK 图根点平面检测结果应满足的要求应符合表 5-10 的规定。

表 5-10　　**RTK 图根点平面检测结果应满足的要求**

等级	边长校核		角度校核		坐标校核
	测距中误差/mm	边长较差的相对误差	角度中误差/(″)	角度较差限差/(″)	图上平面坐标较差/mm
图根	≤±20	≤1/3 000	≤±20	60	≤±0.15

RTK 图根点高程检测结果应满足的要求应符合表 5-11 的规定。

表 5-11　　**RTK 图根点高程检测结果应满足的要求**

等级	高差较差/mm
图根	≤1/7 基本等高距

（二）RTK 作业中 GNSS 卫星状况

RTK 作业中 GNSS 卫星状况的基本要求应符合表 5-12 的规定。

表 5-12　　**RTK 作业中 GNSS 卫星状况的基本要求**

观测窗口状态	15°以上的卫星个数	PDOP 值
良好	≥6	<4
可用	5	≥4 且≤6
可用	<5	>6

（三）RTK 的操作程序

对于不同的仪器，RTK 的操作程序基本相同，具体操作可参阅仪器说明书。在任务实施里将以南方灵锐 S86 GNSS 双频接收机为例，介绍 RTK 的操作程序。

二、网络 RTK 控制测量

1. CORS 系统概述

连续运行基准站系统(Continuously Operating Reference Stations，缩写为 CORS)，是卫星定位技术、计算机网络技术、数字通信技术等高新科技多方位深度结合的产物。该系统的出现可满足城市规划、国土测绘、地籍管理、城乡建设、环境监测、防灾减灾、交通监控、矿山测量等多种现代化信息化、管理的社会要求。

网络 RTK 技术是利用 CORS 各个参考站观测信息，以 CORS 网络体系结构为基础，建立精确的差分信息解算模型，解算出高精度的差分数据，然后通过无线通信数据链将差分正数发送给用户。

CORS系统按基站数量主要分为：单基站CORS、多基站CORS和网络CORS等。

CORS系统按应用技术可以分为：虚拟参考站(VRS)、主辅站技术(MAX/MAC)、FKP技术、CBI技术等。

2. 网络RTK系统组成

CORS系统由基准站网、数据处理中心、数据传输系统、定位导航数据播发系统、用户应用系统五个部分组成，各基准站与监控分析中心之间通过数据传输系统连接成一体，形成专用网络。

3. 网络RTK技术优势

网络RTK测量与常规RTK测量相比有很大优势：作业距离更远、覆盖范围更大、精度和可靠性更高、应用范围更广、效率更高、操作更方便等。网络RTK测量是目前GNSS作业测量的主要手段。

4. 网络RTK作业步骤

网络RTK作业步骤如下：

(1) 开机锁定观测卫星，然后打开手簿，通过蓝牙或者连接线建立手簿与接收机间的通信，启动测量软件，建立新文件，设置网络RTK测量形式的参数。

(2) 利用手簿或者接收机上的通信模块，通过中国移动的GPRS或中国联通的CDMA方式拨号，连接到Internet网络。

(3) 使用网络RTK系统管理员提供的用户名和密码，通过Internet网络连接到网络RTK系统数据处理中心。

(4) 连接数据中心，获取源列表，等初始化完成，获得固定解后，开始测量采集数据。

(5) 外业完成后，将手簿或者接收机储存的测量数据下载到计算机进行后续数据预处理和图形处理。

使用不同品牌的接收机与手簿，其操作步骤略有不同。

CORS的建立可以大大提高测绘的速度与效率，降低测绘劳动强度和成本，省去测量标志保护与修复的费用，节省各项测绘工程实施过程中大量(约30%)的控制测量费用。随着GNSS技术的飞速进步和应用普及，它在测绘行业中的作用已越来越重要。

任务实施

在了解GNSS网等级划分与布网原则，坐标转换方法的获取，基准站技术要求，平面、高程控制点测量及流动站技术要求，控制点质量控制与检查等工作后，根据具体任务进行RTK控制测量技术设计，并进行RTK控制测量任务实施。

下面以南方灵锐S86 GNSS双频接收机为例叙述RTK测量的作业流程和网络RTK(CORS)设置方法。

一、RTK测量的作业流程

RTK由两部分组成：基准站部分和移动站部分。其操作步骤是先进行基准站操作，后进行移动站操作，最后用SD存储卡将所采集的数据传输到计算机上。

(一) 基准站操作

1. 基准站安装

在基准站架设点上安置三脚架,安装基座,再将基准站主机用连接器安置于基座之上,对中整平。如架在未知点上,则大致整平即可。

2. 主机操作

打开主机:轻按电源键打开主机,主机开始自动初始化和搜索卫星,当卫星数大于5颗、PDOP值小于3时,按启动键启动基准站。主机上的TX灯开始每秒钟闪1次,表明基准站开始正常工作。

(二) 移动站操作

1. 移动站安装

将移动站主机接在碳纤对中杆上,并将接收天线接在主机顶部,同时将手簿使用托架夹在对中杆的合适位置。

2. 主机与手簿操作

打开主机:轻按电源键打开主机,主机开始自动初始化和搜索卫星,当达到一定的条件后,主机上的RX指示灯开始每秒钟闪1次,表明已经收到基准站差分信号。

打开手簿:按住"ENTER/ON"键至少1 s,即可打开。

3. 工程之星软件操作

(1) 移动站与基准站连接

启动工程之星软件:用光笔双击手簿桌面上"工程之星",即可启动。

注意:工程之星快捷方式一般在手簿的桌面上,如手簿启动后桌面上的快捷方式消失,这时必须在Flashdisk中启动原文件。

启动软件后,软件一般会自动通过蓝牙和主机连通。如果没连通,则需要进行设置蓝牙,设置过程为:设置→连接仪器→选中"输入端口"→点击"连接"。

软件在和主机连通后,软件首先会让移动站主机自动去匹配基准站发射时使用的通道。如果自动搜频成功,则软件主界面左上角会有差分信号在闪动,并在左上角有个数字显示,要与电台上显示一致。如果自动搜频不成功,则需要进行电台设置,设置过程为:设置→电台设置→在"切换通道号"后选择与基准站电台相同的通道→点击"切换"。

(2) 新建工程

在确保蓝牙连通和收到差分信号后,开始新建工程(工程→新建工程),选择向导,依次按要求填写或选取如下工程信息:工程名称、椭球系名称、投影参数设置、四参数设置(未启用可以不填写)、七参数设置(未启用可以不填写)和高程拟合参数设置(未启用可以不填写),最后确定,工程新建完毕。

(3) 校正

进行校正有两种方法。

方法一:利用控制点坐标库求四参数。

在校正之前,首先必须采集控制点坐标,一般大于2个以上控制点(采集数据的方法见后边叙述的数据采集部分),采集完成后在控制点坐标库界面中点击"增加",根据提示依次增加控制点的已知坐标,然后点"OK"。继续增加原始坐标,选择第一项"从坐标管理库选点",然后点左下角的"导入",选择当前工程名下的DATA文件夹里的后缀为".RTK"的文件,选择对应点,然后确定,点“OK”。同样的方法增加其他控制点,当所有的控制点都输入结束并查看确定无误后,单击“保存”,选择参数文件的保存路径并输入文件名,建议将参数文件保存在当前工程下文件名为 result 的文件夹里面,保存的文件名称以当天的日期命名,完成之后单击“确定”。然后单击“保存成功”小界面右上角的“OK”,至此四参数已经计算并保存完毕。

说明:在求完四参数后,一定要查看一下四参数中的比例因子 K,一般 K 的范围保证在 0.999 9～1.000 0 之间。这样才能确保采集精度。查看四参数方法:设置→测量参数→四参数。

方法二:校正向导(工具→校正向导)。

注意:此方法只能进行单点校正,一般是在有四参数或七参数的情况下才通过此方法进行校正。也就是说,在同一个测区,第一次测量时已经求出了四参数,下次继续在这个测区测量时,必须先输入第一次求出的四参数,再做一次单点校正。此方法还可适用于自定义坐标的情况下。校正向导又分为两种模式:

① 基准站架在已知点上

选择“基准站架设在已知点”,点击“下一步”,输入基准站架设点的已知坐标及天线高,并且选择天线高形式,输入完后即可点击“校正”。系统会提示是否校正,并且显示相关帮助信息,检查无误后“确定”校正完毕。

说明:此处天线高为基准站主机天线高,形式一般为斜高,只能通过卷尺来测量。

② 基准站架在未知点上

选择“基准站架设在未知点”,再点击“下一步”,输入当前移动站的已知坐标、天线高和天线高的量取方式,再将移动站对中杆立于已知点上后,点击“校正”,系统会提示是否校正,“确定”即可。

说明:此处天线高为移动站主机天线高,形式一般为杆高,为一固定值 2。

注意:如果软件界面上的当前状态不是“固定解”时,会弹出提示,这时应该选择“否”来终止校正,等精度状态达到“固定解”时,重复上面的过程重新进行校正。

(4) 数据采集

将对中杆立在待测点上,当软件界面的状态达到“固定解”时,利用快捷键“A”开始坐标采集,保存数据。此时需要输入点名和天线高。按“B”键两次为查看本工程所采集的所有测量点坐标。在此说明,若进行 RTK 控制测量,可将碳纤对中杆换成三脚架,提高控制点的精度。

(三) 数据传输

通过 SD 存储卡将手簿中存储的数据传到计算机上,传输前先把数据卡插入手簿中,将“工程之星”软件打开,选择“工程”菜单下的“文件输出”,选择文件格式(“Pn”为点名,“Pc”为属性),然后选择“源文件”,即要转换的文件,再点击“目标文件”,输入一个文件保存,最后点“转换”,在提示转换成功后,退出“工程之星”,最后取出数据卡,将数据拷入电脑中。

注意事项:

(1) 在 RTK 测量时,要按照测量规范,流动站和基准站尽量在 5 km 范围之内。

(2) 基准站应架设在视野开阔、视场 15°以内没有障碍物的已知点上,若在丘陵山区,基准站尽量架设在高处,使得基准站发射的信号能被流动站接收到。若已知点难以满足作为基准站的需要，可以将基准站架设在未知点上，校正时选择“基准站架设在未知点”，找三个已知点进行校正。

(3) 确保基准站和流动站的差分格式和电台频道是相同的。

(4) 在校园内进行 RTK 测量时，基准站和流动站间的距离很短，测量目标点的时候要注意随时查看是否是“固定解”，误差是否足够小，满足精度要求，只保留“固定解”的记录。

二、网络 RTK(CORS)设置方法

CORS 设置方法如下：

1. 通过蓝牙建立手簿和 GNSS 接收机的连接

打开工程之星 3.0，进入主界面。

2. 网络设置

选择“配置”，进入网络设置界面，选择“增加”，新建一个网络设置，如图 5-29 所示。

图 5-29 网络设置

3. 界面设置

界面设置如下：

“名称” 输入代表本配置名称(如 HNCORS)

“方式” NTRIP-VRS

“连接” GPRS/CDMA

“APN” HNCORS 管理中心提供

“地址” HNCORS 管理中心提供

“端口” HNCORS 管理中心提供

用户名密码 HNCORS 管理中心提供

点击“获取接入点”，读取 HNCORS 播发的源列表成功，选择需要的接入点，点击“确定”，然后将该设置配置到主机的模块上，如图 5-30 所示。

4. 网络连接

返回“网络设置”界面，点击“连接”，进入网络连接界面。

主机会根据程序一步一步地进行拨号连接，下面的对话分别会显示连接的进度和当前进行到步骤的文字说明(账号密码错误或是卡欠费等信息都可以在此处显示出来)。

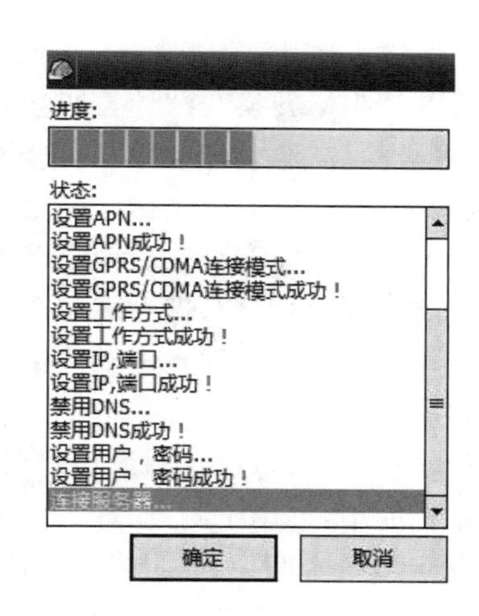

图 5-30 界面设置

当4个连接验证都完成后，网络连接成功，进入到“工程之星”初始界面。

5. 移动站设置

选择“配置”→“仪器设置”→“移动站设置”，“差分数据格式”项选择的格式需要和选择的源列表接入点对应，点“确定”设置完成，如图5-31所示。

差分数据格式：CMR　　RTCM(2.x)　　RTCM(3.0)

对应的接入点：VRS_CMR　　VRS_RTCM1819　　VRS_RTCM3

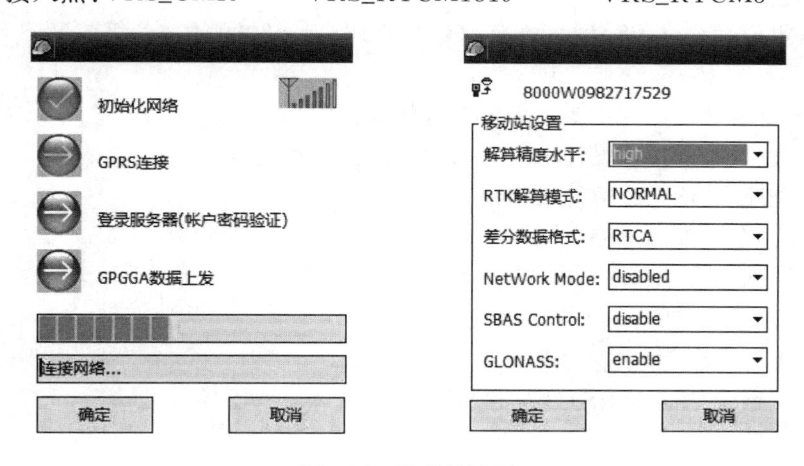

图 5-31 移动站设置

6. 点参数校正

在工程之星里点击“工程”→“新建工程”，输入工程名称(一般为日期)，点击“椭球页面”，选择目标椭球，确定退出，建立新工程。

7. 已知点名称和坐标输入

测量两个已知点并记下对应的点名，点击“输入”→“坐标管理库”→“增加”，输入已知点名称和坐标，确定退出。

8. 四参数检校

点击“工具”→“坐标转换”→“计算四参数”。点击“新建”,输入文件名,确定退出。点击“增加”进入四参数检校,源坐标表示已知点的 GNSS 测量坐标,可自己输入或者点击右上角方框直接调用坐标(选择对应坐标并确定)。目标坐标表示已知点的已给定坐标,可输入或调用,方法同上。输入完一个点后确定退出,增加输入下一个点,方法同上。注意:一个点的源坐标与目标坐标必须对应,即为同一个点。两个坐标都输入完点击“计算”。查看计算四参数结果,若符合精度要求即点击赋值给当前工程。

9. 坐标测量检查

进入“工程之星”界面,点击“测量”→“点测量”,测量一个已知点,查看坐标是否正确,若正确,则参数检校完毕,可用于测量。

说明:南方 GNSS 有两个天线接口,“GPRS”表示网络模式天线接口(即需要用到短天线),并且需要插手机卡,“UHF”表示电台模式天线接口(即需要用到长天线),无须插手机卡。CORS 属于网络模式。

思考与练习

1. 全球有哪四家全球卫星导航系统?
2. GPS 定位原理是什么?
3. GPS 绝对定位原理是什么?
4. 《全球定位系统(GPS)测量规范》(GB/T 18314—2009)中,各级 GNSS 网主要用于哪些方面?
5. GNSS 控制网设计的主要技术依据是什么?
6. GNSS 控制测量技术设计书编写的主要内容有哪些?
7. GNSS 控制点选点应遵循的原则有哪些?
8. GNSS 数据处理的过程有哪些?
9. 何为 RTK 定位技术?
10. 如何理解 CORS 系统?
11. 简述 RTK 测量的作业流程。
12. 简述网络 RTK(CORS)设置方法。

项目六　参考椭球和高斯投影计算

任务一　地球的形体和测量工作的基准线与基准面

【知识要点】 参考椭球的概念；野外测量工作的基准线和基准面；测量内业计算的基准线和基准面。

【技能目标】 能够理解测量工作的基准线与基准面。

任务导入

多数测量工作是在地球表面上进行的，且测绘科学的主要研究对象是地球的形状、大小和地球表面上各种物体的几何形状及其空间位置。因此，必须了解地球的形体。为了确定地球表面上各种物体点的空间位置，必须进行野外观测和内业计算，所以，也必须了解野外观测和内业计算的基准面和基准线。

任务分析

野外测量工作是在地球表面上进行的，必须依据基准线和基准面，即铅垂线和大地水准面。地球表面是一个复杂的不规则曲面，不能用数学公式来表达，测量计算无法在这样的地球表面上进行。为了测量计算的需要，应选取一个可以用数学公式来表示的近似于地球表面的曲面，作为测量计算的基准面，即参考椭球面，基准线为法线。

相关知识

一、总椭球和参考椭球

在地形测量课程里讲过大地水准面的概念。大地水准面所包围的地球形体称为大地体，大地体与地球的形状和大小很接近，但是由于地球表面起伏不平以及地球内部质量分布不均匀，引起地球表面上各点的重力方向产生不规则变化，使得大地水准面成为一个不规则的曲面(图 6-1)，因此大地水准面不能作为测量计算的基准面。

因为地球的形状是两极略扁、赤道略鼓的近似椭球，因此，可以用一个椭球来代替地球。椭球的表面是规则曲面，可以用数学公式来表示，这种椭球称为地球椭球，它可以有多个。在多个地球椭球中，有一个与大地体吻合最好的椭球，称为总地球椭球，简称总椭球。总椭球必须满足三个条件：

(1) 总椭球的中心与大地体的质心重合，二者的赤道面也重合。

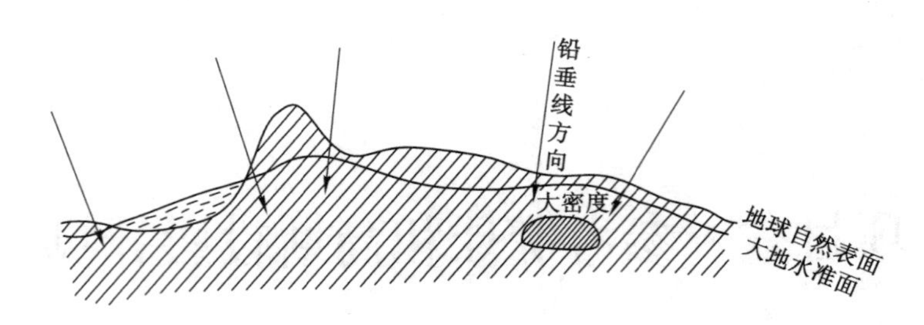

图 6-1　不规则的大地水准面

(2) 总椭球的体积与大地体的体积相等。

(3) 总椭球面与大地水准面之间偏离值(即大地水准面差距)的平方和为最小。

卫星大地测量出现后,可以通过卫星得到全球各种测量资料,同时顾及地球的几何和物理参数,推算出与大地体吻合最好的总椭球,总椭球只有一个。但是总椭球对于某一个国家和地区来说,不能和其大地体很好地吻合,因此,他们常常选择一个与本国或本地区大地体最为密合的椭球面作为测量计算的基准面,这种椭球称为参考椭球。

二、测量工作的基准线和基准面

1. 野外测量工作的基准线和基准面

(1) 野外测量工作的基准线

如图 6-2 所示,地面上的任一点都同时受到两个作用力,一个是地球的引力 F,另一个是地球自转造成的离心力 P,两者的合力 g 称为重力,重力的作用线也称为铅垂线。在进行外业测量时,水准仪利用水准气泡整平后,其旋转轴处于铅垂位置;全站仪对中整平后,其纵轴也处于铅垂位置。因此,铅垂线是野外测量工作的基准线。

(2) 野外测量工作的基准面

水准测量测出两点之间的高差,就是过这两点的水准面间的铅垂距离,计算出某点的绝对高程,是该点到大地水准面的铅垂距离;用经纬仪测出的水平角,是水平角的两个方向在其顶点处水准面的切平面上投影线之间的夹角。各点测得的水平角虽然不在同一水准面上,但是它们和以大地水准面为准的角值相差甚微,可以看作是大地水准面上的角值。因此,大地水准面是野外测量工作的基准面。

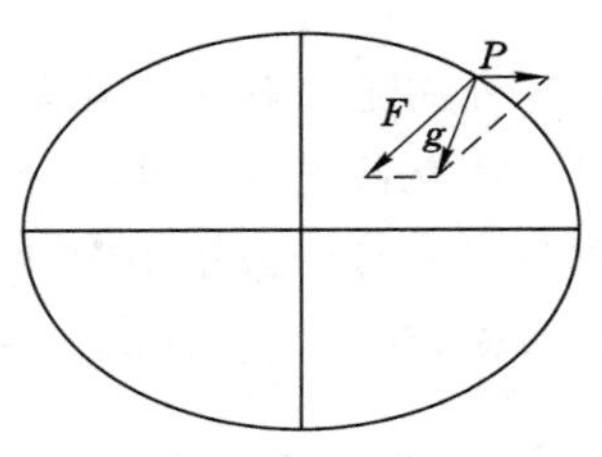

图 6-2　铅垂线

2. 测量内业计算的基准线和基准面

参考椭球面是规则的曲面,且与本国或本地区大地水准面非常接近,是测量内业计算的基准面。过椭球面上任意一点,垂直椭球面在该点处切平面的线,称为法线。在参考椭球的基础上建立的大地坐标系,其大地坐标、大地高和大地方位角都是以法线为依据的,因此,法线是测量内业计算的基准线。法线、大地坐标、大地高和大地方位角将在任务二中具体介绍。

三、地球椭球的几何参数

1. 基本几何参数

如图 6-3 所示,地球椭球的基本几何参数有:

(1) 椭球的长半径 a。

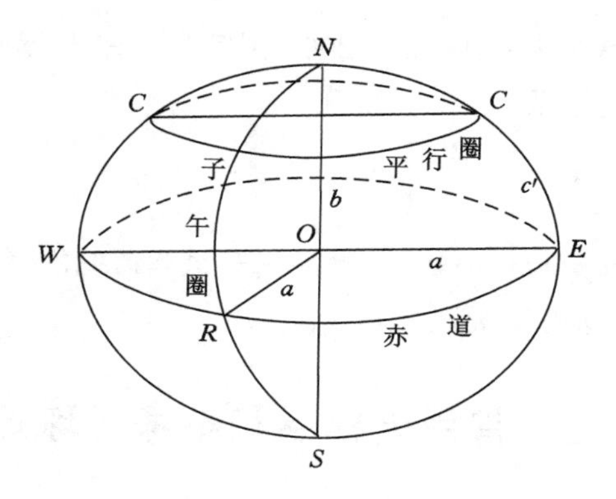

图 6-3　地球椭球的基本几何参数

（2）椭球的短半径 b。

a、b 完全确定了椭球的大小和形状。

（3）椭球的扁率 α：

$$\alpha = \frac{a-b}{a} \tag{6-1}$$

扁率 α 反映了椭球体的扁平程度，当 b 增大时，α 减小，椭球体趋近球体；当 $b=a$ 时，$\alpha=0$，椭球体变为球体；当 b 减小时，α 增大，椭球体变扁；当 $b=0$ 时，$\alpha=1$，变为平面。因此，α 值介于 0 和 1 之间。

（4）椭球的第一偏心率 e：

$$e = \frac{\sqrt{a^2-b^2}}{a} \tag{6-2}$$

（5）椭球的第二偏心率 e'：

$$e' = \frac{\sqrt{a^2-b^2}}{b} \tag{6-3}$$

偏心率 e 和 e' 反映了椭球体的扁平程度，偏心率越大，椭球越扁，其数值恒小于 1。

2. 我国选用椭球的基本几何参数

克拉索夫斯基椭球、IAG75 椭球、全球定位系统选用的 WGS-84 椭球以及 2000 国家大地坐标系（英文名称为 China Geodetic Coordinate System 2000，缩写为 CGCS2000）选用的椭球，它们的基本几何参数列于表 6-1。

表 6-1　　椭球的基本几何参数

	克拉索夫斯基椭球	1975 年国际椭球	WGS-84 椭球	CGCS2000 椭球
a	6 378 245.000 000 000 0 m	6 378 140.000 000 000 0 m	6 378 137.000 000 000 0 m	6378 137.000 000 000 0 m
b	6 356 863.018 773 047 3 m	6 356 755.288 157 528 7 m	6 356 752.314 2 m	6 356 752.314 14 m
c	6 399 698.901 782 711 0 m	6 399 596.651 988 010 5 m	6 399 593.625 8 m	6 399 593.625 86 m
α	1/298.3	1/298.257	1/298.257 223 563	1/298.257 222 101
e^2	0.006 693 421 622 966	0.006 694 384 999 588	0.006 694 379 901 3	0.006 694 380 022 90
e'^2	0.006 738 524 414 683	0.006 739 501 819 473	0.006 739 496 742 270	0.006 739 496 775 48

注：表中 c 为椭球极点处的曲率半径，$c=a^2/b$。

从表 6-1 看出中可以，WGS-84 椭球和 2000 国家坐标系椭球基本几何参数非常接近，其隶属坐标系都属于地心坐标系。

任务实施

本任务主要需要了解参考椭球的概念；野外测量工作的基准线和基准面；测量内业计算的基准线和基准面；我国大地坐标系。

任务二　常用坐标系和参考椭球定位

【知识要点】 天文坐标系；大地坐标系；地心直角坐标系；大地基准点或大地原点；大地基准数据。

【技能目标】 能够理解参考椭球初步定位的几何解析。

任务导入

测量工作的实质是确定地面点的空间位置，地面点的空间位置都是用坐标表示的，本任务主要介绍几种表示地面点位的坐标系。

任务分析

表示地面点位的坐标系主要有天文坐标系、大地坐标系、地心直角坐标系和高斯平面直角坐标系（高斯平面直角坐标系在任务三中专门介绍）。

相关知识

一、常用坐标系

1. 天文坐标系

以大地水准面为基准面、以铅垂线为基准线建立的表示地面点空间位置的坐标系，叫作天文地理坐标系，简称天文坐标系。地面点的天文坐标是用天文经度 λ、天文纬度 φ 和正高 $H_{正}$ 来表示的。

图 6-4 所示为天文坐标系示意图。图中不规则的外形轮廓表示地球自然表面，NS 为地球的旋转轴，P 为地面上的一点，PK 为 P 点的铅垂线，PK 不一定与 NS 相交。

名词概念：

测站铅垂面：包含测站铅垂线（PK）的平面。很显然，一站上有无穷多个铅垂面。铅垂面又称垂直面，位于仪器照准方向的垂直面常称作垂直照准面。

天文子午面：测站南北方向上的测站铅垂面（与 NS 平行的垂直面）称测站天文子午面。

起始天文子午面：通过英国格林尼治天文台的天文子午面，也称首天文子午面。

地球赤道面：过地球质心 O 并与旋转轴垂直的面。

天文经度 λ：测站天文子午面与起始天文子午面所夹的二面角。

天文纬度 φ：测站铅垂线与地球赤道面间的夹角。

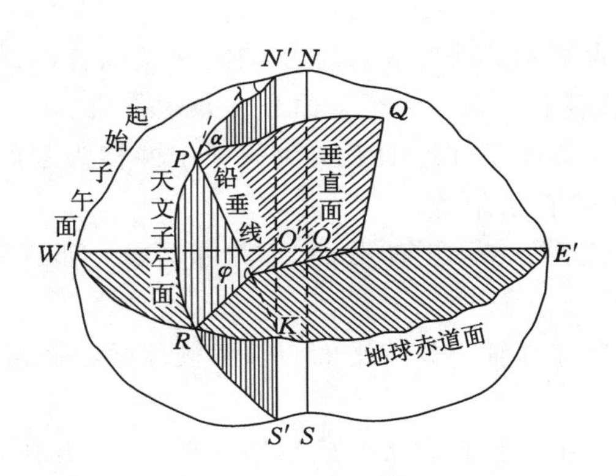

图 6-4　天文坐标系

正高 $H_{正}$:地面点沿铅垂线到大地水准面的距离。

天文方位角 α:测站上照准目标点 Q 的垂直照准面与测站天文子午面间的夹角。

天文方位角实际上是测站至目标的水平方向线与测站北方向之间的夹角,可通过观测目标和北极星间的水平角而获得。天文方位角自北方向起算,取值范围为 0°～360°。

天文经纬度是通过观测天文目标获得的,观测时仪器的垂直轴重合于测站的铅垂线,所以,测站的天文经纬度实际上代表的是该点的铅垂线方向。天文坐标系对研究大地水准面的形状以及传统控制测量起着重要作用。

2. 大地坐标系

在参考椭球上建立大地坐标系,如图 6-5 所示。地面点的大地坐标是用大地经度 L、大地纬度 B 和大地高 H 来表示的。

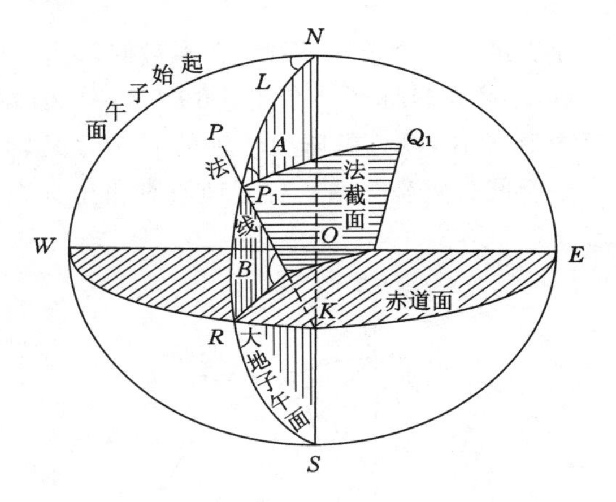

图 6-5　大地坐标系

名词概念:

法线:过测站点 P 向椭球面作垂线,交球面于 P_1 点,交椭球短轴于 K 点,PK 称作过测站点 P 的法线。法线类似于铅垂线,对于椭球面上一点,只有一条法线,任何一条法线都与椭球短轴相交。

法截面与法截线:含法线的平面,称为法截面,一个点上的法截面有无数个。法截面与参考椭球面相截得的线,称为法截线,一个点上的法截线有无数条。

子午面与子午线:包含测站点法线和椭球短轴的法截面称测站子午面。子午面与椭球面的交线称子午线。一个点上只有一个子午面和一条子午线。

起始子午面:规定通过英国格林尼治天文台的子午面称为起始子午面,也叫首子午面。首子午面与椭球面的交线称首子午线。

卯酉面与卯酉圈:垂直于子午面的法截面,称为卯酉面。卯酉面与参考椭球面相截得的线,称为卯酉圈。

平行圈:垂直于参考椭球短轴 NS 的平面与参考椭球面相截得的圆,称为平行圈或纬圈(又称纬线)。

赤道面与赤道:过椭球中心且垂直于椭球短轴的平面,称为赤道面。赤道面是大地纬度的起始面。赤道面与椭球面相截得的大圆,叫赤道圈或赤道。

大地经度 L:过 P 点的子午面与起始子午面之间所夹的二面角,称为 P 点的大地经度。有东经、西经之分,取值为 0°～180°。因我国位于东半球,故我国的经度均为东经,如北京的经度约为东经 116°23′。

大地纬度 B:P 点法线 PK 与赤道面的夹角 B,称为 P 点的大地纬度,分北纬、南纬,取值为 0°～90°。因我国位于北半球,故我国的纬度均为北纬,如北京的纬度约为北纬 39°54′。

大地高 H:地面点沿法线至椭球面的距离,称为 P 点的大地高。

大地方位角 A:过法线 PK 和参考椭球面上点 Q_1 的法截面与过点 P_1 的子午面的夹角。

大地坐标系是数学上严密规范的坐标系,是大地测量的基本坐标系。它对大地点精密位置的表示、大地测量计算、研究地球形状和大小及编制地图都具有不可替代的作用。

3. 地心直角坐标系

参考椭球不具备总椭球满足的三个条件,因此,在参考椭球上不可以建立地心直角坐标系,在总椭球上才可以建立地心直角坐标系。在图 6-6 中,以总椭球中心 O 为坐标原点,以起始子午面与赤道面的交线为 X 轴,以总椭球旋转轴的北向为 Z 轴,Y 轴垂于 XOZ 平面,与 X、Z 轴构成 O-XYZ 右手空间直角坐标系。有了地心直角坐标系,地面点与空间点的坐标就可用(x,y,z)表示。

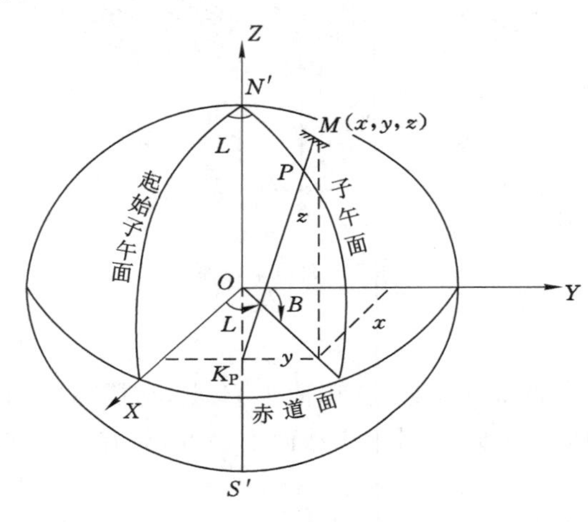

图 6-6　地心直角坐标系

二、我国大地测量坐标系简介

1. 1954 年北京坐标系

20 世纪 50 年代，在我国天文大地网建立初期，为了加快经济建设和国防建设，以及迅速发展我国的测绘科学，全面开展测图工作，迫切需要建立一个参心大地坐标系。鉴于当时的历史条件，采取先将我国的一等三角锁与苏联远东的一等三角锁相连接，以苏联 1942 年普尔科沃坐标系的坐标为起算数据，平差我国东北及东部地区一等三角锁，将这样化算来的坐标，定名为 1954 年北京坐标系。选用的参考椭球是克拉索夫斯基椭球，简称克氏椭球，其大地原点在苏联的普尔科沃。1954 年北京坐标系可以认为是苏联 1942 年普尔科沃坐标系在我国的延伸。

1954 年北京坐标系在我国的测绘生产中发挥了巨大的作用，以它为基础的测绘成果和文档资料，已渗透到经济建设和国防建设的各个领域中。但是，1954 年北京坐标系也存在一些缺点和问题。例如，椭球参数有较大误差；定位有较大偏斜，东部地区高程异常最大达 +65 m，全国范围平均为 29 m；大地测量计算中采用克拉索夫斯基椭球，该椭球在计算和定位的过程中，没有采用中国的数据，该系统在我国范围内符合得不好，不能满足高精度定位以及地球科学、空间科学和战略武器发展的需要。

2. 1980 年国家大地坐标系

20 世纪 70 年代，我国大地测量工作者经过 20 多年的艰苦努力，终于完成了全国一、二等天文大地网的布测。经过整体平差，采用 1975 年国际大地测量与地球物理联合会第十六届大会推荐的地球椭球，简称 IAG75 椭球，建立了 1980 年国家大地坐标系，也叫 1980 西安坐标系。其大地原点位于陕西省泾阳县永乐镇，在西安市北 60 km 处，简称西安原点。1980 西安坐标系在我国经济建设、国防建设和科学研究中发挥了巨大作用。

1954 年北京坐标系、1980 年国家大地坐标系都属于参心大地坐标系（原点位于参考椭球中心的坐标系统）。

3. 2000 国家大地坐标系

2000 国家大地坐标系是我国当前最新的国家大地坐标系，它属于地心大地坐标系（原点位于地球质量中心的坐标系统）。

随着社会的进步，国民经济建设、国防建设、社会发展以及科学研究等对国家大地坐标系提出了新的要求，迫切需要采用地心大地坐标系作为国家大地坐标系。采用地心大地坐标系，有利于采用现代空间技术对坐标系进行维护和快速更新，测定高精度大地控制点三维坐标，并提高测图工作效率。

2008 年 3 月，由国土资源部正式上报国务院《关于中国采用 2000 国家大地坐标系的请示》，并于 2008 年 4 月获得国务院批准。自 2008 年 7 月 1 日起，中国全面启用了 2000 国家大地坐标系，国家测绘局授权组织实施。

三、参考椭球定位

一个国家或一个地区将选用的参考椭球面与本国或本地区的大地水准面之间的相关位置确定下来，才能使地球自然表面（或大地水准面）上的点与参考椭球面上的点形成一一对应的关系，从而将地球表面上的观测数据归算到参考椭球面上，这样一项工作称为参考椭球定位。

从大地测量工作上看，进行参考椭球定位时，最重要的是使参考椭球短轴平行于地球旋转轴；起始大地子午面平行于起始天文子午面。因为满足这两个平行条件后，大地坐标、大地方位角同天文坐标、天文方位角有简单的数学关系。这样，就便于它们之间的换算和比较，同时也便于不同大地坐标系之间的变换。

1．参考椭球初步定位的概念

首先在天文大地网中，选择一个位置适中的地面三角点 P'_0。作为起始点，如图 6-7 所示，在这个起始点上，用天文定位测量方法，精确测定该点的天文坐标 λ_0、φ_0 和至某一地面三角点 Q_0'方向的天文方位角 α_0，然后假定它们就是相应于参考椭球面上起始点 P_0 的大地坐标 L_0、B_0 和至参考椭球面上相应点 Q_0 方向的大地方位角 A_0，即令：

$$\begin{cases}\lambda_0=L_0\\ \varphi_0=B_0\\ \alpha_0=A_0\end{cases}$$

此外，还假定 P'_0 高出大地水准面的高程等于点 P'_0 高出参考椭球面的高程，即大地水准面和参考椭球面在点 P_0 处重合。这样，选用的参考椭球面与本国大地水准面的关系位置便确定下来。

2．参考椭球初步定位的几何解析

如图 6-7 所示，当 $\lambda_0=L_0$、$\varphi_0=B_0$ 时，参考椭球面上点 P_0 的法线 P'_0P_0 与地面点 P'_0 的铅垂线 P'_0K 重合。这时，参考椭球可以绕着铅垂线 P_0K 旋转，当 $\alpha_0=A_0$ 后，点 P_0 的大地子午面与点 P'_0 的天文子午面重合，参考椭球便不能转动。但是，参考椭球还可以沿着铅垂线 P'_0K 上下移动，当大地水准面与参考椭球面在 P_0 处重合后，参考椭球面相对于大地水准面的位置就固定下来。

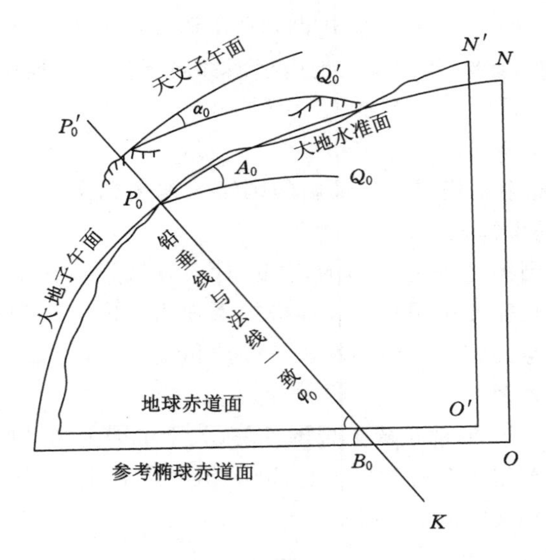

图 6-7　参考椭球定位

在参考椭球初步定位中，所选择的起始点称为大地基准点或大地原点，它的大地坐标 L_0、B_0 以及它到某三角点方向的大地方位角 A_0，称为大地基准数据。

参考椭球初步定位，因起始点的天文观测成果有误差，资料不充分或不精确，定位后的参考椭球并不能满足上述的两个平行条件，同时参考椭球面也不会与本国的大地水准面相符合。但是，待完成布设国家天文大地网后，可以根据本国的天文大地和重力测量资料，再推算适合于本国大地水准面的参考椭球参数并重新定位(多点定位)。

任务实施

在了解天文坐标和大地坐标后，对参考椭球初步定位进行几何解析。

任务三　高斯投影直角坐标系

【知识要点】 高斯投影概念；高斯投影分带；高斯投影直角坐标系。
【技能目标】 能够理解高斯投影直角坐标系的建立方法。

任务导入

虽然参考椭球面是测量内业计算的基准面，但是参考椭球面毕竟是曲面，在其上面进行测量计算相当复杂，人们总是期望将椭球面上的测量元素归算到平面上，以便在平面上进行计算。同时，地图也是平面的，为了控制地形测图所建立的控制点，也必须具有平面坐标。因此，为了简化测量计算和控制地形测图，就必须利用投影的方法来解决椭球面至平面的转化问题。本任务接下来介绍高斯投影直角坐标系的建立。

任务分析

由于椭球面是一个不能直接展平的曲面，将它铺展成平面必将产生褶皱和破裂。或者说，不可能将椭球面毫无变形地表示在一个平面上。因此，无论如何选取投影函数，也不能避免因投影而产生的变形。地图投影分为等角投影、等距投影和等积投影。中华人民共和国成立初期的控制测量大部分是三角测量，采用等角投影可以使三角测量中大量的角度观测元素在投影前后保持不变，这样就免除了大量的投影计算工作。另外，测绘的地图主要是为国防和国民经济建设服务的，采用等角投影可以保证在有限的范围内使得地图上图形同椭球上原形保持相似，这样给识图和用图带来很大方便。高斯投影就是正形投影，正形投影是指在一定范围内，投影面上任何点上两个微分线段组成的角度投影前后保持不变的一种投影，即等角投影。

相关知识

高斯投影采用分带投影的方法，使投影变形变小，让各投影带独立的平面直角坐标系用简单的数学方法联结在一起，组成统一的坐标系统。

一、高斯投影的基本概念

高斯投影是一种横轴椭圆柱面正形投影，是地球椭球面与平面间正形投影的一种。它是德国数学家、大地测量学家高斯于 19 世纪 20 年代提出的。直到 1912 年，由德国另一位测量学家克吕格推导出实用的坐标投影公式后，这种投影才得到推广，所以该投影又称高斯-克吕格投影。

如图 6-8 所示，假想有一个椭圆柱面横套在地球椭球体外面，并与某一条子午线(此子午线称为中央子午线或轴子午线)相切，椭圆柱的中心轴通过椭球体中心与椭球长轴相一致。然后用一定投影方法，将中央子午线两侧各一定经差范围内的地区投影到椭圆柱面上，再将椭圆柱沿着通过南极和北极的母线展开，即成为投影面，此投影即为高斯投影。

在高斯投影平面上，中央子午线和赤道的投影都是直线。若以中央子午线的投影为纵坐标轴，即 x 轴，以赤道的投影为横坐标轴，即 y 轴，以中央子午线与赤道投影的交点 O 为坐标原点，这就形成了高斯平面直角坐标系，如图 6-9 所示。

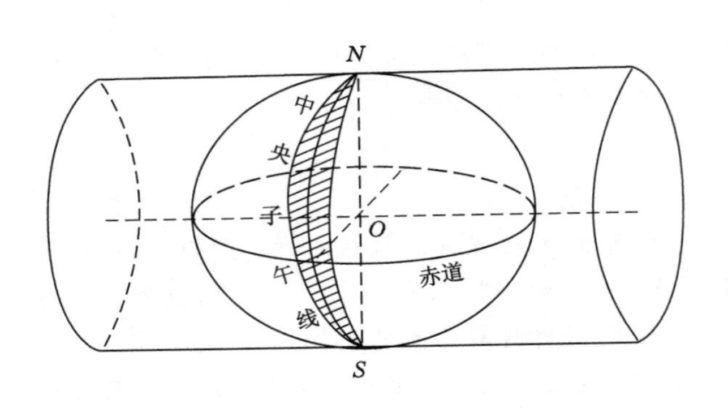

图 6-8　高斯投影

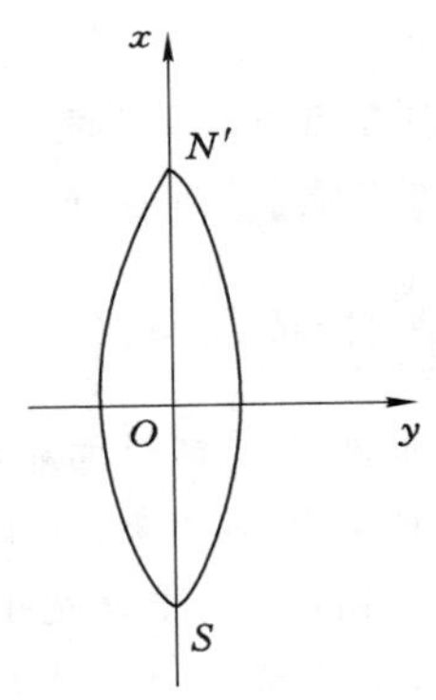

图 6-9　高斯投影平面坐标系

由上述可知，形成高斯投影的条件是：

(1) 中央子午线投影后是一条直线；

(2) 中央子午线投影后长度不变；

(3) 投影具有正形性质，即正形投影条件。

二、高斯投影的分带

长度变形是有害的，但是又不能完全避免。只能采取一定的措施加以限制，使它的有害影响减小到适当程度。限制长度变形的有效方法就是“分带”。

所谓“分带”，就是把投影区域限定在中央子午线两旁的狭窄范围内。具体做法是：在椭球面上每隔一定的经差(如 6°或 3°)以子午线为界划分出不同的投影区域，形成大小相等、彼此独立的投影带。位于各带中央的子午线即为中央子午线，每一投影带边缘的子午线称为分带子午线，如图 6-10 所示。

投影分带主要有 6°分带和 3°分带两种。《国家规范》规定：所有国家的大地点均按高斯正形投影计算其在 6°带内的平面直角坐标。在 1∶10 000 和更大比例尺测图的地区，还应加算其在 3°带内的直角坐标。通常将控制点在 6°带或 3°带内的坐标称为国家统一坐标。

1. 高斯投影 6°带

自 0°子午线起，每隔经差 6°自西向东分带，为区别不同的投影带，依次编号为 1，2，3，…。若带号用 N 表示，中央子午线的经度用 L_N 表示，它们的关系式是 $L_N=6°N-3°$。我国 6°带中央子午线的经度，由东经 75°起至东经 135°共计 11 带(13～23 带)。

2. 高斯投影 3°带

自东经 1.5°子午线起，每隔经差 3°自西向东分带。如用 n 表示 3°带的带号，L 表示 3°带

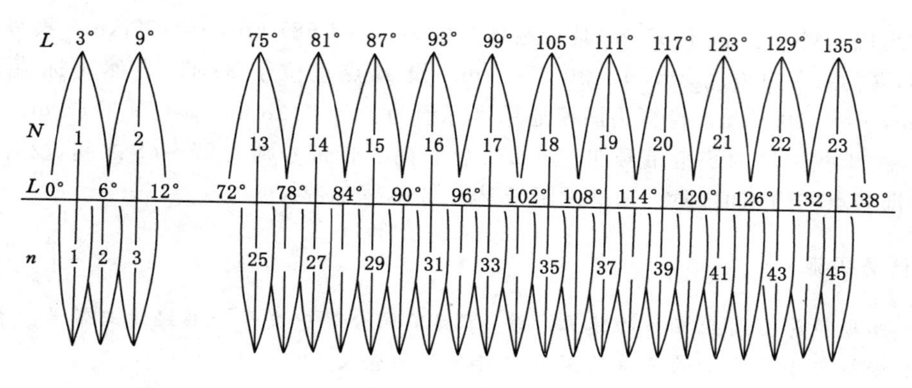

图 6-10　高斯分带投影

中央子午线经度，它们的关系式是 $L=3°n$。我国 3°带共计 21 带(25～45 带)。6°带与 3°带的位置关系如图 6-10 所示。

三、高斯平面直角坐标系

在图 6-10 中，每个投影带中央子午线北方向为纵轴 x 方向，赤道东方向为横轴 y 方向，中央子午线与赤道的交点为坐标原点 O，这样，各带就形成了各自的独立坐标系。我国位于北半球，x 坐标值为正，横坐标值 y 则有正有负，中央子午线以东为正，以西为负。这种以中央子午线为纵轴的坐标值，称为自然坐标值。

为了使横坐标值不出现负值，规定每带坐标纵轴向西平移 500 km(图 6-11)计算坐标。在横坐标值之前加注投影带带号，此时的坐标称为国家坐标，也叫国家通用坐标，该坐标系称为国家统一坐标系。

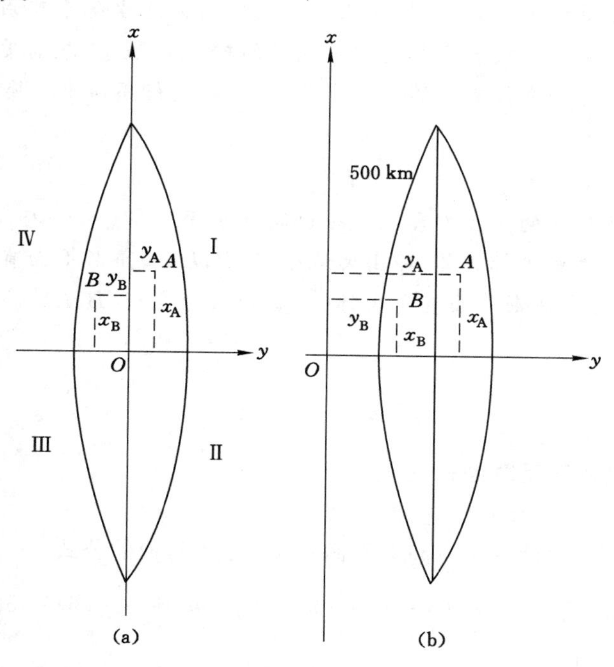

图 6-11　高斯平面直角坐标

【例 6-1】 设 A 点位于 39 带，其自然坐标值为：$x=4\ 687$ km，$y=178$ km。换算为国家通用坐标值为：$x=4\ 687$ km，$y=39\ 678$ km。设 B 点也位于 39 带，自然坐标值为：$x=4\ 128$ km，$y=-183$ km。换算为国家通用坐标值为：$x=4\ 128$ km，$y=39\ 317$ km。

解 由于我国境内 6°带带号在 13～23 之间，而 3°带带号则在 25～45 之间，没有重复带号，故根据某点的通用值，便可知道投影带是 6°带还是 3°带。

任务实施

理解高斯投影直角坐标系的建立方法，掌握不同分带中央子午线经度与带号互相计算，了解自然坐标与国家坐标的关系及国家坐标数值的含义。

任务四　高斯投影坐标正反算和高斯坐标换带计算

【知识要点】 高斯投影坐标正反算；高斯坐标换带计算。

【技能目标】 能够进行高斯投影坐标正反算和高斯坐标换带计算。

任务导入

将椭球面元素投影到平面上，包括坐标、方向和长度三类问题。如果椭球面与平面对应点间的坐标关系已经确定，方向和长度的投影关系也就确定了。由此可见，高斯投影坐标关系是整个投影过程的主要矛盾，所以首先来研究高斯投影坐标计算公式，即高斯投影坐标正反算公式。

高斯投影采用分带投影的方法，使椭球面上统一的大地坐标系变成了各自独立的平面直角坐标系。为了解决不同投影带之间测量成果的转换和联系，就需要将一个投影带的平面直角坐标换算成另外一个投影带的平面直角坐标，即进行高斯坐标换带计算。

任务分析

高斯投影坐标正反算的主要内容就是给出高斯平面坐标(x,y)与大地坐标(B,L)的相互关系式。所谓高斯投影坐标正算，即由大地坐标(B,L)求高斯平面直角坐标(x,y)；而高斯投影坐标反算，则是由高斯平面直角坐标(x,y)求大地坐标(B,L)。

相关知识

一、高斯投影坐标正反算公式

1. 高斯投影坐标正算公式（x、y 精确至 0.001 m）

即由大地坐标(B,L)计算相应高斯平面直角坐标(x,y)的公式：

$$\begin{cases} x = X + Nt\left[\dfrac{1}{2}m^2 + \dfrac{1}{24}(5 - t^2 + 9\eta^2 + 4\eta^4)m^4 + \dfrac{1}{720}(61 - 58t^2 + t^4)m^6\right] \\ y = N\left[m + \dfrac{1}{6}(1 - t^2 + \eta^2)m^3 + \dfrac{1}{120}(5 - 18t^2 + t^4 + 14\eta^2 - 58\eta^2 t^2)m^5\right] \end{cases} \tag{6-4}$$

式中，X 是由该点到赤道的子午线弧长。

X 具体的计算公式如下：

对于克氏椭球：

$$X=111\,134.861\,1B-(32\,005.779\,9\sin B+133.923\,8\sin^3 B+0.697\,6\sin^5 B+0.003\,9\sin^7 B)\cos B \tag{6-5}$$

对于 IAG75 椭球：

$$X=111\,134.004\,7B-(32\,009.857\,5\sin B+133.960\,2\sin^3 B+0.697\,6\sin^5 B+0.003\,9\sin^7 B)\cos B \tag{6-6}$$

其余符号分别为：

$$\begin{cases} t=\tan B \\ \eta^2=e'^2\cos^2 B \\ N=c/\sqrt{1+\eta^2} \\ m=\cos B\dfrac{\pi}{180}(L-L_0) \end{cases} \tag{6-7}$$

式中，$(L-L_0)$为该点与中央子午线的经度差，(°)；$B°$为该点纬度，(°)。

在进行高斯投影正算时应该注意，对于不同的椭球，子午线弧长计算公式以及椭球的极曲率半径和第二偏心率是不一样的，具体见表 6-1。

2. 高斯投影坐标反算公式（B、L 精确至 $0.000\,1''$）

即由高斯平面直角坐标(x,y)计算相应大地坐标(B,L)的公式：

$$\begin{cases} B=B_f-\dfrac{1+\eta_f^2}{\pi}t_f[90n^2-7.5(5+3t_f^2+\eta_f^2-9\eta_f^2t_f^2)n^4+0.25(61+90t_f^2+45t_f^4)n^6] \\ L=L_0+\dfrac{1}{\pi\cos B_f}[180n-30(1+2t_f^2+\eta_f^2)n^3+1.5(5+28t_f^2+24t_f^4)n^5] \end{cases} \tag{6-8}$$

式中，B_f 为该点横坐标 y 在中央子午线上的垂足处的纬度，(°)。

B_f 具体的计算公式如下：

对于克式椭球：

$$B_f=27.111\,153\,725\,95+9.024\,682\,570\,83(x-3)-0.005\,797\,404\,42(x-3)^2-0.000\,435\,325\,72(x-3)^3+0.000\,048\,572\,85(x-3)^4+0.000\,002\,157\,27(x-3)^5-0.000\,000\,193\,99(x-3)^6 \tag{6-9}$$

对于 IAG75 椭球：

$$B_f=27.111\,622\,894\,65+9.024\,836\,577\,29(x-3)-0.005\,798\,506\,56(x-3)^2-0.000\,435\,400\,29(x-3)^3+0.000\,048\,583\,57(x-3)^4+0.000\,002\,157\,69(x-3)^5-0.000\,000\,194\,04(x-3)^6 \tag{6-10}$$

式中，x 均以 Mm（兆米，即10^6 m）为单位。

其余符号分别为：

$$\begin{cases} t_f=\tan B_f \\ \eta_f^2=e'^2\cos^2 B_f \\ n=\dfrac{y\sqrt{1+\eta_f^2}}{c} \end{cases} \tag{6-11}$$

【例 6-2】 已知某一点的大地坐标 $B=29°24'02.6283''$，$L=119°26'41.6833''$，试计算该点在 6°带内的高斯平面直角坐标 x、y（1954 年北京坐标系），并用反算进行检核。

解 计算步骤如下：

(1) 推算中央子午线的经度(L_0)。由 L 值推算，此点在 6°带的第 20 带内，中央子午线的经度 L_0 为 117°。

(2) 按式(6-5)、式(6-7)计算 X、t、η^2、N、m。

(3) 按式(6-4)计算 x、y，并将 y 的自然坐标换为通用坐标。

(4) 反算检核。按计算得的高斯平面直角坐标 x、y 作为已知值，反算其大地坐标 B、L。

具体计算过程见表 6-2。

表 6-2 高斯投影坐标正反算

步骤	符号	正算结果	步骤	符号	反算结果(验算)
已知	B	29°24′02.6283″	已知	x	3 256 230.678
	L	119°26′41.6833″			
	$l=L-L_0$	2.444 912 033		y	237 346.468
1	m	0.037 175 963 91	1	B_f	29.423 166 52
2	t	0.563 487 830 4	2	t_f	0.564 003 870 4
	η^2	0.005 114 558 342			
	N	6 383 395.596		η_f^2	0.005 112 300 694
3	X	3 253 743.724	3	n	0.037 181 809 88
4	x	3 256 230.678	4	B	29°24′02.6283″
	y	237 346.468		l	2.444 912 033
	$y_{通用}$	20 737 346.468		$L=L_0+l$	119°26′41.6833″

二、高斯平面直角坐标换带计算

为了限制高斯投影长度变形，将椭球面按一定经度的子午线划分成不同的投影带。由于中央子午线的经度不同，使得椭球面上统一的大地坐标系变成了各自独立的平面直角坐标系。为了解决不同投影带之间测量成果的转换和联系，就需要将一个投影带的平面直角坐标换算成另外一个投影带的平面直角坐标。

不同投影带的坐标换算，常常应用于下列情况：

(1) 国家 6°带坐标换算成相邻 6°带坐标；

(2) 国家 6°带坐标换算成 3°带坐标；

(3) 国家 3°带坐标换算成相邻 3°带坐标；

(4) 国家 6°带(或 3°带)坐标换算成任意投影带坐标。

我们知道，3°带的中央子午线中，有半数与 6°带的中央子午线重合，另外半数与 6°带的分带子午线重合。所以由 6°带到 3°带的换算又区分为以下两种情况：

(1) 3°带与 6°带的中央子午线重合

如图 6-12 所示，3°带第 41 带与 6°带第 21 带的中央子午线重合。既然中央子午线一致，坐标系统也就一致。所以，图中 P_1 点在 6°带第 21 带的坐标，也就是该点在 3°带第 41

带的坐标。在这种情况下，6°带与3°带之间不存在换带计算问题。

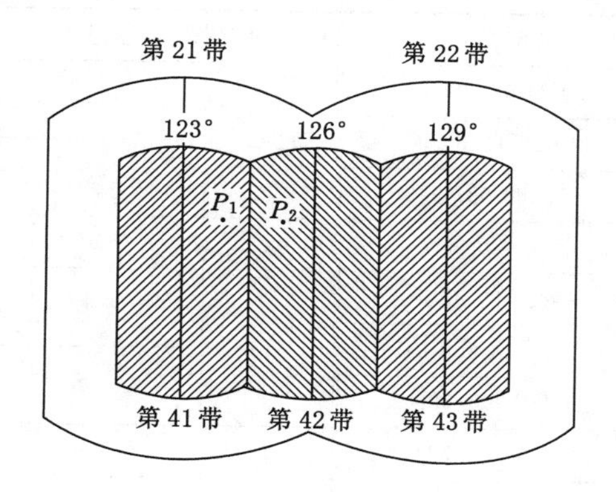

图 6-12　高斯平面直角坐标换带计算

(2) 3°带中央子午线与6°带分带子午线重合

如图6-12所示，若已知 P_2 点在6°带第21带的坐标，求它在3°带第42带的坐标。由于这两个投影带的中央子午线不同，坐标系统不一致，必须进行换带计算。不过 P_2 点在6°带第21带的坐标与其在3°带第41带的坐标相同，所以6°带到3°带的坐标换算也可以看作是3°带到3°带的邻带坐标换算。

在过去，换带计算工作常常是借助"换带表"来完成的，如"高斯-克吕格坐标换带表"就是其中的一种。目前广泛采用了高斯投影坐标正、反算的方法，它适用于任何情况下的换带计算工作。这种方法的计算程序是：首先将某投影带的已知平面坐标 (x_1, y_1)，按高斯投影坐标反算公式求得其大地坐标 (B, L)；然后根据纬度 B 和对于所选定的中央子午线的经差 $(L-L_0)$，按高斯投影坐标正算公式求其在选定的投影带内的平面坐标 (x_2, y_2)。

【例 6-3】　某点 A 在1954年北京坐标系6°带的平面坐标为：

$$\begin{cases} x_1 = 3\ 256\ 230.678 \\ y_1 = 20\ 737\ 346.468 \end{cases}$$

求 A 点在3°带的平面直角坐标 (x_2, y_2)。

解　(1) 确定 A 点所在投影带的中央子午线经度。由横坐标的规定值可以直观判定，A 点位于6°带第20带，其中央子午线经度 $L_0 = 117°$，横坐标的自然值为：

$$y_1 = 737\ 346.468 - 500\ 000 = 237\ 346.468\ (\text{m})$$

(2) 将已知的6°带坐标反算为大地坐标，见表6-2，得：

$$\begin{cases} B = 29°24'02.6283'' \\ L = 119°26'41.6833'' \end{cases}$$

由大地经度 L 可以判断，A 点位于3°带第40带内，中央子午线经度为 $L_0 = 120°$。

(3) 根据高斯投影坐标正算公式，由已知的纬度 B 和经差 $(L-L_0)$ 计算 A 点在3°带第40带内的平面直角坐标，见表6-3，得：

$$\begin{cases} x_2 = 3\ 253\ 871.851 \\ y_2 = 40\ 446\ 121.422 \end{cases}$$

式中，横坐标 y_2 为通用坐标。

表 6-3 高斯投影邻带换算

步骤	符号	正算结果	步骤	符号	反算结果(验算)
已知	B	29°24′02.6283″	已知	x_2	3 253 871.851
	L	119°26′41.6833″		y_2	−53 878.578
	$l=(L-L_0)$	−0.555 087 973			
1	m	−0.008 440 357 03	1	B_f	29.401 886 02
2	t	0.563 487 830 4	2	t_f	0.563 514 410 9
	η^2	0.005 114 558 342		η_f^2	0.005 114 442 056
	N	6 383 395.596			
3	X	3 253 743.724	3	n	0.008 440 425 44
4	x_2	3 253 871.851	4	B	29°24′02.6283″
	y_2	−53 878.578		l	−0.555 087 973
	$y_{2通用}$	40 446 121.422		$L=L_0+l$	119°26′41.6833″

任务实施

根据高斯投影坐标正、反算公式以及高斯坐标换带计算方法对本项目思考与练习题13、题14进行计算,并结合所学计算机Excel知识编制高斯投影坐标正、反算以及高斯坐标换带计算表格。

思考与练习

1. 什么叫大地体、总椭球和参考椭球?
2. 如何理解野外测量工作的基准线是铅垂线、基准面是大地水准面。
3. 如何理解测量内业计算的基准线是法线、基准面是参考椭球面。
4. 什么叫参心坐标系?哪种坐标系是参心坐标系?
5. 什么叫地心坐标系?哪种坐标系是地心坐标系?
6. 天文坐标系是建立在什么面上的坐标系?什么叫天文经度、纬度、正高和天文方位角?
7. 大地坐标系是建立在什么面上的坐标系?什么叫大地经度、纬度、大地高和大地方位角?
8. 什么叫参考椭球定位、大地基准点和大地基准数据?
9. 地图投影分为哪几种?什么叫正形投影?
10. 6°带第19带中央子午线的经度是多少?东经103°56′在3°带第几带内?
11. 简述国家通用坐标值:x=4 128 km,y=39 317 km的含义。
12. 什么叫高斯投影坐标正算、高斯投影坐标反算?
13. 已知某一点的大地坐标B=29°24′02.6283″,L=119°26′41.6833″,试计算该点在6°带内的高斯平面直角坐标x、y(1980西安坐标系),并用反算进行检核。

14. 某点 A 在 1980 西安坐标系 6°带的平面坐标为：

$$\begin{cases} x_1 = 3\ 256\ 230.678 \\ y_1 = 20\ 737\ 346.468 \end{cases}$$

求 A 点在 3°带的平面直角坐标（x_2，y_2）。

参考文献

[1] 高绍伟,董俊峰.控制测量[M].北京:煤炭工业出版社,2007.
[2] 孔祥元,郭际明.控制测量学[M].武汉:武汉大学出版社,2006.
[3] 孔祥元,梅是义.控制测量学[M].2版.武汉:武汉大学出版社,2002.
[4] 李天文.GPS原理及应用[M].北京:科学出版社,2003.
[5] 林玉祥.控制测量[M].北京:测绘出版社,2009.
[6] 王文中.控制测量[M].北京:地质出版社,1995.
[7] 王勇智.GPS测量技术[M].北京:中国电力出版社,2012.
[8] 邢永昌,张凤举.矿区控制测量[M].北京:煤炭工业出版社,1987.
[9] 杨国清.控制测量学[M].郑州:黄河水利出版社,2010.
[10] 杨华.控制测量学[M].北京:教育科学出版社,2006.
[11] 益鹏举,王瑞芳,赵亚蓓,等.GNSS测量技术[M].郑州:黄河水利出版社,2015.
[12] 周忠谟,易杰军.GPS卫星测量原理与应用[M].北京:测绘出版社,1992.
[13] 左美蓉.GPS测量技术[M].武汉:武汉理工大学出版社,2012.